Gery Bruederlin

Die richtige HR-Struktur
für Ihr Unternehmen

Systematisch entwickeln, konsequent umsetzen

Frankfurter Allgemeine Buch

Frankfurter Allgemeine Buch

Frankfurter Allgemeine Buch
Frankenallee 71 – 81
60327 Frankfurt am Main

Umschlag & Grafiken: Zarka Ghaffar
Satz: Nina Hegemann
Druck: CPI books GmbH
Printed in Germany

1. Auflage
Frankfurt am Main 2021
ISBN 978-3-96251-117-3

Frankfurter Allgemeine Buch hat sich zu einer nachhaltigen Buchproduktion verpflichtet und erwirbt gemeinsam mit den Lieferanten Klimazertifikate zur Kompensation des CO_2-Ausstoßes.

Zu diesem Buch

Liebe Leserinnen und Leser,

im Vorwort zu meinem ersten Buch „Die beste HR-Strategie für Ihr Unternehmen“ hatte ich festgehalten, dass viele Firmen über keine eigentliche HR-Strategie verfügen, geschweige denn eine solche systematisch entwickeln. Dies lässt sich von der HR-Struktur nicht behaupten. Sobald ein Unternehmen groß genug ist, eine Personalfunktion zu etablieren, wird diese auf eine bestimmte Art aufgebaut sein und in die Firmenorganisation eingepasst. Damit verbunden ist das Ziel, die personalrelevanten Tätigkeiten so zu strukturieren, dass eine optimale Strategieumsetzung und damit eine möglichst hohe Wirkung erzielt werden kann.

HR-Organisationen sollten nie zufällig und schon gar nicht aus der Not geboren werden. Oft bildet die Struktur des Unternehmens selber die Basis für die Art und Weise, wie sich die Personalabteilung aufstellt. Oft übernimmt man einfach bekannte Muster, über die andere Firmen verfügen. Oft haben die Verantwortlichen ein bestimmtes Modell im Kopf, welches sie implementieren möchten. Oder eine mehr oder weniger spontane Eingebung der Geschäftsleitung oder des HR-Verantwortlichen dient als erste Idee. Es gibt viele Möglichkeiten, an was und an wem man sich orientieren kann, wenn es darum geht, die Form der HR-Organisation zu bestimmen. Kaum je aber – und damit sind wir wieder bei den Mängeln der Strategieentwicklung – entsteht die Struktur einer Personalorganisation als Ergebnis einer systematischen Analyse, welche die relevanten Faktoren in Betracht zieht und adäquat berücksichtigt. Genau das sollte aber geschehen, um die für eine Unternehmung am besten passende HR-Struktur zu definieren. Und genau das ist es, was dieses Buch zeigen will.

Obwohl auch in diesem Buch eine umsetzungsorientierte Anleitung vermittelt wird, wie bei der Entwicklung einer „konsistenten“ HR-Struktur vorgegangen wird, steht eine weitgehende Analyse mit praxisbezogenen Erläuterungen der einzelnen Strukturbereiche und -treiber im Vordergrund. Mit diesem Ansatz soll bei allen HR-Praktikern ein Verständnis dafür erzeugt werden, dass nur wenige, aber umso relevantere Faktoren für die „richtige“ HR-Struktur eines Unternehmens entscheidend sind. Dies ist umso wichtiger, als die meisten HR-Profis mehrmals in ihrem Berufsleben vor der Frage stehen, welche Struktur, welche Organisation oder eben welches „Operating Model“ für ihre Personalfunktion den „Best Fit“ darstellt.

Meine eigenen praktischen Erfahrungen als Personalverantwortlicher, bereichert um viele Berührungspunkte mit den verschiedensten HR-Abteilungen, welche sich mit der Problematik der eigenen Organisierung konfrontiert sahen und sehen, haben auch bei diesem Buch Pate gestanden. Dies hat mir immer wieder erlaubt, die existierenden Modelle auf ihre betriebliche Tauglichkeit hin zu prüfen.

Zwecks besserer Lesbarkeit verwende ich für Personenbezeichnungen in diesem Buch das generische Maskulinum. Es ist als Kurzform für alle Geschlechter gedacht und soll niemanden ausschließen.

Erneut möchte ich mich bei zahlreichen Personen bedanken, welche zur Vollendung dieses Werkes maßgeblich beigetragen und mich auf alle erdenkliche Weise immer wieder unterstützt haben. Von den Kolleginnen und Kollegen des Instituts für Personalmanagement und Organisation der Fachhochschule Nordwestschweiz möchte ich dieses Mal neben meiner Institutsleiterin, Prof. Dr. Martina Zölch, vor allem Selina Weber, wissenschaftliche Mitarbeiterin, erwähnen, welche mir bei der Zusammenstellung des historischen Überblicks im Kapitel 3.1. unschätzbare Dienste geleistet hat.

Von der Verlagsseite her gab es auch einige Neuerungen. So musste der Übergang von Luchterhand zum Verlag „Frankfurter Allgemeine Buch“ gemeistert werden. Dies gelang dank der vom ersten Band herrührenden hervorragenden Basisarbeit von Frau Dr. Andrea Porschen und der umsichtigen Betreuung durch Frau Katharine Petry sowie des kompetenten Lektorats von Herrn Wolfgang Barus in ausgezeichneter Art und Weise.

Last, not least sind es erneut meine Frau Bettina und meine Kinder, Phelan, Robin, Amy und Maxie, welche mir immer den entscheidenden Ansporn geben, etwas zu beenden, was ich angefangen habe.

Olten, im Herbst 2021 | Gery Bruederlin

Inhaltsverzeichnis

1. Strategie, Struktur und Kompetenzen revisited

Konsistenz bildet die entscheidende Basis für den nachhaltigen Erfolg des Human Resources Management (HRM). Wie im ersten Band zur „besten HR-Strategie" erläutert wurde, führt konsistentes HRM dazu, „dass alle diese für ein HR-Management wichtigen Faktoren (Geschäftsstrategie, HR-Strategie, HR-Struktur, HR-Kompetenzen, HR-Rollen, Management-Erwartungen, Organisationskultur, HR-Wertbeitrag, Stellung in der Hierarchie etc.) aufeinander abgestimmt, miteinander koordiniert und entsprechend etabliert sind" (Bruederlin 2020/1, S. 11). Je umfassender diese Abstimmung realisiert wird, desto besser wird die Leistungsfähigkeit der HR-Funktion sein: Optimale Konsistenz führt zu optimaler Leistung.

Nachdem im ersten Buch der Leistungsfaktor „HR-Strategie" mit seinen zugeordneten Konsistenzfaktoren „Geschäftsstrategie", „Personalpolitik" und „Unternehmenskultur" ausführlich behandelt wurde, steht in diesem Buch der zweite Leistungsfaktor „HR-Struktur" zur Diskussion. Um diesen zu erfassen, müssen drei neue Konsistenzfaktoren näher angeschaut werden: Digitalisierung, (De-)Zentralisierung und Positionierung. Deren detaillierte Erläuterung führt zu einem erweiterten Verständnis, wie die drei HR-Leistungsfaktoren, welche in einer engen Beziehung zueinander stehen und voneinander abhängig sind, die Qualität der HR-Funktion definieren und deren Relevanz steuern. Abbildung 1 (Bruederlin 2020/1, S. 15) zeigt die Gesamtheit von HR-Leistungs- und Konsistenzfaktoren und deren Beziehungen.

1.1. HR-Struktur: Digitalisierung, (De-)Zentralisierung und Positionierung

Der Leistungsfaktor „HR-Struktur" oder „HR-Organisation" bezieht sich auf die Art und Weise, wie die HR-Funktion aufgestellt und in die Unternehmensorganisation eingebettet ist. Beeinflusst und definiert wird die HR-Struktur im Wesentlichen durch vier Strukturierungsbereiche. In erster Linie handelt es sich dabei um die drei zugeordneten Konsistenzfaktoren „Digitalisierung", „(De-)Zentralisierung" und „Positionierung", mit denen die Struktur in wechselseitigen Beziehungen steht. Konsistenz ist aber auch erforderlich mit der HR-Strategie und der Unternehmensstruktur, die ebenfalls einen erheblichen Einfluss auf die Gestaltung der HR-Organisation haben und deshalb zusammen einen vierten Strukturierungsbereich formen (vgl. Abbildung 2 als erweiterter Ausschnitt von Abbildung 1).

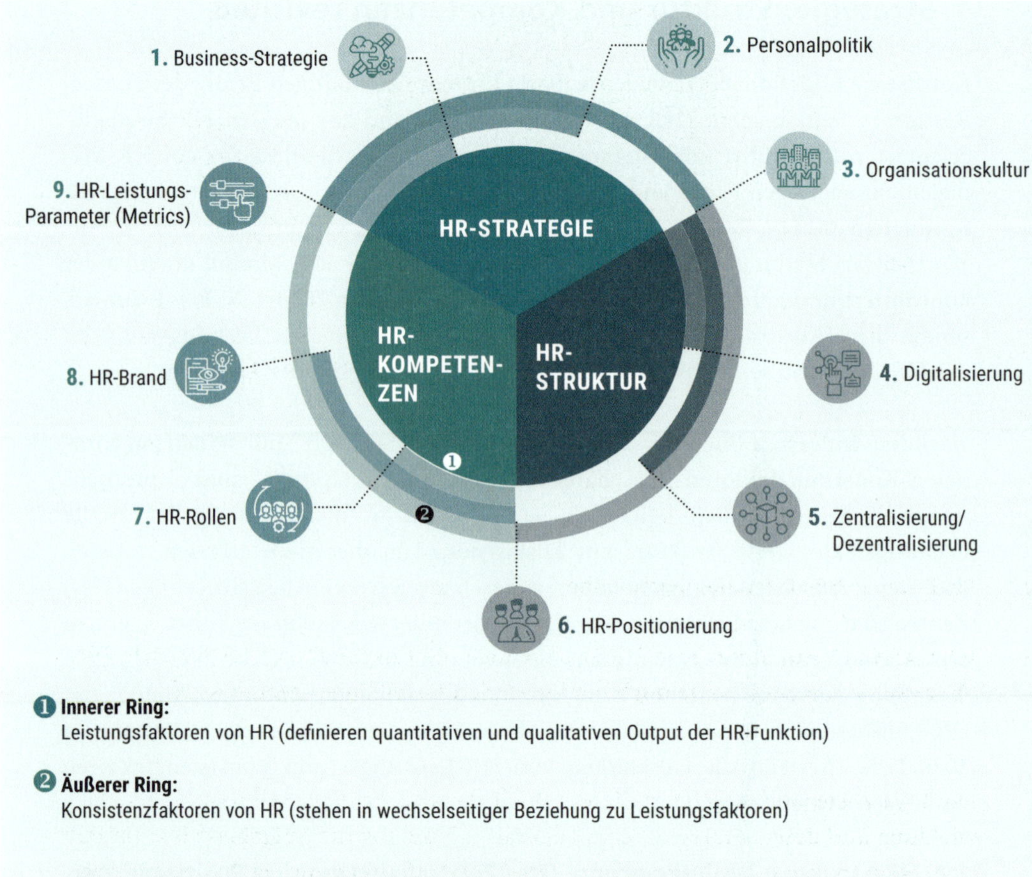

Abbildung 1: Leistungsfaktoren und zugehörige Konsistenzfaktoren von HR

Von den drei Konsistenzfaktoren ist der (De-)Zentralisierungsgrad, also wie zentral oder dezentral sich eine HR-Organisation aufstellt, der wichtigste Strukturierungsbereich, weil er

- Den größten Einfluss auf die HR-Organisation hat;
- Mit der Unternehmensstruktur am engsten verbunden ist;
- in enger Beziehung zu den beiden anderen Konsistenzfaktoren „Digitalisierung“ und „Positionierung“ steht.

Wie im Kapitel 3.5. umfassend erläutert wird, ist – betreffend des (De-)Zentralisierungsgrads – die Konsistenz zwischen Unternehmensstruktur und HR-Struktur

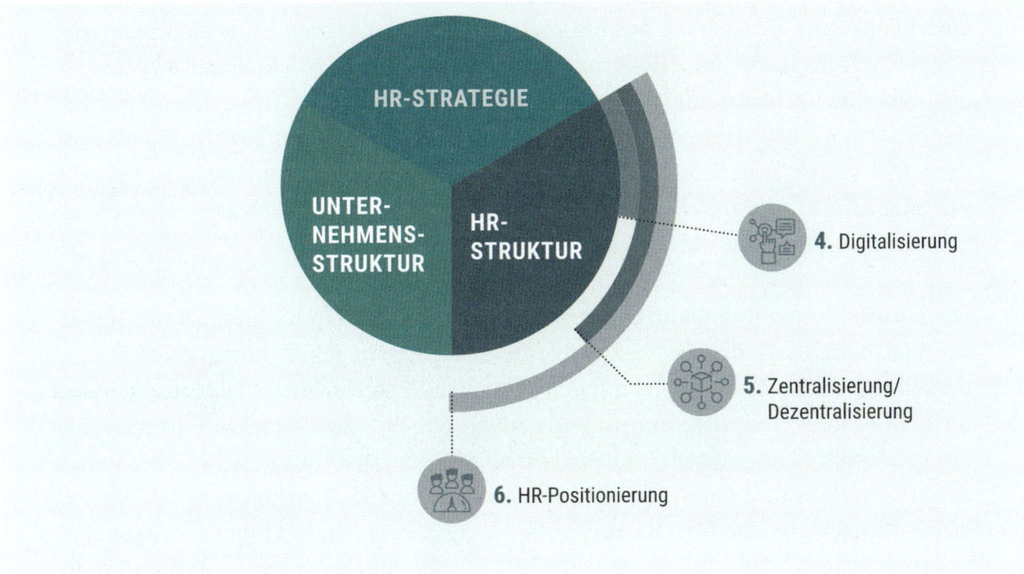

Abbildung 2: HR-Strukturierungsbereiche

sehr relevant. Auf dieser Konsistenz baut auch die Ausgestaltung des für viele HR-Organisationen auch heute noch maßgebenden Drei-Säulen-Modells auf.

Die Digitalisierung, welche in diesem Buch für jede Art von technologischer Entwicklung und deren strategische und operative Nutzung für Aufgabenfelder im HR steht, kann durch die Faktoren „Innovation" und „Automation" nicht nur maßgeblich auf die HR-Strategie einwirken (Bruederlin 2020/1, S. 73 ff.), sondern hat auch einen großen Einfluss darauf, wie ausgeprägt zentral oder dezentral sich eine HR-Funktion aufstellt. Die Digitalisierung erlaubt nämlich auf der einen Seite eine verstärkte Zentralisierung durch Zusammenlegung von Dienstleistungen in „Centers of Expertise" und „Shared Service-Centern" (vgl. Kapitel 3.5). Auf der anderen Seite ist eine ausgesprochene Dezentralisierung und damit sehr kundennahe HR-Organisation auf eine gute ausgebaute technologische Infrastruktur angewiesen, welche ihr erlaubt, alle digitalen Optionen auszunutzen. Zentralisierung baut dabei primär auf kosteneffiziente Automation, standardisierende Innovation und nicht differenzierende Flexibilisierung, während Dezentralisierung auf qualitätsorientierter Innovation, kundenfokussierter Segmentierung und maßgeschneiderter Flexibilisierung basiert (vgl. Kapitel 3.6.9.)

Überhaupt zeigt sich gerade am Beispiel von technologischen Entwicklungen sehr gut, wie HR-Strategie und HR-Struktur zusammenwirken. Beispielsweise verändert eine durch neue Technologien bedingte erhöhte Agilität eines Unternehmens nicht nur die HR-Kernstrategie in Richtung „Flex Value“ (Bruederlin 2020/1, S. 72), sondern löst dadurch auch eine organisatorische Neuausrichtung aus, beispielweise von einer funktionalen, eher statischen zu einer netzwerkorientierten, eher dynamischen HR-Organisation (vgl. Kapitel 3.6.)

Die Positionierung und damit die Bedeutung der HR-Funktion innerhalb des Unternehmens kommt als dritter strukturrelevanter Konsistenzfaktor hinzu. Auch er entwickelt sich im Zusammenspiel mit den beiden anderen Konsistenzfaktoren: Je wichtiger HR in einer Unternehmung ist und damit je höher in der Organisationshierarchie die HR-Funktion angesiedelt ist, desto stärker steht der qualitätsgetriebene Mehrwert des HR-Beitrags und damit eine ausgeprägt kundennahe Dienstleistung im Vordergrund. Umgekehrt dürfte sich eine auf transaktionsorientierte Automatisierung und kostengetriebene Zentralisierung ausgerichtete HR-Abteilung eher auf einer untergeordneten Hierarchiestufe in der Unternehmung wiederfinden.

Damit sind erste Zusammenhänge und Abhängigkeiten zwischen dem Leistungsfaktor „HR-Struktur“ und seinen Konsistenzfaktoren aufgezeigt worden. Im

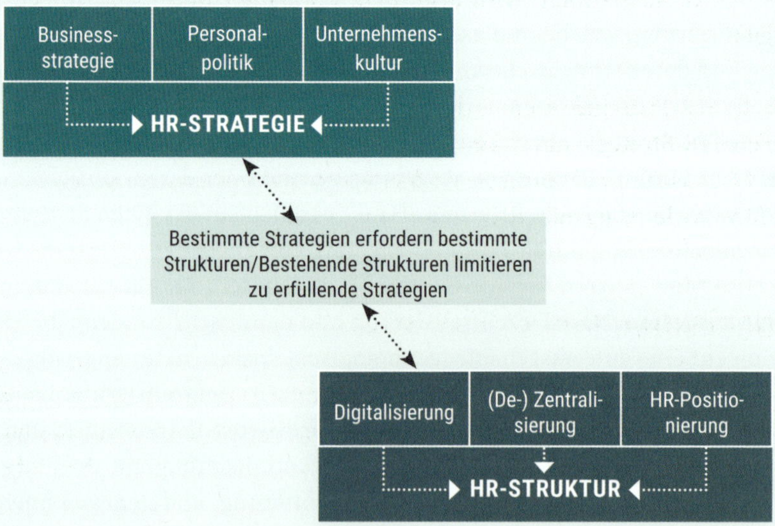

Abbildung 3: Konsistenzlinie HR-Strategie/HR-Struktur

Folgenden soll diese Systematik vertieft erklärt werden – analog zu den Erläuterungen zur „Besten HR-Strategie" (Bruederlin, 2020/1), welche auf die Entwicklung und Etablierung des ersten Leistungsfaktors auf Basis der wesentlichen Konsistenzfaktoren „Business-Strategie", „Personalpolitik" und „Unternehmenskultur" ausführlich eingegangen sind. Mit anderen Worten sollen in diesem Buch die Verbindungen und gegenseitigen Abhängigkeiten für den zweiten der beiden verbleibenden Leistungsfaktoren dargestellt werden, um die „Beste HR-Struktur" zu entwickeln und zu etablieren. Damit klärt sich auch der Wirkungszusammenhang zwischen den zwei Leistungsfaktoren. Das Resultat ist eine „Konsistenzverbindung", welche sich unter Berücksichtigung des dritten Leistungsfaktors der HR-Kompetenzen später zu einem „Konsistenzdreieck" erweitern wird.

In der betrieblichen Praxis zeigt sich interessanterweise gerade bei den oftmals kostengetriebenen HR-Transformationen und Veränderungsprojekten das Phänomen, dass die Organisationsstruktur im Fokus ist und vor der HR-Kernstrategie definiert wird. Das Ziel ist in der Regel eine erhöhte Zentralisierung, welche dann nicht nur die angestrebten Kostenersparnisse mit sich bringt, sondern eine Personalstrategie stipuliert, welche sich von einem stärkeren Qualitätsfokus hin zu einem ausgeprägten Kostenfokus bewegt (Bruederlin 2020/1 S. 70 und Kapitel 3.4., Abbildung 12). Dies muss aber nicht unbedingt der passenden und damit konsistenten HR-Kernstrategie entsprechen. Dem allgemeinen Grundsatz, dass die Struktur der Strategie folgt, wird also nicht unbedingt und nicht in jedem Fall nachgelebt.

Ob sich die HR-Struktur an einer definierten HR-Strategie orientiert oder ob umgekehrt die HR-Strategie durch eine angestrebte HR-Struktur eingegrenzt wird, die Konsistenz zwischen HR-Strategie und HR-Struktur (Organisation) ist ein erster Garant für eine leistungsfähige HR-Funktion.

2. Organisation und HR-Funktion

Organisationen bestehen seit der Entstehung der Menschheit und sind integraler Bestandteil unserer Gesellschaft. Im heutigen Umfeld wird darunter ein Sammelbegriff verstanden, welcher sowohl Unternehmen wie auch Vereine, Behörden und andere Institutionen beinhaltet. Der Organisationsbegriff soll sich demzufolge auf alle Produktions- und Dienstleistungseinrichtungen im privatwirtschaftlichen, öffentlichen und Non-Profit-Bereich beziehen. Dabei stehen im Verständnis dieses Buches betriebswirtschaftliche Aspekte und damit ein funktionaler Organisationsbegriff im Vordergrund und nicht die aus der Soziologie stammenden Systeme eines institutionellen Organisationsverständnisses. Letztere bilden soziale Systeme, welche sich zwischen kleineren (z.B. Familien) und größeren (z.B. Wirtschaft) Teilsystemen und der Gesellschaft als Ganzes befinden.

Der funktionale Organisationsbegriff unterteilt sich traditionellerweise in die Inhalte von Arbeitsabläufen und deren Strukturierung (Ablauforganisation) und die Anordnung von Stellen im Unternehmen sowie die Zusammenarbeit zwischen diesen Stellen (Aufbauorganisation). Wenn in diesem Buch von der „besten Struktur" die Rede ist, dann ist damit in erster Linie die Aufbauorganisation gemeint. Auf diese soll sowohl im Allgemeinen betrieblichen wie auch vor allem im spezifisch personalbezogenen Kontext näher eingegangen werden. Mit anderen Worten: Im Fokus steht das Prinzip, dass sowohl Unternehmungen wie auch deren Personalbereiche eine bestimmte Struktur aufweisen, mit deren Hilfe die Handlungen der Mitglieder besagter Organisationen auf die systematische Verfolgung dauerhafter Ziele ausgerichtet werden – wie z.B. die Erfüllung der relevanten strategischen Handlungsfelder eines HR-Portfolios (Bruederlin 2020/1, S. 133 ff.). Dieses pragmatische Prinzip fußt auf der Annahme, dass strukturelle Gegebenheiten das Verhalten von Organisationen steuern. Dabei bilden Effektivität (Ausmaß der Zielerreichung) und Effizienz (Wirtschaftlichkeit) auf allen Ebenen einer Organisation die übergeordneten Zielsetzungen.

Die Aufbauorganisation als formelle Struktur einer Unternehmung wird in Form von Organigrammen dargestellt, wobei Stellen die kleinsten Einheiten bezeichnen. Eine Stelle beinhaltet die folgenden Merkmale:

- Aufgaben und Tätigkeiten
- Rechte und Kompetenzen
- Verantwortung und Verpflichtungen
- Stelleninhaber (Person)

Bei der Stellendefinition kommen die Prinzipien der Spezialisierung und der Arbeitsteilung zum Tragen, das heißt in der Form einer Aufgabenanalyse wird festgelegt, wie Aufgaben entlang verschiedener Kriterien (z.B. Tätigkeit, Objekt, Hilfsmittel, Standort oder Zeitaspekt) in kleinere Einheiten zerlegt werden können, um sie sie dann im Rahmen einer Aufgabensynthese wieder so zusammenzusetzen, dass Spezialisierungsvorteile generiert werden können und daraus auch die größte Zielwirksamkeit resultiert. Auf dieser Basis können dann die Stellen definiert werden. Diese bilden demzufolge die aus der Aufgabenanalyse und der Aufgabensynthese resultierende Aufgabenverteilung. Diese hat eine horizontale Komponente (wie werden Aufgaben an Mitarbeitende verteilt?) und eine vertikale Komponente (wie werden Verantwortlichkeiten zugeordnet?)

Im Kontext der Aufbauorganisation und zum Zweck der zielführenden Erstellung eines Organigramms ist es wichtig, die einzelnen Stellen zu koordinieren. Mit Hilfe einer solchen mehr oder weniger engen Koppelung können diese auf die unterschiedlichste Weise zu verschiedenen Organisationseinheiten zusammengestellt werden, seien es Gruppen, Abteilungen, Departemente, Divisionen etc.

Als weitere Komponente einer Aufbauorganisation, soll erläutert werden, wie die Konfiguration einer Organisation aussieht. Dabei geht es um die verschiedenen Beziehungen, welche zwischen einzelnen Stellen oder auch Organisationseinheiten bestehen und abgebildet werden. Man unterscheidet zwischen

1. Liniensystemen (reine Liniensysteme und Stabs-Liniensysteme),
2. Einliniensystemen (es besteht nur eine Berichtslinie) oder Mehrliniensystemen (es gibt zwei oder mehrere Berichtslinien wie z.B. bei einer Matrixorganisation) und
3. Projektorganisationen, welche als (temporäre) Sekundärorganisationen fungieren.

Auch die Gliederungstiefe, welche Auskunft darüber gibt, wie flach eine Hierarchie ist, und die Leitungsspanne, welche die Anzahl unterstellter Positionen bezeichnet, gehören als Bauprinzipien zur Konfiguration eines Organigramms.

Am Schluss steht die Kompetenzverteilung oder Delegation, welche die Frage beantwortet, wie die Entscheidungsbefugnisse auf die einzelnen Stellen verteilt werden.

Auf Basis einer solchen systematischen Vorgehensweise kann ein Organigramm nicht nur entwickelt und erstellt, sondern auch als solches formalisiert und intern und extern bekanntgemacht werden. Damit wird Klarheit geschaffen in Bezug auf Zuordnungen (wer ist wem über- oder unterstellt?), Zuständigkeiten (wer ist wofür verantwortlich?) und Entscheidungskompetenzen (wer darf worüber entscheiden?). Entsprechend kann im Unternehmenskontext Komplexität reduziert und Orientierung vermittelt werden. Aber auch Komplexitätserhöhungen, welche beispielsweise durch starkes Wachstum eines Unternehmens begründet sind, sollen durch Organisationsstrukturen in den Griff bekommen und damit für die

Mitglieder dieser Organisationen begreifbar und handhabbar gemacht werden. Dabei haben sich im Laufe der Jahre immer wieder neue Ansätze und Systeme herausgebildet, einerseits um sich Veränderungen der Umwelt anzupassen, andererseits, um sich auf die Entwicklungen der Geschäftsstrategie einzustellen. Es ist deshalb folgerichtig, dass es nicht eine einzig „richtige" Organisationsform gibt. Es ist nicht einmal so, dass sich ein bestimmter Ansatz über längere Zeit gleichzeitig in vielen Industrien oder auch Kulturräumen hätte durchsetzen und halten können. Eine Welt der organisatorischen Vielfalt ist die Folge, eine Vielfalt, die sich ständig verändert und weiterentwickelt. Diese Situation der Vielseitigkeit der Systeme begründet sich zweifach:

1.Viele Faktoren können die Strukturgestaltung einer Unternehmung beeinflussen
- die aktuelle Geschäftsstrategie
- die unternehmerische Entwicklungsphase
- die wesentlichen Aufgabenstellungen und Herausforderungen
- das unternehmerische Umfeld
- die relevanten Technologien
- die eingesetzten Managementkonzepte
- die beteiligten Stakeholder
- die vorherrschende Unternehmenskultur etc.

2. Formale Aspekte (z.B. Organigramme, Richtlinien, Stellenbeschreibungen etc.) wie auch informale Aspekte (z.B. Beziehungen, Werte, Erwartungen etc.) können Organisationen steuern, wobei beide sehr wichtig sind und gezielt genutzt werden müssen.

Es haben sich in der Vergangenheit demzufolge eine Vielzahl von Ansätzen entwickelt, um eine Organisation zu bestimmen. Da solche Strukturelemente wie z.B. Hierarchien, funktionale oder divisionale Strukturierungen, Matrix- und (temporäre) Projektorganisationen, Selbstorganisationsprinzipien etc. in der Regel nicht alleine, respektive in einer reinen Form verwendet werden, sondern in Kombination miteinander, zeigen sich Organisationen oft als Patchworkgebilde, in denen sich verschiedene Konzepte miteinander verweben. Dies liegt auch darin begründet, dass alle diese Organisationsformen ihre Stärken und Schwächen haben. Für das Organisationsprinzip „Hierarchie" zeigt sich das folgendermaßen:

1. Stärken:
a) Hierarchie schafft eindeutige Über- und Unterordnungen;
b) Es bestehen klare Entscheidungsbefugnisse;
c) Komplexität kann reduziert werden.

2. Schwächen:
a) Kompetenzen auf unteren Ebenen sind eher begrenzt;
b) Es entstehen Entscheidungsschwierigkeiten bei bereichs- und/oder hierarchieübergreifenden Prozessen, da Hierarchiegrenzen als Barrieren wirken;
c) Konkurrenzdenken und Abschottungstendenzen bestimmen das Verhalten der Mitarbeitenden und Führungskräfte;
d) Über die letzten 50 Jahre hat sich – trotz gegenteiliger Anstrengungen – ein Trend offenbart, die Anzahl von Hierarchiestufen, also die Gliederungstiefe zu steigern und damit die Komplexität wieder zu erhöhen.

Trotz dieser Vielfalt und trotz der Erkenntnis, dass es nicht die eine „richtige" Organisation gibt, haben sich über die Jahre relativ wenige „klassische" Formen entwickelt, auf die noch näher eingegangen wird (Kapitel 2.1.1 bis 2.1.3.).

Ein erster Blick auf die spezifische Aufbauorganisation des HRM zeigt, dass deren Gestaltung im Wesentlichen die gleichen Strukturierungselemente verwendet und damit den gleichen Prinzipien folgt wie jede andere Art von Organisation. Allerdings gilt es, zwei Einschränkungen zu berücksichtigen.

Erstens sind historisch gesehen frühe personalrelevante Organisationen erst im Nachgang zur industriellen Revolution in den Anfängen des 20. Jahrhunderts entstanden. Und von wirklich professionellen HR-Funktionen kann wohl erst in der Mitte des letzten Jahrhunderts die Rede sein, als eine kontinuierliche Spezialisierung dazu führte, dass Personalaufgaben einerseits aus dem Dunstkreis der administrativen Verwaltung einer Unternehmung herausgelöst und anderseits vom Linienmanagement wenigstens teilweise an diese neue Funktion – eben die „Personalabteilung" – delegiert wurden. Diese Institutionalisierung, welche der Philosophie folgte, dass Mitarbeitende durch eine spezialisierte Einheit behandelt werden müssten, leitete eine Professionalisierung ein, welche die Verfolgung von bestmöglichen Praktiken über die ganze HR-Wertschöpfungskette erlaubte (vgl. Kapitel 3.1.)

Zweitens hat sich in der betrieblichen Realität gezeigt, dass die oben erwähnte Vielfalt von unzähligen Organisationsansätzen im HRM in geringerem Ausmaß zum Vorschein kommt. Zwar haben sich auch im HR die verschiedensten Organisationsmöglichkeiten gezeigt, aber es hat sich eine verhältnismäßig große Einheitlichkeit ergeben – und zwar über verschiedene Industrien, Geographien oder auch Unternehmensgrößen hinweg (vgl. Kapitel 3.1. über die Entwicklung von

HR-Strukturen). Dies ist eine interessante Entwicklung, welche näher zu diskutieren und auch kritisch zu hinterfragen ist (vgl. Kapitel 3.4. bis 3.7. über die verschiedenen Strukturmodelle).

Die Tatsache, dass sich in der Etablierung von HR-Strukturen einige wenige Ansätze anscheinend auch im Rahmen unterschiedlicher Business-Organisationen längerfristig durchgesetzt haben, darf aber nicht darüber hinwegtäuschen, dass die HR-Funktion eine der Unternehmensbereiche ist, die in der jüngsten Vergangenheit am meisten transformiert wurde. Eine Mehrheit von HR-Abteilungen haben in den vergangenen Jahren ihre Aufbauorganisation in irgendeiner Weise verändert. Es gibt sogar Stimmen, die dies in der Vergangenheit für erheblich höhere Anteile der HR-Organisationen aufzeigen (vgl. CIPD 2007). Dies hängt vermutlich mit der Häufigkeit genereller strategischer Anpassungen in der aktuellen Geschäftswelt zusammen, welche gerade vor der HR-Funktion nicht Halt machen. Dass sich dann aber die strukturellen Veränderungen im HRM in der Regel an den immer gleichen Haupttreibern orientieren und immer wieder zu gleichen oder ähnlichen Ergebnissen führen, ist interessant und erstaunlich.

Die HR-Struktur – im Vergleich mit HR-Strategie und HR-Kompetenzen – dürfte demzufolge jener HR-Leistungsfaktor sein, der im aktuellen betrieblichen Umfeld am ehesten Veränderungen ausgesetzt ist. Dass dies auch chronologisch vor den anderen Leistungsfaktoren geschieht und dass die HR-Strategie hier oft erst am Schluss auf dem Radar erscheint (wenn überhaupt), muss insofern zu denken geben, als diese Priorisierung nicht dem zu erwartenden Standard, dass die Struktur der Strategie folgt, entspricht (vgl. Kapitel 1.1. und Abbildung 2, sowie Bruederlin 2020/1, S. 16–17).

2.1. Organisationsformen und -strukturen

Um die Entwicklung der HR-Strukturen im Laufe der letzten Jahrzehnte zu verstehen und richtig positionieren zu können, ist es einleitend wichtig, sowohl die klassischen wie auch neuere Formen von Unternehmensorganisationen generell zu kennen. Bei den klassischen Ausprägungen stehen die funktionale und die divisionale Organisation sowie die Matrix-Organisation im Vordergrund.

Abbildung 4: Funktionale Organisation

2.1.1. Funktionale Organisationsstruktur

Die funktionale Organisation beruht im Wesentlichen auf dem Ansatz des „Scientific Management" von Taylor, welches die Prinzipien einer extremen Arbeitsteilung und Spezialisierung, einer entsprechend präzisen Anleitung der Arbeitenden und einer dazu passenden monetären Motivation mit Akkord- und Leistungslöhnen beinhaltet. Deshalb gehören funktionale Strukturen – im Nachgang zur ersten industriellen Revolution – zu den ersten Modellen in der Entwicklung von Organisationen. Typisch für die funktionale Organisation ist die Unterteilung in die betriebswirtschaftlichen Grundfunktionen, welche an die Geschäftsleitung berichten (vgl. Abbildung 4).

Die einzelnen Bereiche spezialisieren sich mit erhöhter Gliederungstiefe weiter, z.B. kann sich Marketing unterteilen in Werbung, Verkauf, Kommunikation etc. Neben der Spezialisierung sind Einliniensysteme und Zentralisierung weitere Charakteristika einer funktionalen Organisation, welche auch im heutigen betrieblichen Umfeld immer noch eine prominente Rolle spielt. Die Vorteile eines solchen Modells liegen auf der Hand: Die fachlichen Fähigkeiten kommen bei einem Spezialisierungsansatz am besten zur Geltung. Auch sind die Zuständigkeiten klar, und für die Geschäftsleitung ergibt sich eine maximale Steuerungskraft, da nur sie den allgemeinen Überblick hat. Tendenziell sind aber die Mitglieder der Geschäftsleitung in einer solchen Organisation überlastet, was oft zur (überdimensionierten) Schaffung von unterstützenden Stabsstellen führt. Auch ergeben sich wegen des hohen Spezialisierungsgrads fachliche „Silos" mit einer mangelnden Gesamtsicht, einer geringen Kooperationsbereitschaft und einer ausgeprägten

Verfolgung von Partikularinteressen. Funktionale Organisationen haben demzufolge auch schwergewichtige Nachteile.

2.1.2. Divisionale Organisationsstruktur

Die divisionale Organisation gliedert sich nach bestimmten Kategorien oder Objekten, das heißt, die organisatorischen Einheiten werden durch gleichartige Objekte gebildet, im wesentlichen Produkte, Kunden oder Märkte. Oft werden entsprechend divisionale Organisationen auch unterschiedlich benannt: Geschäftsbereichsorganisation, Spartenorganisation, Marktorganisation etc. Da die einzelnen Organisationsbereiche als Profit-, Service- oder Cost-Center geführt werden können, ergibt sich ein höherer Dezentralisierungsgrad für die einzelnen Teilbereiche. Oft werden in divisionalen Strukturen auch zentrale Abteilungen eingeführt, welche die einzelnen Divisionen oder Sparten mittels einheitlicher Vorgaben oder Standards koordinieren. Dies führt in Ähnlichkeit zur noch zu erläuternden Matrixorganisation zu einer zweiten Gliederungsdimension, welche die Dezentralisierung in unterschiedlicher Art und Weise wieder relativiert. Divisionale Strukturen verkörpern deshalb bis zu einem gewissen Grad ein Mehrliniensystem (vgl. Abbildung 5).

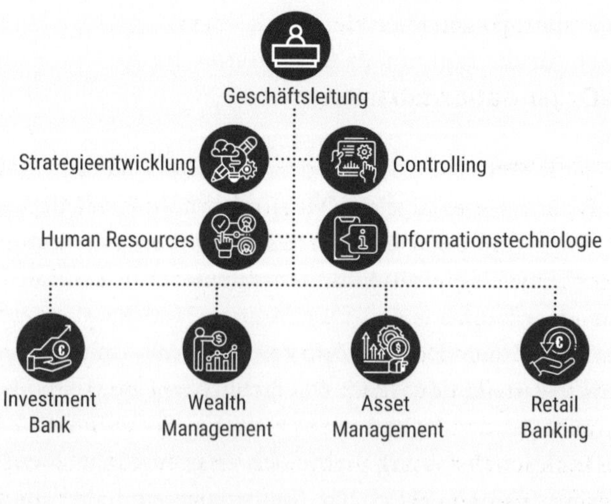

Abbildung 5: Divisionale oder Spartenorganisation

Abbildung 5 stellt die für eine Universalbank charakteristische Geschäftsbereichsorganisation dar. Da es sich bei den vier Sparten um stark differierende Geschäftsfelder handelt, ergibt eine solche Organisationsform viel Sinn – weshalb auch Holdingstrukturen ähnlich oder gleich aussehen, wobei dies sowohl für Management-Holdings wie auch für Finanz-Holdings gilt.

Die Geschäftsbereiche können in einer divisionalen Organisation sehr nahe an den unterschiedlichen Kundensegmenten operieren, und ihr Leistungserfolg lässt sich direkt und separat messen. Das Unternehmen als Ganzes zeichnet sich entsprechend durch eine hohe Flexibilität im Markt aus. Diese Flexibilität wird noch gesteigert dadurch, dass einzelne Geschäftsbereiche vom Unternehmen gelöst und beispielsweise verkauft respektive andere Geschäftsfelder als Investitionen angegliedert werden können. Der auf diesem Dezentralisierungsprinzip aufgebauten Autonomie der Geschäftsbereiche wird dort Einhalt geboten, wo die Unternehmensführung eine spartenübergreifende Koordination und damit nutzenstiftende Synergien anstrebt. In unserem Beispiel ist das in den Bereichen Strategieentwicklung, Controlling, HR und IT der Fall. Trotzdem ist anzunehmen, dass diese Bereiche in den einzelnen Geschäftsbereichen auch existieren – allerdings mit einem klaren spartenbezogenen operativen Fokus. Damit ist aber auch angedeutet, dass es in geschäftsorientierten Organisationsformen nicht nur zu überbordender und damit dysfunktionaler Selbständigkeit kommen kann, sondern dass sich auch ineffiziente Doppelspurigkeiten einschleichen können.

2.1.3. Matrix-Organisationsstruktur

Eine Matrixorganisation zeichnet sich durch institutionalisierte Mehrfachunterstellungen aus. Dies bedeutet, dass ein Stelleninhaber an zwei Instanzen gleichzeitig berichtet (Mehrliniensystematik). Meistens sind es zwei verschiedene Gliederungsprinzipien, welche eine Organisation strukturieren, beispielsweise Funktionen und Geschäftssparten (Mehrdimensionalität). Für eine Matrixorganisation ist bis zu einem bestimmten Grad auch Dezentralisierung relevant, um den Verantwortlichen, welche in den Schnittstellen der Matrix operieren, eine gewisse Handlungsfreiheit zu gewähren. Im folgenden Beispiel, welches sich wieder auf eine Universalbank bezieht, bilden funktionaler Geschäftsbereich und geografische Region die beiden Strukturierungsdimensionen, welche in der Konzernleitung zusammenfinden (vgl. Abbildung 6).

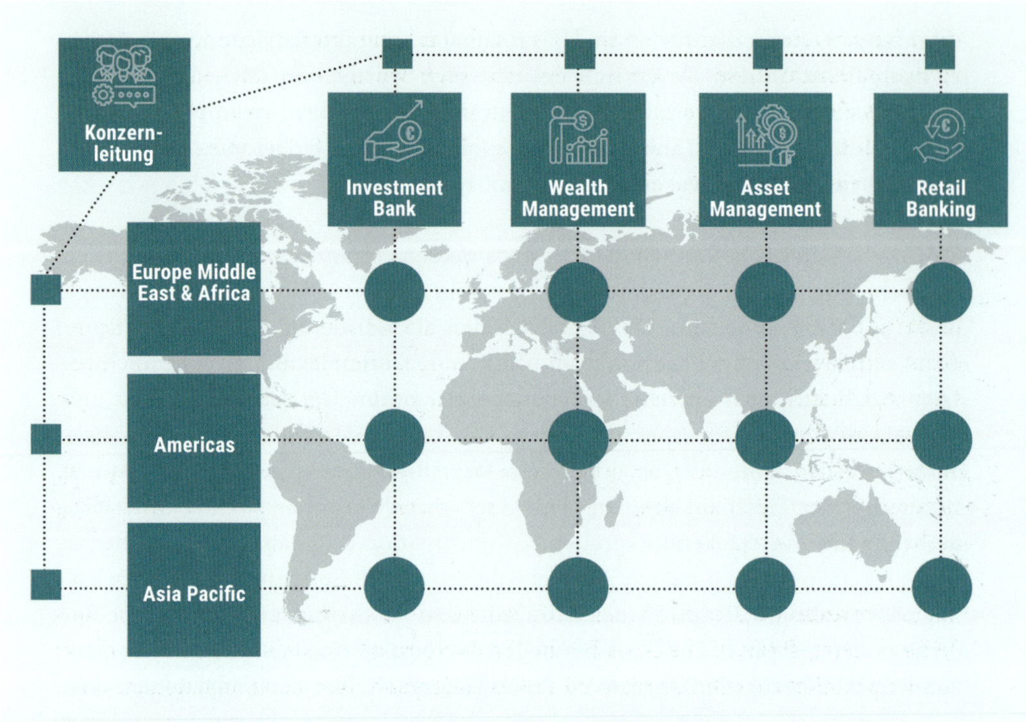

Abbildung 6: Matrixorganisation (Geschäftsbereich-Region-Matrix)

Durch das offensichtliche Aufeinandertreffen von Berichtslinien werden in einer Matrixstruktur unterschiedliche Sichtweisen sehr schnell thematisiert, was zu einer höheren Dynamik und vielseitigeren Lösungsfindung führt. So wird beispielsweise in Abbildung 6 die leitende Person für das Wealth Management in Europa von ihren beiden zuständigen Managern, dem Regionalchef Europa und dem globalen Chef Wealth Management, unter Umständen mit divergierenden Vorstellungen und Weisungen konfrontiert, die sie zielführend ausgleichen muss. Notfalls, das heißt, wenn sich kein Konsens finden lässt, muss die Problemstellung weiter eskaliert werden, umso mehr, wenn die beiden Dimensionen der Matrix gleichberechtigt und keine Kompetenzabgrenzungen formuliert sind. Darstellungen einer Matrixorganisation zeigen deshalb oft durchgezogene Berichtslinien als die prioritären an, während gestrichelte Reportinglinien für die untergeordneten stehen, was die Anzahl von Eskalierungen wieder eindämmen sollte. Konflikte werden in einer Matrixstruktur demzufolge forciert, was für eine Organisation sehr gesund sein kann. Schnell können aber diese Meinungsverschiedenheiten in den Schnittstellen in dysfunktionale Machtkämpfe ausarten. Deshalb stellt die Matrixorganisation sehr hohe Anforderungen an die Kompromiss- und Konfliktfähigkeiten der Protagonisten. Nur wenn diese Kompetenzen vorhanden sind, lässt sich das hohe Problemlösungs- und Innovationspotenzial dieser Organisationsform auch wirklich ausnutzen. Die Matrix bringt es ebenfalls mit sich, dass sie wegen ihrer Komplexität mehr Managementkapazitäten bindet als die divisionale oder die funktionale Organisationsstruktur und deshalb kostenintensiver ist.

2.1.4. Prozessorganisation

In der jüngeren Vergangenheit, das heißt ab den 90er-Jahren des letzten Jahrhunderts, sind viele neue Organisationsformen aufgekommen, welche aber oft nicht über den Status eines Trends hinausgekommen sind. Viele dieser Entwicklungen haben damit zu tun, dass mit fortschreitender Digitalisierung Arbeitsabläufe standardisiert, stabil und transparent mit Hilfe von IT-gestützten Systemen abgewickelt werden können. Sich auf der Basis solcher Prozesse organisieren zu wollen, kann deshalb nicht überraschen.

In einer prozessorientierten Organisation sollen, wie es der Name fordert, (meist kundenorientierte) Prozesse die Basis für die Strukturierung von Unternehmen respektive von Untereinheiten sein. Damit wird die Ablauforganisation der Aufbauorganisation

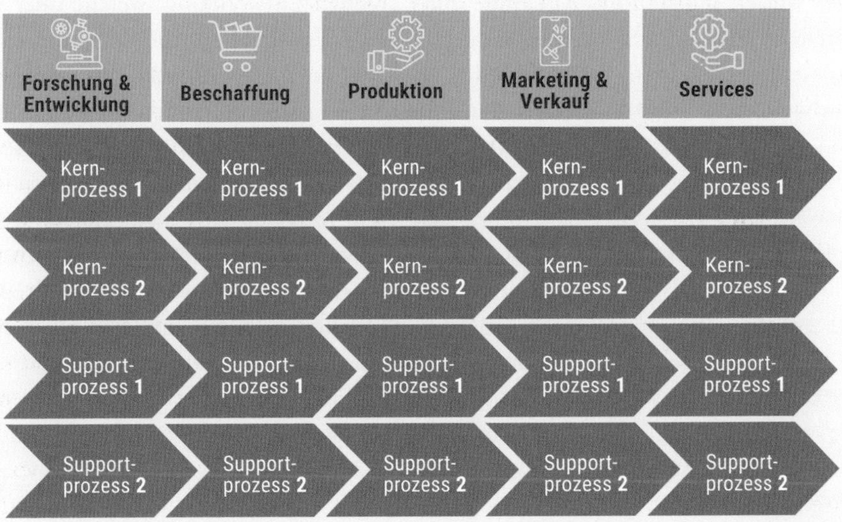

Abbildung 7: Prozessorganisation mit funktionaler Segmentierung

übergeordnet. Man könnte auch sagen, dass die Grenzen zwischen Ablauf- und Aufbauorganisation verschwimmen. Das Ziel ist, kosten- und arbeitsintensive Schnittstellen zwischen der Organisationsstruktur und den Prozessen zu vermeiden. Abbildung 7 stellt eine mögliche Ausprägung dar. Sie unterteilt die Prozesse entlang ihrer Relevanz (Kernprozesse und Supportprozesse) und segmentiert den einzelnen Prozess gemäß den betriebswirtschaftlichen Funktionen.

In einer solchen Organisation werden Mitarbeitende den einzelnen Prozessen zugeordnet und ein „Process Owner", welcher in die Rolle des Linienvorgesetzten tritt, übernimmt die Verantwortung für den Gesamtprozess vom Anfang bis zum Ende. Dies erlaubt eine höhere Selbstverantwortung für die einzelnen Prozessteams, was der Motivation sehr dienlich sein kann. Durchsetzen konnte sich dieser Ansatz, der seine bekannteste Ausprägung im „Business Process Re-Engineering", der fundamentalen Neugestaltung von Geschäftsprozessen nach Hammer und Champy hat, auf breiter Ebene allerdings nicht.

Der Gedanke der Teamorientierung, welcher in der Prozessorganisation als wichtiges Element aufscheint, wurde in vertiefenden Konzepten wie beispielsweise „teilautonomen Arbeitsgruppen" weitergeführt. Bei Letzteren übernimmt eine Kleingruppe eine komplexe Aufgabe respektive einen umfassenden Prozess und regelt diesen selbständig. Am Ende einer solchen Entwicklung, welche über verschiedene Grade der Selbststeuerung gehen kann, stehen Selbstorganisationssysteme, die den einzelnen Mitarbeitenden ein Maximum an Kompetenzen delegieren, um die positiven und motivierenden Effekte der Eigenverantwortung vollumfänglich ausnutzen zu können. Im Extremfall kann auf klassische Führungsfunktionen verzichtet werden, womit Hierarchien überflüssig werden. Interessanterweise wurden solche Konzepte der Selbstorganisation in jüngster Vergangenheit und über 50 Jahre nach der Einsetzung der ersten teilautonomen Arbeitsgruppen in den schwedischen Volvo-Werken mit recht viel Wirkung wiederaufgenommen, diesmal mit dem Ziel, eine Organisation im aktuellen VUCA-Umfeld entlang eines spezifischen Regelwerks agil, anpassungsfähig und innovativ zu machen. Das SCRUM-Framework, welches ursprünglich in der Softwareentwicklung zum Einsatz gekommen ist, oder der „Holacracy"-Ansatz sind Modelle, die heute mit Konzepten der Selbstorganisation in Verbindung gebracht werden (vgl. Kapitel 2.1.5. und 3.6.7.).

2.1.5. Agile Organisationsformen

Im aktuellen Umfeld zeigen sich unterschiedliche Ausprägungen von agilen Organisationsformen. Einerseits führen Netzwerkorganisationen den Prozessgedanken weiter, was zu erhöhter Flexibilität führt, bilden aber keine Organisationsstruktur im engeren Sinne. Eine Netzwerkorganisation bezieht sich nämlich nicht unbedingt auf die Struktur einer einzelnen Firma, sondern auf eine vertraglich definierte Verbindung und/ oder kapitalbezogene Verflechtung von verschiedenen Unternehmungen mit dem Ziel, sich den verändernden Herausforderungen eines dynamischen Marktes schneller und zielführender anpassen zu können. Dabei stehen bei diesen Allianzen oder Kooperationen genau wie bei der Prozessorganisation die Kundenbedürfnisse und deren Erfüllung im Vordergrund. Sind Netzwerke primär strategisch ausgerichtet, geht es in der Regel um die überregionale Erschliessung von Marktpotenzialen durch eine kleine Anzahl von Firmen. Auf der anderen Seite können aber im Rahmen einer einzelnen Unternehmung auch lose miteinander verbundene Netzwerke entstehen, welche aus einzelnen Funktionen mit definierter Verantwortung bestehen. Diese organisieren sich autark und fokussieren dabei auf spezifische Kundenbedürfnisse. Dies ist beispielsweise im oben erwähnten Holacracy-Konzept der Fall. Dabei werden Querschnittsfunktionen wie HR, Finanzen oder Kommunikation inhaltlich primär durch die geschäftsbezogenen Netzwerke getrieben (z.B. Rekrutierungsentscheidungen). Nur wenige administrativ orientierte Funktionen mit geringen Entscheidungsbefugnissen (z.B. Personaladministration) agieren standort- oder geschäftsübergreifend.

Weitere technologische Fortschritte im Kontext der Digitalisierung ermöglichen nochmals andere Zusammenarbeitsformen, welche die durch Netzwerkansätze begonnene Auflösung von traditionellen Organisationsformen fortführen. Dies kann so weit gehen, dass virtuelle Strukturen entstehen. Interorganisational bedeutet dies eine Gruppe von rechtlich und finanziell unabhängigen Unternehmen, welche sich zum Zwecke der Nutzung von Chancen im Markt kurzfristig zusammenschließen, aber auch schnell wieder auflösen können. Dabei geht es in erster Linie um einen forcierten Informationsaustausch durch die Integration von Datenbanken und Prozesssteuerungen, wobei die Partnerunternehmen ihre spezialisierten funktionalen Kompetenzen einbringen. Die einzelnen Elemente der Wertschöpfungskette können dann mit Hilfe moderner Technologiemittel virtuell miteinander verbunden und koordiniert werden. Intraorganisational zeichnen sich „virtuelle“ Organisationsformen dadurch aus, dass sich Kooperationen zwischen einzelnen Geschäftsbereichen oder auch zwischen Geschäftsbereich und unterstützendem Backoffice je nach Ausgangslage und Kundenorientierung immer wieder neu konstituieren.

3. Entwicklung von konsistenten Human Resources Strukturen

In den vorausgehenden Kapiteln wurden für die Entwicklung und Etablierung von HR-Organisationen relevante Informationen eingeführt:

- die für einen betriebswirtschaftlich orientierten Organisationsbegriff und die damit verbundene Aufbauorganisation allgemeingültigen Prinzipien;
- die in der aktuellen unternehmerischen Praxis häufigsten „klassischen" wie auch „modernen" Organisationsformen;
- die Anpassungsfähigkeit von Organisationen an interne und externe Einflüsse, was zu einer Vielzahl von möglichen Strukturansätzen geführt hat.

Dies ermöglicht einen ersten Blick auf die Art und Weise, wie sich Personalfunktionen strukturieren mit folgenden Erkenntnissen:

- HR-Aufbauorganisationen folgen den gleichen Prinzipien wie Unternehmensorganisationen;
- Die Vielfalt an Ansätzen ist im HR mit Blick auf die aktuelle betriebliche Praxis eher eingeschränkt. Ja es ist in Bezug auf HR-Geschäftsmodelle sogar eine Art „Einheitsbrei" entstanden;
- Effektive Personalabteilungen haben sich geschichtlich spät als eigenständige Organisationen innerhalb von Unternehmen entwickelt. Aber erst damit konnte sich das HRM institutionalisieren und professionalisieren.

Um diesen letzten Punkt etwas besser zu erfassen, soll zu Beginn ein historischer Blick auf die Entwicklung von HR-Organisationen geworfen werden.

3.1. Historische Entwicklung des Human Resources-Management und seiner Struktur

Obwohl es Historiker gibt, die den Ursprung des Human Resources Management bis ins Mittelalter zurückdatieren, kann erst nach der ersten Industrialisierung vom Entstehen von „personalbezogenen" Tätigkeiten gesprochen werden. Und eine Disziplin „Personal" oder „HR" entstand erst im frühen 20. Jahrhundert, wobei es sich auch dabei um keine professionalisierte Funktion handelte. Die Entwicklung einer solchen kann man erst ab ca. den 60er-Jahren des vorangehenden Jahrhunderts erkennen, wenn nicht mehr unbedingt nur Linienmanager sich mit Personalproblemen beschäftigten, sondern diese Fragestellungen einer eigenständigen Funktion übertragen wurden. Diese hat sich dann kontinuierlich weiterentwickelt und über die letzten 100 Jahre auch stark verändert. Sie ist gewachsen, und es wurden laufend weitere Verantwortlichkeiten integriert, so dass sich das HRM in vielen Unternehmungen von einer rein funktionalen Administration – ausgedrückt durch einen Begriff wie „Personalwesen" oder „Personalbüro" – zu einer strategischen Schnittstelle – reflektiert durch Begriffe wie „Human Capital-Management" oder „People Management" – entfalten konnte. Diese Evolution ist stark durch amerikanische und britische Einflüsse geprägt und damit durch eine Linie, welche von den Bewegungen des „Scientific Management" über das „Personnel Management" zum „Human Resources Management" moderner Prägung führt (vgl. Kaufman 2014). Substanzielle Technologiesprünge begleiten diese Entwicklungsschritte, wodurch die Geschichte der Human Resources-Funktion in weiten Teilen auch zu einer Geschichte der Human Resources-Systeme wird. Dies impliziert, dass die technologische Unterstützung von HR sich prägend auf die Art und Weise auswirkt, wie HR sich organisiert. Die systembezogenen Möglichkeiten werden zu einem wichtigen Strukturtreiber, der in den historischen Anfängen der HR-Funktion klassisch funktionale Strukturen unterstützt und im aktuellen Umfeld sowohl ausgeprägte Zentralisierungen wie auch dynamisch-agile Netzwerke erst ermöglicht (vgl. Kapitel 3.6).

Dies lässt sich illustrieren, indem man die Fortschrittsphasen der Personalarbeit chronologisch beschreibt und dann auch schematisch darstellt. Dies ist zwar vereinfachend und wird den zahllosen kleineren und sich überschneidenden Entwicklungsschritten sowie den zeitweiligen kontinentalen und kulturellen Unterschieden nicht gerecht, zeigt aber auf, dass die auf Aktivitäten- und Verantwortung bezogene Professionalisierung des HRM und seiner Struktur von substanziellen technologischen Entwicklungen begleitet, wenn nicht getrieben wurde. Dazwischen ergaben sich immer wieder Phasen der funktionalen Professionalisierung der HR-Funktion. Was sich aber immer zeigt, ist die Konsistenz zwischen technologischem Entwicklungsstand, funktionaler Positionierung in der Unternehmung und struktureller Ausprägung von HR.

Auch muss klar sein, dass nicht jede Unternehmung diese Entwicklung synchron nachvollzogen hat respektive nachvollzieht. Jede HR-Funktion positioniert sich unterschiedlich, was die aufgeführten Entwicklungsphasen betrifft. So gab es immer Unternehmungen, welche ihrer Zeit voraus waren, und so gibt es auch heute Firmen, deren Personalabteilungen auf dem Stand der 60er- oder 70er-Jahre des letzten Jahrhunderts stehengeblieben sind.

3.1.1. Vorindustrielles Zeitalter (1600 – 1800): Frühe Formen organisierter Arbeit

Die ersten Formen von Arbeitsverhältnissen lassen sich vor dem 17. Jahrhundert verorten und beinhalten sogenannte „Arbeitsgefüge" wie die Lehnherrschaft, Sklaverei und Leibeigenschaft.

In der vorindustriellen Zeit des 17. Jahrhunderts erfolgte die Fabrikation verschiedener Güter auf handwerkliche Art ohne mechanische Hilfsmittel. Von einer Produktion und Organisation der Arbeit im heutigen Sinne kann zwar nicht gesprochen werden, allerdings vereinigten und organisierten sich die Meister der Betriebe und Werkstätten in verschiedenen Zünften. Die Absprachen und Zunftordnungen ermöglichten es, gemeinsame Entscheidungen zu treffen und sorgten für ein wirtschaftliches Gleichgewicht innerhalb verschiedener Produktionsbereiche (vgl. Bisani, 1983).

Der mit der europäischen Expansion einhergehende Kolonialismus förderte auf der einen Seite den Handel mit Sklaven und Leibeigenen, auf der anderen Seite wurden europäische Arbeitende in die Kolonien entsandt. Diese Entsendungen wurden durch Arbeitsvereinbarungen dokumentiert. (vgl. Manashree, 2019)

3.1.2. Erste industrielle Revolution – Arbeitswelt 1.0 (1800–1900): Fokus Arbeits- und Sozialbeziehungen

Mit der Industrialisierung des 18. Jahrhunderts und der industriellen Revolution wurde die „Employee Welfare Era" eingeläutet, wodurch nicht nur ein technisches, sondern auch ein geistiges Umdenken angestoßen wurde. Die Bewegung der Aufklärung und des Liberalismus stellten die Grundlage zur Überwindung der sozialen Ordnung und des geltenden Wertesystems dar – ein Wertesystem, in dem das Bewusstsein der Individualität in den Vordergrund rückte. Durch die schrittweise Ablösung der Hierarchie, das Streben nach persönlicher Leistung und gesellschaftlicher Anerkennung kam es zu einer Reihe von Innovationen und technischen Errungenschaften, die die Menschen vom landwirtschaftlichen Anbau zur Arbeit in Werken und der Betätigung von Maschinen führten (vgl. Bisani, 1983).

Die Mitarbeitenden der Unternehmen wurden zu Beginn der Industrialisierung als ersetzbare Teile des Unternehmens wahrgenommen, was dazu führte, dass Umfeld und Bedingungen der Arbeitenden schlecht bis miserabel waren, während es den Unternehmensbesitzern immer besser ging und diese Reichtum und Wohlstand erlangten. Von der Politik kam wenig bis keine Einflussnahme, ein weitgehender

Schutz der Arbeitenden konnte sich so nur sehr langsam entwickeln. Allerdings resultierte aus dem allgegenwärtigen Missbrauch von Arbeitskräften durch Unternehmer die Bildung von ersten Arbeitnehmendenorganisationen und damit gewerkschaftlich organisierten Gruppen.

Parallel wurden erste Erkenntnisse darüber gesammelt, dass die Mitarbeitenden einer der Hauptfaktoren eines erfolgreichen Unternehmens sind und sich deren „Wellbeing", sprich die Gesundheit und das Wohlbefinden, positiv auf die individuelle Arbeit der einzelnen Personen und damit auch auf das Unternehmen auswirken. Auf dieser Basis wurden Ende des 18. Jahrhunderts die ersten Vereinbarungen für maximale Wochenarbeitszeiten eingeführt. Durch die Formalisierung solcher Regelungen auf Unternehmensseite und in der Politik, kam es zu initialen Ausprägungen von systematischer Arbeitsverwaltung und von mehr oder weniger formalisierten Arbeits- und Sozialbeziehungen („Industrial and Labor Relations"). Dies war vor allem bei größeren Unternehmungen der Fall und beschränkte sich nicht nur auf England. So besaß die deutsche Stahlfirma Krupp schon vor 1900 ein „Personalbüro", welches sich der Mitarbeitendenadministration annahm (Boxall et. alii, 2010, S. 20–21).

Es sollte allerdings noch bis zum Jahre 1913 dauern, bis in England die erste professionelle HR-Gesellschaft, das Chartered Institute of Personnel and Development (CIPD) als „Welfare Workers' Association" gegründet wurde (vgl. CIPD, 2020). Und erst 1945 fand die Personalthematik erstmals Eingang an den Hochschulen, als sich an der Cornell Universität in den USA das erste Hochschulinstitut unter der Bezeichnung „Industrial and Labor Relations" mit dem Schwerpunkt „Workplace Studies" formierte (ILR, 2020).

3.1.3. Zweite industrielle Revolution – Arbeit 2.0 (1900–1950): Fokus Mitarbeitenden-Verwaltung

Im Europa des frühen 20. Jahrhunderts konnte im Besonderen nach dem ersten Weltkrieg ein erneuter Umschwung beobachtet werden. Nach den gesellschaftlichen und politischen Erschütterungen brachen die verbliebenen Monarchien zusammen, und es entstanden neue politische und demokratische Strukturen. Durch diesen Umbruch setzte ein Umdenken ein, und die Arbeiterklassen rückten zunehmend in den Fokus.

Allerdings wurden die Arbeitsbedingungen weiterhin durch Firmen- und Werksinhaber festgelegt, und die neuen Regierungen hatten wenig Einflussmöglichkeiten. Eine Folge davon waren arbeitnehmenden-feindliche Bedingungen und die Beschäftigung von Kindern.

Im Jahr 1911 entwickelte Frederic Taylor mit dem Werk „Principles of Scientific Management" ein Konzept, das durch die wissenschaftliche Optimierung von Management, Arbeit und Unternehmen soziale Probleme lösen und Wohlstand für die breite Bevölkerung bringen sollte. Im Fokus stand dabei die Produktivitätssteigerung in Unternehmen, getrieben durch die Komponenten Arbeitsvorbereitung, Zeitstudien, Differential-Lohnsysteme, festgelegtes tägliches Arbeitspensum und Funktionsmeistersysteme (Oswal 2015).

Auf dieser Grundlage begann die Arbeitsaufnahme von Personen, die in einem hohen Maß mit administrativen Aufgaben wie dem Zusammentragen und Verwalten von Informationen über Mitarbeitende betraut wurden. Mit anderen Worten, personalrelevante Aufgaben erlebten durch Taylors Theorien einen Aufschwung: durch die geforderte Passung von individuellen Fähigkeiten und Funktionsanforderungen, durch das für die Rollenausübung benötigte Training, aber auch durch die für die Produktivität einer Firma als wichtig erkannte Gesundheit der Arbeitenden wurden in den Unternehmen Funktionen erforderlich, die einerseits mit diesen neuartigen Informationen umgehen konnten und sich andererseits mit dem Wohlergehen der Mitarbeitenden beschäftigten: Es wurden „Labor Welfare" und „Administration Departments" gegründet, welche Aufgaben wie die Überwachung der Gesundheit und Sicherheit der Mitarbeitenden sowie die Bemessung geleisteter Arbeitsstunden und die Bezahlung der Arbeit übernahmen. Die Vergütung orientierte sich in erster Linie an der Produktion, weshalb „Compensation"-Systeme entwickelt wurden, die auf der Grundlage der täglich produzierten Menge rechneten (Gold 2013).

Auch die Pflege der Beziehung zwischen Arbeitgebenden und Arbeitnehmenden („industrial", „employment" oder „labor" relations) wurde nach und nach ins Aufgabengebiet dieser frühen „Personalbereiche" integriert. Dies war umso wichtiger, als sich viele Arbeiter in den Dreißigerjahren im Zuge der Weltwirtschaftskrise gewerkschaftlichen Organisationen angeschlossen hatten, um bessere Arbeitsbedingungen zu erkämpfen. Diese wurden in den 1930er-Jahren sowohl in einigen mitteleuropäischen Ländern als auch den USA durch verschiedene Gesetzte wie den „Fair Labor Standards Act" oder das „Federal Civil Rights Law" eingeführt (Burkhauser & Finegan 1989).

Die Beschäftigung von „Spezialisten" in der Mitarbeiterverwaltung wurde ab 1909 erstmals bei den amerikanischen „Civil Services" dokumentiert und mit der Begrifflichkeit „personnel“ in Zusammenhang gebracht. Es entstanden die ersten „Personalspezialisten“ (Jamrog 2004). Somit kann mit einiger Berechtigung gesagt werden, dass die „Geburt“ der Personalfunktion in diese Zeit fällt. Allerdings handelte es sich dabei um eine rein administrativ tätige Hauswartfunktion („caretaker“), die oft mit der Bezeichnung „Employment Management“ versehen wurde, aber nicht viel mit der Personalarbeit moderner Prägung zu tun hatte.

Besonders im US-amerikanischen Umfeld entwickelten sich diese Bereiche weiter und wuchsen stetig. Bald hatte eine Mehrheit vor allem der größeren Firmen eine solche zentrale „HR-Funktion“, was dem Thema immer mehr Wichtigkeit verlieh, auch wenn es nach wie vor von einfachem Administrativpersonal verantwortet wurde. Dies führte auch zur schon weiter oben erwähnten Gründung von ersten Berufsverbänden und zu den ersten Publikationen in der praktischen und akademischen Welt (Boxall et al. 2010, S. 23–24).

3.1.4. Erste Professionalisierung (1950–1970): Fokus funktionale Entwicklung und Institutionalisierung

Ein erneuter Umbruch entstand weltweit durch das Ende und die Auswirkungen des Zweiten Weltkrieges. Eine der Folgen des Krieges bestand in einem hohen Bedarf an Arbeitnehmenden, die den Wiederaufbau in Mitteleuropa sowie Asien vorantreiben und unbesetzte Arbeitsplätze in Unternehmen der in den Krieg verwickelten Nationen auffüllen sollten. Dieser hohen Nachfrage stand ein durch Tod oder Gefangenschaft verursachter Mangel an geeigneten Arbeitnehmenden gegenüber. In den USA hatte der Rekrutierungsboom schon früher, das heißt während des Krieges, eingesetzt, was zu einem hohen Bedarf an Rekrutierungs- und Selektionsspezialisten führte.

Um die Besetzung offener Stellen effektiv zu beschleunigen, wurden systematische Klassifikationen der Arbeitenden und Arbeitsuchenden durch die Personalabteilungen vorgenommen, wobei die wichtigsten Instrumente die Stellenbeschreibung und die Angabe von Aufgaben, Pflichten und Verantwortlichkeiten darstellten. Diese Klassifizierung wurde als neue Basis für Vergütungsmodelle, Beurteilungen und Kündigungen der Arbeitnehmenden genutzt (Neuberger, 2016). So entstanden Rekrutierungsabteilungen als neue Bereiche, welche die reinen Verwaltungseinheiten funktional ergänzten.

Auf Seiten der Arbeitnehmenden entstanden in dieser durch Umbruch gekennzeichneten Zeit weitere Zusammenschlüsse und Organisationen im Sinne von

Gewerkschaften. Dies führte in den 50er-Jahren nicht nur zu besseren Arbeitsbedingungen, sondern löste auch eine höhere Zahl von gesetzlichen Erlassen aus. Als Folge solcher Regelungen wurden Personalabteilungen verpflichtet, weiterführende Daten zusammenzustellen und spezialisierte Abteilungen zu gründen, die den gesetzlichen Anforderungen, Rahmenbedingungen und Meldepflichten entsprachen: Labor-Relations- und Government-Relations-Abteilungen wurden vor allem in den USA und in England zu einem Unternehmensstandard.

Zudem verbreiteten sich durch das „Human Relations Movement" Erkenntnisse darüber, dass sich gute Arbeitsbedingungen sowie soziale und psychologische Faktoren wie Erfolg und das Erreichen von Zielen positiv auf die Produktivität und Profitabilität des Unternehmens auswirken. Grundlage dafür waren die von George Elton Mayo 1924–1933 entwickelten "Hawthorne Studies„, die veranschaulichten, inwiefern die Produktivität stieg, wenn sich Arbeitgebende für Arbeitnehmende interessierten, wie sich die Organisation von Arbeitnehmenden in Gruppen positiv auswirkte und wie effektiv mit Führungskräften kommuniziert werden könnte (Bruce 2006). Auch wenn der Human Relations-Ansatz in den 1960ern an Einfluss verlor und in den neuen Disziplinen „Organisationsverhalten" (organisational behavior, OB) und „Organisationsentwicklung" (organizational development, OD) aufging, so sorgte er trotzdem dafür, dass Begriffe wie „Arbeitszufriedenheit" und „Loyalität" im Unternehmenskontext einen Platz erhielten und durch die wachsende Anzahl von Personalspezialisten gefördert wurden.

Auch führte dies dazu, dass die Datensammlungen weiter vorangetrieben wurden und vor allem größere Unternehmen verstärkt in Personalabteilungen investierten, unter anderem auch in sogenannte „Early Systems", wo zur Vereinfachung von Arbeitsabläufen innerhalb der Personalabteilungen, Daten mit der Hilfe von Computern verwaltet wurden, um für die jeweilige Situation passende Informationen zu generieren und Stellenbeschreibungen zusammenzuführen. Erste Unternehmen schafften sich zudem Payroll-Systeme an, um die Auszahlungen zu vereinfachen. Aus diesem Grund entstanden zudem Unternehmen mit der Spezialisierung des Payroll-Outsourcings (Kavanagh & Johnson 2017).

Organisatorisch entwickelte sich die Personalfunktion regional unterschiedlich. In den USA offenbarte sich die erwähnte weitergehende Spezialisierung, welche aber einen starken Fokus auf „Industrial Relations" behielt und als Funktion auch lange so genannt wurde – mit „Personnel Management" als Unterbereich. „Industrial Relations" erhielt als tendenziell eigenständiger Bereich eine gewisse professionelle Anerkennung und konnte gerade in größeren Unternehmungen eine recht wichtige Rolle spielen. In Europa dagegen – mit Ausnahme von England – hielt sich die starke Priorisierung der verwaltenden und aktenführenden Tätigkeiten, welche bei den Personalabteilungen für einen eher geringen Status – als Anhängsel der kaufmännischen Abteilung – sorgten. Entsprechend dauerte die Professionalisierungs- und Spezialisierungsbewegung länger, was einerseits die unternehmerische Verankerung der Funktion mit einem Personalleiter an der Spitze, andererseits aber auch die universitäre Abdeckung und die damit verbundene weitergehende Qualifizierung in Bezug auf die Thematik verzögerte (Boxall et al. 2010, S. 29–31).

3.1.5. Dritte industrielle Revolution – Arbeit 3.0 (1970–1990): Fokus Daten- und Kostenmanagement

Ende der 60er-Jahre des vorangehenden Jahrhunderts verselbstständigte sich in den USA „Industrial Relations“ als eigenständiger Bereich, was zu einer Trennung zwischen den bisher organisatorisch verbundenen „Labor Relations“ und „Personnel Management“ führte. Letzteres entwickelte einen eher schlechten Ruf als purer Administrator und bewegte sich auf einem marginalisierten Level – so wie es in Europa mehrheitlich der Fall war.

Von diesem Zeitpunkt an sollte es aber mit der Funktion aufwärts gehen, und zwar stetig und weltweit. Dafür waren im Besonderen vier Faktoren verantwortlich: Compliance, Computerisierung, Ökonomisierung und Internationalisierung.

Compliance: Es kam in einigen Ländern zu weiterführenden Gesetzgebungen in den Bereichen Besteuerung, Anti-Diskriminierung, Pensionierung, Gesundheit und Sicherheit – wobei die Personalabteilungen zusätzliche Verantwortung für das Reporting dieser Daten erhielten und spezialisierte Fachleute für die neu entstanden Unterdisziplinen eingestellt wurden. Da bei Nichteinhaltung der Gesetze Geldstrafen drohten, kam es zu einer stärkeren Auseinandersetzung mit den in den Personalabteilungen bearbeiteten Themen.

Computerisierung: Aufgrund der Menge der zu rapportierenden Daten, waren Aktualität und Genauigkeit sehr wichtig. Die „Human Resource Information Systems“ (HRIS) wurden häufiger genutzt, was eine steigende Marktpräsenz und Kostenvergünstigungen zur Folge hatte. Dies führte zu einer wachsenden Automatisierung durch festgelegte Prozesse und übergreifende Systeme. Gleichzeitig wurden die ersten „Management Information Systems“ (MIS) entwickelt (Thite et al. 2012). Eine gewisse Rolle dürfte auch die aufkommende Systemtheorie gespielt haben. Durch deren Anwendung auf den organisationalen Kontext bzw.

der einzelnen Teile der Organisation nach Miller (1978) konnten die spezialisierten Fachleute nun auch nachvollziehen, wie sich eine Veränderung in einem Teil der Organisation auf die gesamte Unternehmung auswirken kann. Diese Ausgangslage stärkte einerseits den intensivierten Gebrauch von Computersystemen, andererseits die generelle und nachhaltige Position und Relevanz der Personalabteilung innerhalb der Organisation (Jamrog 2004).

Ökonomisierung: Die Kombination von Compliance und Computerisierung, das heißt die Verbindung von erhöhten Rapportierungsbedürfnissen mit neuen technologischen Möglichkeiten, lud das „Personnel Management" ein, den zahlreichen administrativen Erfordernissen und gesetzlichen Auflagen mit effizienzfördernden Strategien zu begegnen. Es resultierte ein neuer ökonomisch begründeter Schwerpunkt in den Personalabteilungen: Kostenreduktion durch fortschreitende Automatisierung und produktivitätssteigernde Maßnahmen. Dies war umso notwendiger, als dass durch die gleichzeitige Erweiterung der funktionalen Aufgaben, z.B. in der Aus- und Weiterbildung, die Kosten der personalbezogenen Tätigkeiten weiter stiegen. Dies setzte die Personalverantwortlichen unter Druck, die Aufwendungen für neue Dienstleistungen und Programme nicht nur zu begründen, sondern auch kostenmäßig im Griff zu halten (Tubey et al. 2015). Der Ruf nach Kosteneffizienz führte demzufolge dazu, dass die internen und externen Dienstleister günstigere und besser Technologien nutzten, was eine Verschiebung von transaktioneller Arbeit zu transformationalen Aktivitäten nach sich zog.

Internationalisierung: Durch die voranschreitende Internationalisierung und Globalisierung stehen amerikanische, europäische und asiatische Unternehmen miteinander in Konkurrenz. Verschiedenste Managementpraktiken wurden vergleichenden Betrachtungen unterzogen, um die eigene Leistungsfähigkeit und Produktivität und damit die internationale Konkurrenzfähigkeit zu stimulieren. Im Zuge dieser Entwicklungen erfolgte ebenfalls eine allseitige Öffnung gegenüber der Art und Weise, wie das Personal gehandhabt wurde und welche Rolle die Personalfunktion in den verschiedenen Ländern spielte.

Auf der Basis all dieser Entwicklungen wuchs die Erkenntnis, dass dem Management der Personalressourcen eine immer größere Wichtigkeit zukam, sei es als substanzieller Kostentreiber, den es im Griff zu halten galt, oder auch als Wertschöpfungsfaktor, der einem im Markt erfolgreicher machen konnte. So kann dies auch als die Zeit gesehen werden, in der sich die Bezeichnung der Funktion änderte: Aus dem „Personnel Management" wird das „Human Resources Management" oft begleitet von einem organisationalen Aufstieg der Funktion, welcher den HR-Verantwortlichen in den obersten Leitungsgremien eines Unternehmens Platz nehmen ließ.

Es ist interessant zu verfolgen, wie sich der Gebrauch der beiden Begriffe dann weiterentwickelt hat. Es war keinesfalls so, dass „Personalmanagement" großflächig durch „Human Resources Management" ersetzt worden wäre. Zwar schwingt die Konnotation auch heute noch mit, dass es sich bei ersterem eher um die administrationsgetriebene, kostenorientierte und bürokratische Verwaltung von Mitarbeitenden handelt, während letzteres für ein modernes, mehrwertorientiertes und dynamisches Management des Humankapitals steht. In der aktuellen betrieblichen Realität – im Besonderen in Europa – stehen die beiden Begriffe aber näher beieinander und werden meistens als gegenseitig austauschbar betrachtet und verwendet.

Was aber bis heute gleich geblieben ist, sind die strukturellen Auswirkungen der verschiedenen Einflussfaktoren: Ausgeprägte Compliance, Automatisierung und Ökonomisierung (Kostenorientierung) indizieren oft eine Zentralisierung der HR-Funktion, während die Internationalisierung die Möglichkeit von divisionalen oder Matrixstrukturen begünstigt (Kapitel 3.5.).

3.1.6. Zweite Professionalisierung (1990–2010): Fokus funktionale Erweiterung und Strategie

Die Publikationen der Harvard- und Michigan-Schulen zur „Resource Based", respektive „Market Based View" in den späten 80er-Jahren begründeten eine strategische Sicht auf das sich entwickelnde Human Resources Management. Im Besonderen stellten beide Ansätze einen Bezug von Geschäftsstrategie und HR-Strategie her, was viel zur Positionierung von HRM als strategisch wichtigem Bestandteil der Unternehmensstrategie beitragen sollte. (Bruederlin 2020/1, S. 22–26). Dies wäre aber nicht möglich gewesen, wenn nicht immer mehr Spezialistenaufgaben an die HR-Abteilung delegiert worden wären respektive HR mandatiert wurde, der Unternehmensführung und den Vorgesetzten in vielerlei Hinsicht beratend zur Seite zu stehen. Je nach unternehmerischer Ausrichtung und Projektrelevanz übernahm die HR-Funktion mehr oder weniger große konzeptionelle und/oder operative Verantwortung für einzelne oder gleich alle Bereiche der HR-Wertschöpfungskette: Rekrutierung, Aus- und Weiterbildung, Personalentwicklung, Mitarbeitendenführung, Retention, Performance Management, Kompetenzsysteme, Kompensationsinstrumente, Freisetzungspolitik etc.

Damit waren die Voraussetzungen erfüllt, operative HR-Tätigkeiten um eine strategische Dimension zu erweitern. Unzählige Publikationen widmeten sich in der Folge dem neuen Feld des „Strategischen Human Resources Management" (SHRM). Gleichzeitig wurde „Human Resources Management" an vielen Hochschulen weltweit zu einer vollwertigen Disziplin in den betriebswirtschaftlichen Lehrgängen – und ist es bis zum heutigen Tag geblieben.

Obwohl unterschiedliche Definitionen für das strategische Human Resources Management aus dieser Entwicklung resultierten, geht es im Wesentlichen darum, die Arbeit der HR-Funktion mit den Zielen und Absichten der Unternehmung zu verbinden, womit HR-Praktiken zu einem integralen Bestandteil des Unternehmenserfolgs werden. Mit anderen Worten, HR-Effektivität schafft eine direkte Verbindung zwischen Geschäftsstrategie und HR-Maßnahmen und leistet so einen wesentlichen Beitrag zum Geschäftsergebnis. Und der HR-Verantwortliche sitzt mit am Tisch, wenn es darum geht, die Unternehmensstrategie zu entwickeln. Um die strategische Ausrichtung von HR zu komplettieren, sollte es allerdings nicht nur eine Konsistenz zwischen HR-Strategie und Unternehmensstrategie geben, sondern in analoger Weise auch eine zwischen HR-Strategie und Personalpolitik respektive Unternehmenskultur (Bruederlin 2020/1, S. 21–38).

Es ist kein Zufall, dass in diese Zeitspanne, die der HR-Funktion eine intensive Professionalisierung und einen substanziellen Reputationsgewinn bescherte, die Entwicklung und Lancierung des bis heute wichtigsten HR-Operating-Modells fiel, nämlich des Drei-Säulen-Modells (vgl. Kapitel 3.5.1.). Dieser Ansatz sieht vor, dass „HR-Professionals" sich zu strategischen „Business-Partnern" entwickeln. Neben spezifischen personalrelevanten Kenntnissen über die umfassende Wertschöpfungskette sollen sie sich als „Business People" auszeichnen und über ausgeprägtes Wissen im operativen Geschäft der Unternehmen verfügen, um dadurch eine seriöse und kompetente Beratung der verschiedenen Bereiche zu ermöglichen (vgl. Kapitel 3.5.3.).

Die Schaffung und Etablierung des Drei-Säulen-Modells stellt mit Sicherheit die wesentliche organisationsspezifische Entwicklung des HRM in der Zeit vor der Jahrtausendwende dar. Dies lag nicht nur daran, dass damit der aktuellen Strategie der inhaltlichen Erweiterung und der strategischen Integration der HR-Funktion gut entsprochen werden konnte, sondern dass dieses Modell auch jeden Grad von Zentralisierung respektive Dezentralisierung abbilden kann. (vgl. Kapitel 3.5.4). Damit kann es auch den zeitlich vorgelagerten, aber wichtig bleibenden

Erfordernissen von Ökonomisierung, Automatisierung oder auch Internationalisierung angepasst werden.

Parallel zu diesen strukturellen Umwälzungen entwickelten sich auch die HR-Technologien weiter, und es entstanden integrale personalspezifische Lösungen, welche die funktionale Erweiterung und damit die höhere Komplexität des HRM reflektierten. Diese Systeme begannen, den HRMS-Markt zu bestimmen und sind heute noch sehr dominant (z.B. SAP (Success Factors), Oracle, Workday etc.). Zugleich entwickelten sich in Konkurrenz zu den integrierten Systemen eine immer größer werdende Zahl von sogenannten „Best-of-Breed“ Ansätzen, die für jeden Prozess der HR-Wertschöpfungskette Einzellösungen anboten. Welchen Ansatz eine Unternehmung für ihr HRIS auch immer wählt, sie bekommt dadurch die Möglichkeit, je nach Strategie die HR-Dienstleistungen sowohl möglichst kostenorientiert wie auch möglichst qualitätsorientiert abzuwickeln.

Dem Erfordernis aus den 70ern und früheren 80ern, seine Dienstleistungen mit der Hilfe von technologischen Entwicklungen möglichst effizient und kostengünstig zu liefern, stand demzufolge in den späteren 80ern und den 90ern eine intensive funktionale Erweiterung gegenüber, welche der Aussage, dass die Mitarbeitenden das wichtigste Asset einer Firma darstellen, Rechnung zu tragen hatte und das HR Management entsprechend in einen unternehmensstrategischen Zusammenhang stellte. Dieses Spannungsfeld zwischen Effizienz und Effektivität, zwischen Kosten- und Qualitätsfokus, sollte die HR-Funktion über die letzten Jahrzehnte bis heute begleiten und wird nicht nur durch die Existenz unterschiedlicher technologischer Unterstützung, sondern auch durch die Ausprägung verschiedener HR-Kernstrategien gespiegelt (Bruederlin 2020/1, S. 43–106).

3.1.7. Vierte industrielle Revolution – Arbeit 4.0 (2010–2030?): Fokus Diversität und Polarisierung

Wie im vorangehenden Kapitel erläutert resultieren aus dem Spannungsfeld zwischen Effizienz und Effektivität, zwischen Kostenfokus und Wertschöpfung die verschiedensten Möglichkeiten, wie die HR-Funktion sich innerhalb einer Unternehmung entwickelt und positioniert. Obwohl es gewisse Trends entlang unterschiedlicher Industrien, Branchen oder auch Teilbereichen innerhalb der gleichen Firma gibt (Bruederlin 2020/1, S. 61–65), kann man von außen immer nur vermuten, ob ein bestimmtes Unternehmen aus einer rein administrativ tätigen Personalverwaltung besteht, die organisatorisch irgendwo im Logistik- oder

Finanzbereich angesiedelt ist, oder ob es sich um eine strategisch positionierte „high performance" HR-Abteilung handelt, welche auf Augenhöhe mit Finanz, Marketing und Produktion operiert und deren CHRO Mitglied der Geschäftsleitung ist. Entsprechend sind im Spektrum zwischen den Punkten „administrativ-kostenfokussiert" und „qualitäts-wertschöpfungsorientiert" wie auch zwischen „transaktionell" und „transformationell" unzählige unterschiedliche Positionierungen für eine HRM-Funktion möglich. Dies lässt sich auf der sogenannten HR-Kernstrategiematrix veranschaulichen (vgl. Abbildung 8 und Bruederlin 2020/1, S.44).

Dadurch, dass jedes Unternehmen entlang den maßgebenden Faktoren von Unternehmensstrategie und Personalpolitik diese Positionierung seiner HR-Funktion definiert (und auch wieder ändern kann), hat sich in den letzten 40 Jahren eine Vielfalt von personalstrategischen Ausprägungen ergeben, die gelegentlich ans Unübersichtliche grenzt. Dabei ist interessant festzuhalten, dass diese Positionierungen nicht unbedingt strategischen Überlegungen entspringen müssen, sondern schlicht

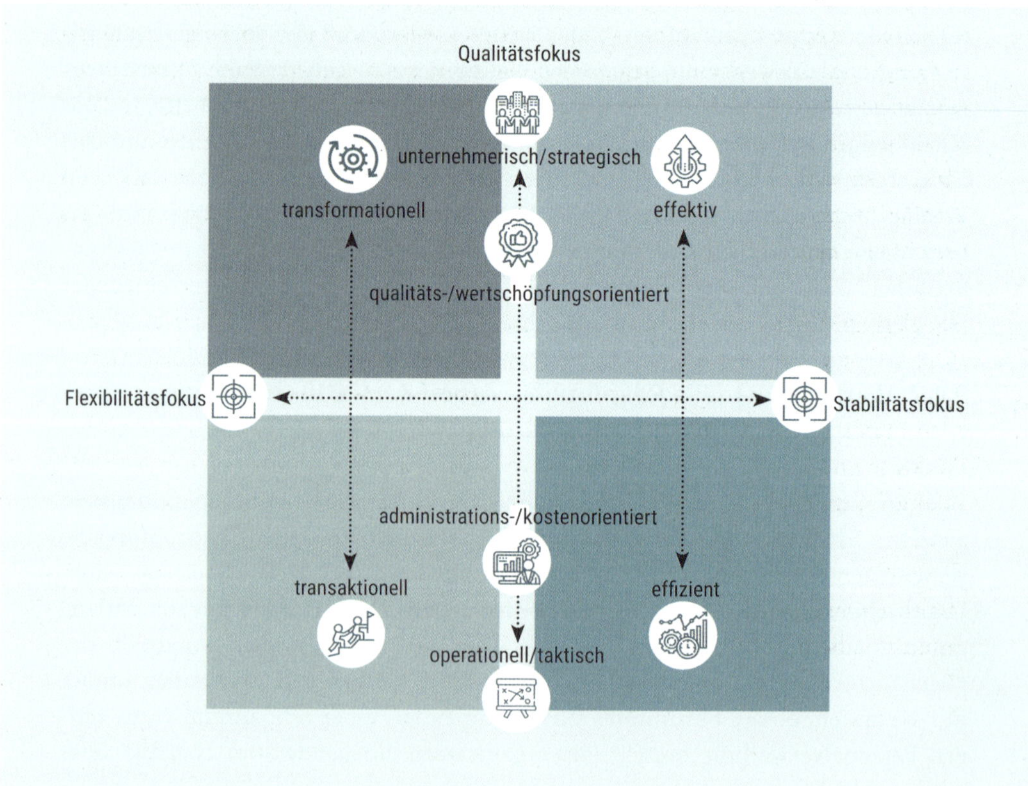

Abbildung 8: HR-Kernstrategiematrix: Diversität und Polarisierung

und ergreifend nur der Einstellung und der Meinung des Entscheidungsträgers, insbesondere der Geschäftsleitung, geschuldet sind.

Die ab der Jahrtausendwende fortschreitende Digitalisierung mit Cloud-Computing und Mobil-Technologien als wesentlichen Systempfeilern hat diese Diversität respektive die Polarisierung zwischen „effizient-operationell" und „effektiv-strategisch" noch akzentuiert. Dies geschieht dadurch, dass die Digitalisierung entgegengesetzte Strategiebewegungen auslösen kann: „Bei einer automationsgetriebenen HR-Digitalisierung geht es in erster Linie um Effizienzgewinne und damit einen hohen Kostenfokus der digitalisierungsbezogenen Maßnahmen. Ist der Sinn und Zweck der HR-Digitalisierung jedoch innovationsgetrieben, dann sind die Ziele der HR-Aktivitäten im Bereich der Effektivitätsgewinne zu suchen. Entsprechend geht es primär um eine qualitätsorientierte Strategie" (Bruederlin 2020/2, S. 60–61 und Bruederlin 2020/1, S. 74).

Während eine übergewichtete „Automation" die Ökonomisierung der 70er- und 80er-Jahre des vorangehenden Jahrhunderts konsequent weiterführt, eröffnet die intensive Verfolgung von „Innovation" mittels Investitionen in moderne und qualitätssteigernde Instrumente und Funktionalitäten neue Dimensionen für die wertschöpfende Ausrichtung der Personalfunktionen. In dieser Beziehung sticht „HR-Analytics" als zusätzliche Disziplin hervor, welche durch das Auswerten von großen Massen an erhobenen Daten eine immer höhere Komplexität meistern kann und damit eine ganz andere Qualität von strategischer HR-Beratung und eines vorwärts gerichteten Entscheidungssupports ermöglicht.

Die Auswirkungen dieser unterschiedlichen digitalisierungsbedingten Optionen sind für die Entwicklung einer konsistenten HR-Struktur beträchtlich. Dies umso mehr, als davon auszugehen ist, dass einander entgegengesetzte Entwicklungen auch in den nächsten Jahren nebeneinander bestehen und die Gestaltung der HR-Funktion und ihrer Struktur maßgebend prägen werden. Es ergibt deshalb Sinn, die strukturellen Aspekte der Digitalisierung noch näher zu beleuchten (vgl. Kapitel 3.6.).

Die abschließend Grafik fasst sämtliche geschilderten Entwicklungsphasen der HR-Funktion nochmals zusammen (vgl. Abbildung 9).

Entwicklungsschritte	Vorindustrielles Zeitalter	1. Industrielle Revolution	2. Industrielle Revolution	1. Professionalisierung	3. Industrielle Revoltion	2. Professionalisierung	4. Industrielle Revolution
		Arbeit 1.0	Arbeit 2.0		Arbeit 3.0		Arbeit 4.0
Zeitliche Zuordnung	1600–1800	1800–1900	1900–1950	1950–1970	1970–1990	1990–2010	2010–2030?
Hauptthemen	Frühformen organisierter Arbeit	Gesundheit	Arbeits- & Sozialbeziehungen	Funktionale Entwicklung & Institutionalisierung	Daten- & Kostenmanagement	Geschäftsbezug & strategischer Beitrag	Kostenfokus & Wertschöpfung
Attribut		sozial-fürsorglich	administrativ-verwaltend	systematisch-spezialisiert	ökonomisch (effizient & effektiv)	strategisch-erfolgskritisch	digital-divers
Funktionale Entwicklungen		Anfänge von Formalisierungen	Mitarbeitenden-Verwaltung	Verwaltung & Anfänge der Spezialisierung	Automatisierung & funktionale Erweiterungen	Gesamte Wertschöpfungskette	Spektrum zwischen verwaltend & strategisch
Hauptrollen der HR-Funktion		Mitarbeitenden-Fürsorge	Arbeitenden-Wohlfahrt	Arbeitsbeziehungen, Verwaltung & Rekrutierung	Generalist (Systeme, Compliance, Aus- & Weiterbildung etc.)	Business-Partner, Spezialisten, Administratoren	unterschiedliche Kompetenzen-Cluster
Positionierung im Unternehmen		entstehend	unbedeutend	unterschiedlich	wachsend	relevant	unterschiedlich
Strukturelle Ausprägung		informell	zentral	zentral-funktional	zentral-dezentral (funktional, divisional, Matrix)	zentral-dezentral (3 Säulen)	zentral-dezentral (agil-flexibel)

Abbildung 9: Historische Entwicklung der HR-Funktion

3.2. Definitionen HR-Struktur/HR-Organisation/ HR-Geschäftsmodell

Es wurde im Kapitel 3.1. bereits festgehalten, dass die Entwicklung eigenständiger HR-Funktionen historisch erst spät passiert ist, sich aber an den traditionellen Prinzipien und Grundsätzen einer Organisation orientiert hat. Bei der Aufbauorganisation des HRMs einer Unternehmung handelt es sich demzufolge um eine bestimmte – auf die Erreichung von Effektivität und Effizienz ausgerichtete und durch ein Organigramm visualisierte – Anordnung von Stellen sowie der Interaktion zwischen ihnen. Eine analytisch begründete und aus Spezialisierung und Arbeitsteilung resultierende Aufgabenverteilung ist ebenso gegeben wie die weiteren Prinzipien von „Koppelung" (Stellenkoordination), „Konfiguration" (Gliederungstiefe und Leitungsspanne) sowie „Kompetenzverteilung" (Entscheidungszuweisung). Alle diese strukturellen Regelungen kommen in erster Linie innerhalb der Personalabteilung zum Tragen, können aber auch eine Erweiterung erfahren zu anderen Trägern der HR-Funktion außerhalb des eigentlichen Personalbereichs.

Aufgrund der analogen Umsetzung der wesentlichen Strukturelemente und Organisationsprinzipien haben sich im HRM sowohl klassische als auch neuere Ausprägungen von Organisationen herausgebildet. Diese sollen weiter unten näher vorgestellt, umfassend erläutert und um praxisorientierte sowie strategiegetriebene Modelle, die der Forderung nach Konsistenz gerecht werden, ergänzt werden (vgl. Kapitel 3.4. bis 3.8.).

Im Kontext der Strukturierung von HR-Funktionen werden unterschiedliche Begriffe verwendet. Mal ist die Rede von HR-Strukturen und HR-Organisationen, mal vom HR-Geschäftsmodell. Es ist nicht einfach, diese Begriffe auseinanderzuhalten. Sie liegen in ihren Inhalten sehr nahe beieinander und haben viele Überschneidungen. Während „Struktur" und „Organisation" in der Regel als quasi deckungsgleich wahrgenommen werden, so ist das Verständnis eines „Geschäftsmodells" oder „Operating Models" anders gelagert. Der Einfachheit halber sollen in diesem Buch die drei Bezeichnungen im gleichen Atemzug verwendet werden, obwohl der inhaltliche Fokus nicht genau derselbe ist. „Struktur" legt das Schwergewicht auf die ordnungsorientierten Gestaltungselemente, „Organisation" auf die zielgerichtete Wirkungsweise und „Geschäftsmodell" oder „Operating Model" auf die strategiegeleitete Umsetzung und die damit verbundene Arbeitsweise.

Gemeinsam ist allen, dass es sich um die „äußere Form" des HRM und damit um das Lösungsmuster für die Personalfunktion einer Unternehmung handelt, welches

- die Gesamtaufgabe der Funktion in einer bestmöglichen Gestaltungsalternative darstellt (► Fokus „Struktur");
- beständigen Halt und transparente Zielorientierung für die Funktion schafft (► Fokus „Organisation");
- bestimmte beabsichtigte positive, aber unter Umständen auch unerwünschte Ergebnisse stipuliert (► Fokus „Geschäftsmodell").

Wenn also qualifizierte Personen mit einem Hintergrund in HR (Aus-, Weiterbildung und Erfahrung) innerhalb eines Unternehmens in einem arbeitsteiligen Prozess kontinuierlich und kooperativ an Aufgaben aus der HR-Wertschöpfungskette arbeiten und die resultierenden Handlungen nicht nur geordnet und aufeinander abgestimmt, sondern auch auf Ziele ausgerichtet werden, deren gemeinsamer Nenner sowohl eine höhere Effizienz wie auch eine größere Effektivität ist, dann arbeiten diese Personen in einer ganz bestimmten HR-Organisation, in einer festgelegten HR-Struktur und in einem definierten HR-Geschäftsmodell. Und sie leisten damit einen wesentlichen Beitrag zur Erreichung der strategischen Unternehmensziele eines Unternehmens.

Während „Struktur" und „Organisation" Begriffe darstellen, welche in unterschiedlichen Fachgebieten eine Rolle spielen (z.B. Wissenschaftstheorie, Statistik, Betriebswirtschaft, Soziologie) und deshalb in der Fachliteratur sowohl in der Breite wie auch in der Tiefe umfassend, aber auch weitgehend konsistent abgedeckt sind, so gibt es betreffend „Geschäftsmodell" respektive „Operating Model" nicht nur weniger zahlreiche, sondern auch unterschiedliche und vor allem keine allgemeingültigen Definitionen. Dabei sind die aufgeführten inhaltlichen Dimensionen breit gefächert: Es geht nicht nur um die aufgabenbezogene Strukturierung und die Beschreibung der einzelnen Komponenten dieser Aufgaben, sondern auch um die damit in Verbindung stehenden Rollen sowie um die Beschreibung des optimalen Nutzens und die zu erreichenden Werte (für Funktionen und Akteure) und wie diese geschaffen und etabliert werden. Aus diesem Grunde führen Erläuterungen von Geschäftsmodellen zu detaillierteren Beschreibungen der Wirkungsweise des HRM, als dies beispielsweise Darstellungen von Unternehmensstrukturen oder Geschäftsorganisationen tun.

Im HR-Umfeld hat sich der Begriff des „Target Operating Model" oder TOM („Ziel-Geschäftsmodell") eingebürgert. In Transformationsprozessen, deren Ziel eine Veränderung des HR und seiner Vorgehensweise ist, erscheint das TOM als die durch die Verantwortlichen, in der Regel die Anspruchsgruppe „Management", definierte anzustrebende und umzusetzende Organisationsform – mit Auswirkungen auf Mitarbeitende, Technologie und Prozesse.

3.3. Die wesentlichen Treiber der HR-Struktur

Zahlreiche Faktoren haben einen Einfluss auf die Art und Weise, wie die HR-Funktion sich ziel- und ergebnisorientiert aufstellt oder aufstellen kann. Alle diese Einwirkungen lassen sich auf vier wesentliche strukturtreibende Gestaltungsbereiche komprimieren, welche nicht nur miteinander in Beziehung stehen, sondern aus deren systematischer Analyse und Nutzung sich auch die bestmögliche HR-Struktur einer Unternehmung entwickeln lässt. Neben der HR-Strategie und der Unternehmensstruktur, welche die HR-Organisation wesentlich bestimmen (vgl. Kapitel 3.4.), sind es die Ausprägungen der drei HR-Konsistenzfaktoren „(De-)

Zentralisierung", „Digitalisierung" (zusammen mit „Flexibilisierung") und „Positionierung" (zusammen mit „Hierarchie"), welche die Strukturierung einer HR-Funktion ausmachen. Diese bilden entsprechend die vier Hauptstrukturtreiber oder Strukturierungsbereiche einer HR-Funktion (vgl. Abbildung 10).

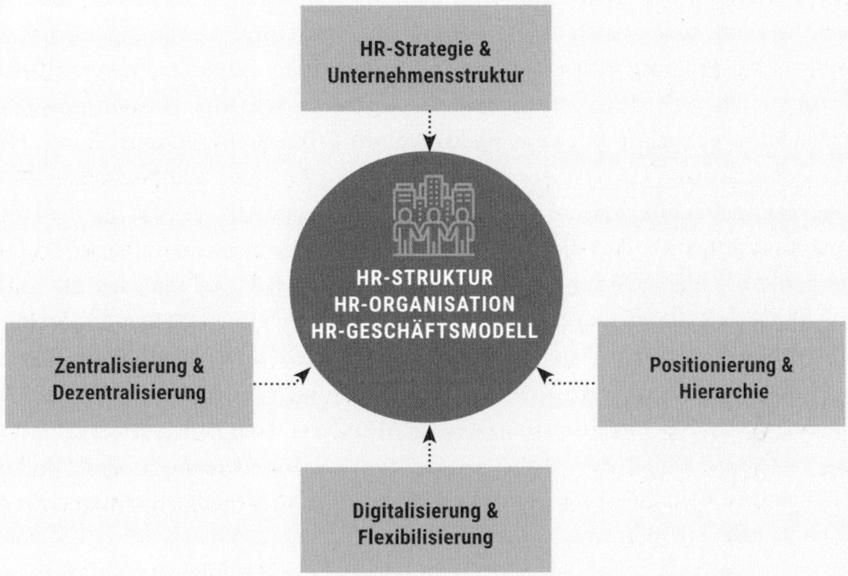

Abbildung 10: Die vier Strukturierungsbereiche (Haupttreiber) der HR-Struktur

Jeder der vier Strukturierungsbereiche zeichnet sich durch ein Spektrum von Indikatoren aus, die auf ein bestimmtes Organisationsmodell hinweisen. Beispielsweise führt die Ausprägung „effizient" innerhalb des Bereichs „(De-)Zentralisierung" zu einem „funktionalen" HR-Organisationsmodell.

Jede Herangehensweise an die Gestaltung einer HR-Struktur lässt sich auf diese vier Haupttreiber zurückführen. Dies lässt sich am Beispiel der „Strategic Design Choices", welche die Beratungsfirma Deloitte im Kontext ihres „High-Impact HR Operating Model" zusammengestellt hat, aufzeigen (Deloitte 2017). Es handelt sich hierbei um ein praxisgeleitetes Rahmenwerk von zehn inhaltlich weitgefächerten Kategorien, welche in der Form von strategischen Gestaltungsmöglichkeiten („Design Choices") gezielt auf das HR-Geschäftsmodell einwirken und dieses für eine Unternehmung als geeignet, zielführend, effizient und effektiv („high impact") definieren. Das Resultat ist ein „HR Operating Model", welches für die Unternehmung einen optimalen Mehrwert generiert, genau das also, was von einer konsistenten „Best Fit“-HR-Struktur erwartet werden soll.

Die zehn Kategorien leiten sich von den drei folgenden Bereichen ab: „Business Strategy“, „Business Environment“ und „People & HR Strategy“, wobei letztere auf den ersten beiden basiert. Und obwohl dadurch sehr unterschiedliche Inhalte abgedeckt werden, so lässt sich doch das mögliche Spektrum jeder Kategorie mit der jeweiligen Ausprägung eines der vier obengenannten Haupttreiber vergleichen und sinngemäß zuordnen. Beispielsweise erstreckt sich die Gestaltungsoption „Service Differentiation“ über ein Spektrum mit den Extrempunkten „Enterprise“ („set of standardized HR services provided across all regions and businesses“) und „Differentiated“ („HR services differentiated and aligned to specific regional and/ or business contexts“). Auf die Strukturierungsbereiche bezogen entspricht dies in erster Linie der Entscheidung, wie zentral (standardisiert) oder dezentral (differenziert) das HRM aufgezogen werden soll. In zweiter Linie ist auch der Strukturierungsbereich des Digitalisierungsgrades angesprochen, der sowohl eine größere Standardisierung (respektive Zentralisierung) als auch eine größere Differenzierung (respektive Dezentralisierung) des HRM unterstützen kann.

Auf die gleiche Weise lässt sich zwischen jeder der zehn Gestaltungskategorien des „HR High-Impact Operating Model“ und den vier Haupttreibern der HR-Struktur ein primärer und ein sekundärer Bezug herstellen. Die Totalität der Zuordnungen ergibt folgendes Resultat, wobei 1 für den vorrangigen und 2 für den nachgelagerten Bezug steht (vgl. Abbildung 11):

Es zeigt sich, dass in Bezug auf die Zuordnungen der zehn Gestaltungskategorien auf die vier Haupttreiber der HR-Struktur Letztere alle eine ähnlich gewichtete Rolle spielen, auch wenn das Spannungsfeld Zentralisierung vs. Dezentralisierung mit fünf Primärbezügen etwas stärker im Fokus steht und daher eine besondere Aufmerksamkeit verdient.

Mit dieser Gegenüberstellung eines detaillierten und anspruchsvollen Modells von strukturrelevanten inhaltlichen Gestaltungskategorien und den vier definierten Haupttreibern einer HR-Struktur soll aufgezeigt werden, dass es möglich ist, mit nur vier Faktoren die Entwicklung einer passenden und zielorientierten HR-Organisation respektive die Ausformung eines effizienten und effektiven HR-Geschäftsmodells zu steuern.

KATEGORIEN „DESIGN CHOICES" HR High-Impact Operating Model	**1. STRUKTUR-TREIBER** HR-Strategie	**2. STRUKTUR-TREIBER** Zentralisierung & Dezentralisierung	**3. STRUKTUR-TREIBER** Digitalisierung	**4. STRUKTUR-TREIBER** Positionierung
HR Scope (Accountability)	②			❶
Governance		❶		②
Employee Experience		❶	②	
Service Differentiation		❶	②	
HR Processes		❶	②	
Workforce Data	②		❶	
HR Technology	②		❶	
HR Capability	❶			②
HR Resource Location		❶		②
HR Roles	❶			②

Abbildung 11: Zuordnung „Strategic Design Choices" zu Haupttreibern der HR-Struktur

Es wird aber auch klar, dass die vier Strukturierungsbereiche komplex sind, weil sie inhaltlich sehr weite Spannungsfelder abdecken können. Andererseits erlauben sie dank dieser Vielseitigkeit eine schnelle und flexible Anpassung der HR-Organisation an jede Neuausrichtung der Unternehmung. Es ist entsprechend wichtig, diese Haupttreiber inhaltlich auszuleuchten, vertieft zu analysieren und umfassend zu interpretieren.

3.4. Der erste Strukturierungsbereich: HR-Strategie und Unternehmensstruktur

„Structure follows strategy", der Leitsatz, den Alfred Chandler schon knapp nach der Mitte des letzten Jahrhunderts prägte (Chandler, 1962), hat nach wie vor eine hohe Aktualität. Er stipuliert, dass nicht nur die Unternehmensstruktur sich an der Unternehmensstrategie orientiert, sondern dass in Analogie die HR-Strategie auch für die HR-Organisation in wesentlichen Teilen bestimmend ist (Bruederlin 2020/1, S. 16, 20). Allerdings wurde weiter oben auf die Besonderheit hingewiesen, dass in der Personalpraxis diese Beziehung auch in umgekehrter Richtung wirkt, womit die Ausprägung von HR-Kernstrategien durch eine bestimmte HR-Struktur eingeschränkt werden kann (vgl. Abbildung 3).

Die enge Verbindung zwischen Strategie und Struktur wird bekräftigt durch die Existenz globaler Megatrends, welche in gleicher Weise sowohl auf die Strategie (Bruederlin 2020/1, S. 113–119) als auch auf die Struktur einwirken. Dies gilt analog für den Bereich HR. Strukturrelevant für das HRM sind vor allem die Megatrends Digitalisierung und Flexibilisierung (vgl. Kapitel 3.6.). Es gibt aber noch weitere externe Einflussfaktoren, welche Organisationsstrukturen im Allgemeinen und HR-Strukturen im Besonderen verändern. Diese Einflussfaktoren offenbaren sich oft in Spannungsfeldern, welche die Entwicklung einer HR-Organisation in unterschiedliche Richtungen steuern können. Beispielsweise deckt der Einflussfaktor „Umweltdynamik“ ein Spannungsfeld zwischen Agilität und Kontinuität ab. Dies erlaubt einerseits eine träge und langfristig stabile HR-Struktur, kann andererseits aber auch auf Basis eines großen Ausmaßes an Wandel eine permanente Anpassung der (HR-)Organisation erzwingen. Aber auch Faktoren wie Größe des Unternehmens, Internationalität oder Art der Branche bilden treibende Kräfte, welche die Ausgestaltung der (HR-)Organisation verändern können.

Zusammen mit dem umfassend erläuterten Bezug zwischen Unternehmensstrategie und HR-Strategie (Bruederlin 2020/1, S. 22–32) und der Ableitung, dass die

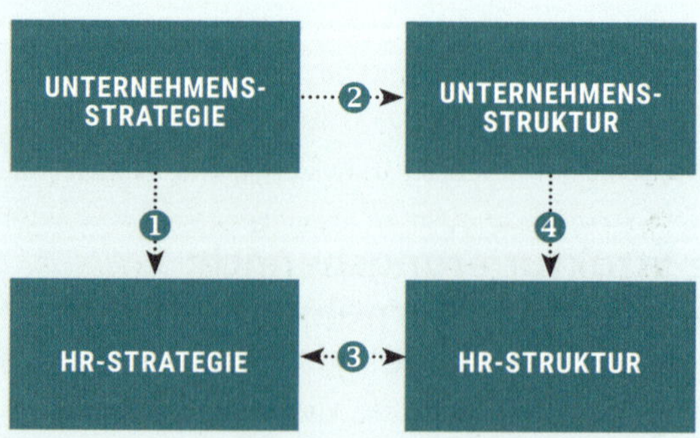

Abbildung 12: Zusammenhänge von (HR-)Strategie und (HR-)Struktur

Unternehmensstruktur entsprechend einen großen Einfluss auf die HR-Struktur hat, ergeben sich die wichtigen logischen Zusammenhänge.

Durch die in Abbildung 12 dargestellten engen Beziehungen von Strategie und Struktur zeigt sich das für das Human Resources Management wesentliche Prinzip der Konsistenz. Dieses besagt, dass alle für ein HR-Management wichtigen Faktoren aufeinander abgestimmt und miteinander koordiniert sein sollten (Bruederlin 2020/1, S. 11–16). Betreffend Strategie und Struktur resultiert eine vierfache Konsistenz.

- Erste Konsistenz: Die Unternehmensstrategie prägt die HR-Strategie;
- zweite Konsistenz: Die Unternehmensstrategie treibt die Unternehmensstruktur („Structure follows Strategy");
- dritte Konsistenz: Die HR-Strategie interagiert mit der HR-Struktur;
- vierte Konsistenz: Die Unternehmensstruktur nimmt Einfluss auf die HR-Struktur.

Für die Belange dieses Buches, welches sich mit der Entwicklung der passenden und bestmöglichen HR-Struktur auseinandersetzt, stehen die dritte und die vierte Konsistenz im Vordergrund. Sie bilden gemeinsam den ersten Strukturierungsbereich und werden deshalb näher beschrieben. Dahinter steht auch die in vielen Quellen vertretene Überzeugung, dass die strategie- und unternehmensstrukturbezogenen Treiber einer HR-Organisation die wichtigsten sind (Ulrich et al. 2008, S. 829; Ulrich/Brockbank 2005, S. 178).

Wir beginnen mit der dritten Konsistenz, das heißt mit der HR-Strategie. Wie in Bruederlin (2020/1, S. 43–106) ausführlich erklärt, unterteilt sich die HR-Strategie in vier unterschiedliche HR-Kernstrategien. Bei einer HR-Kernstrategie handelt es sich um die fundamentale strategische Positionierung des HRM. Diese resultiert aus der Analyse von drei definierenden Komponenten respektive Konsistenzfaktoren: Geschäftsstrategie, Personalpolitik und Unternehmenskultur. Aussagen zu deren Inhalten führen für die betreffende Firma zu präzisen HR-strategischen Lagepunkten auf einer 4-teiligen Matrix, welche die beiden Dimensionen „Qualität/Kosten" und „Flexibilität/Stabilität" verbindet. Dabei wird die erste Dimension durch die Geschäftsstrategie, die zweite durch die Personalpolitik in Verbindung mit der Unternehmenskultur getrieben. Mit anderen Worten: Aussagen eines Unternehmens zu seiner Geschäftsstrategie, kombiniert mit implizit oder explizit vorhandenen Äußerungen zu seiner Personalpolitik respektive seiner Kultur ermöglichen die Übersetzung in eine HR-Strategie-Position, welche einem bestimmten Punkt in einem der Quadranten der Matrix entspricht. Diese Position reflektiert eine bestimmte Ausprägung innerhalb einer der vier HR-Kernstrategien:

- **Langfristig angelegte „HR-Investment-Strategie“,**
  welche den Qualitäts- mit dem Stabilitätsfokus verbindet.
- **Stabil-solid angelegte „HR-Balance“-Strategie,**
  welche den Kosten- mit dem Stabilitätsfokus verbindet.
- **Kurzfristig angelegte „HR-Low Cost“-Strategie,**
- welche den Kosten- mit dem Flexibilitätsfokus verbindet.
- **Flexibel-agil angelegte „HR-Flex Value“-Strategie,**
  welchen den Qualitäts- mit dem Flexibilitätsfokus verbindet.

So wie die HR-Kernstrategie einer Unternehmung indiziert, wie Schwerpunkte von HR-Aktivitäten entlang der Wertschöpfungskette aussehen können (Bruederlin

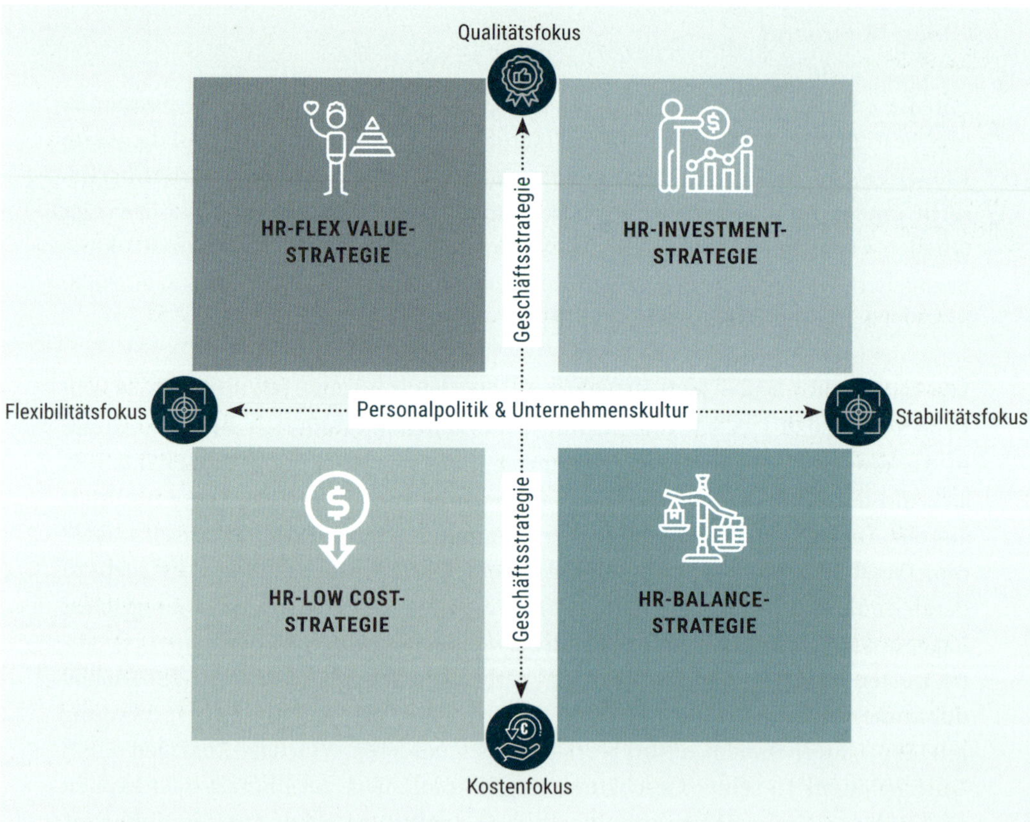

Abbildung 13: HR-Kernstrategiematrix

2020/1, S. 43–60), korreliert jede Positionierung in der Matrix auch mit unterschiedlichen strukturrelevanten Indikatoren wie beispielsweise „Standardisierung", „Effizienz", „Differenzierung", „Effektivität", „Flexibilität" oder „Kostenersparnis".

Werden diese Indikatoren entsprechend ihrer zu erwartenden Ausprägung den vier HR-Kernstrategien zugeordnet (gering, mittel oder hoch), so ergibt sich das in Abbildung 14 dargestellte Bild:

	Standardisierung	Effizienz	Differenzierung/ Kundenorientierung	Effektivität	Personalflexibilität	Kostenersparnis
HR-Investment-Strategie	gering	mittel	hoch	hoch	gering	gering
HR-Flex Value-Strategie	mittel	mittel	mittel	hoch	hoch	gering
HR-Balance-Strategie	mittel	hoch	mittel	mittel	gering	hoch
HR-Low Cost-Strategie	hoch	hoch	gering	mittel	hoch	hoch

Abbildung 14: Ausprägung von strukturrelevanten Indikatoren je HR-Kernstrategie

Qualitätsorientierte HR-Kernstrategien (Investment und Flex Value) zeichnen sich tendenziell durch einen geringeren Standardisierungsgrad, höhere Kundenorientierung (Marktflexibiliät) und hohe Effektivität aus. Dem stehen die kostenorientierten HR-Kernstrategien (Balance und Low Cost) gegenüber, welche einen Trend zu höherer Standardisierung und Effizienz sowie geringerer Differenzierung zeigen. Dabei handelt es sich um Ausrichtungen und nicht um unverrückbare Zuordnungen. Aber es kann festgehalten werden, dass sich durch diese Unterschiede oft eine neue Priorisierung der Organisationsform manifestiert. Zum Beispiel verbindet sich eine hohe Standardisierung mit eher zentralen Strukturen und damit einer funktionalen HR-Organisation (vgl. Kapitel 3.4.1.), während eine intensive Ausrichtung am Kunden, das heißt der Linienorganisation, eher mit einer dezentralen Struktur und damit tendenziell mit einer divisionalen HR-Organisation einhergeht (vgl. Kapitel 3.4.2.). Auf die Dimension „Zentralität" vs. „Dezentralität" wird bei den Erläuterungen zum zweiten Strukturierungsbereich noch näher eingegangen (vgl. Kapitel 3.5.)

Zusammenfassend kann gesagt werden, dass die vier HR-Kernstrategien die Treiber des Strukturbereichs „HR-Strategie" bilden. Mit anderen Worten, jede HR-Kernstrategie bewirkt bestimmte organisatorische Ausprägungen der HR-Funktion, hat sozusagen eine HR-Struktur, welche zu ihr passt und mit ihr konsistent ist (Bruederlin 2020/1, Kapitel 3.1., 3.2., 3.3. und 3.4.).

Deshalb wird sich eine Unternehmung, die eine HR-Investment-Kernstrategie verfolgt, eher divisional als funktional organisieren. Bei einer Firma mit einer Low Cost-HR-Kernstrategie verhält es sich genau umgekehrt. Es wird eine funktionale Organisationsform bevorzugt. Umgekehrt ist bei einer funktional organisierten HR-Funktion ein Kostenfokus zu erwarten. Und es ist davon auszugehen, dass eine divisionale HR-Organisation eher eine Investment HR-Kernstrategie, evtl. eine Flex Value-HR Kernstrategie verfolgt.

Die vierte Konsistenz, welche eng mit der dritten und damit der HR-Strategie zusammenhängt, besagt, dass sich die HR-Struktur nicht unabhängig von der Unternehmensstruktur entwickeln und etablieren kann – genau so, wie es die Unternehmensstrategie zur Entwicklung einer HR-Strategie braucht. Unternehmens- und HR-Struktur hängen also eng zusammen, was in der betrieblichen Praxis oft zu einer „Spiegelung" führt. Dies bedeutet, dass die HR-Organisation sich in gleicher Art und Weise aufstellt wie die Unternehmung. Mit anderen Worten, die HR-Organisationsstruktur spiegelt die Organisationsstruktur des Unternehmens. Das Spiegelungsprinzip kann deshalb als typische und praxisnahe Ausgestaltung der Beziehung zwischen Unternehmensstruktur und HR-Struktur bezeichnet werden (vgl. Abbildung 15). Dadurch wird die Unternehmensstruktur zu einem die HR-Strategie ergänzenden Strukturtreiber.

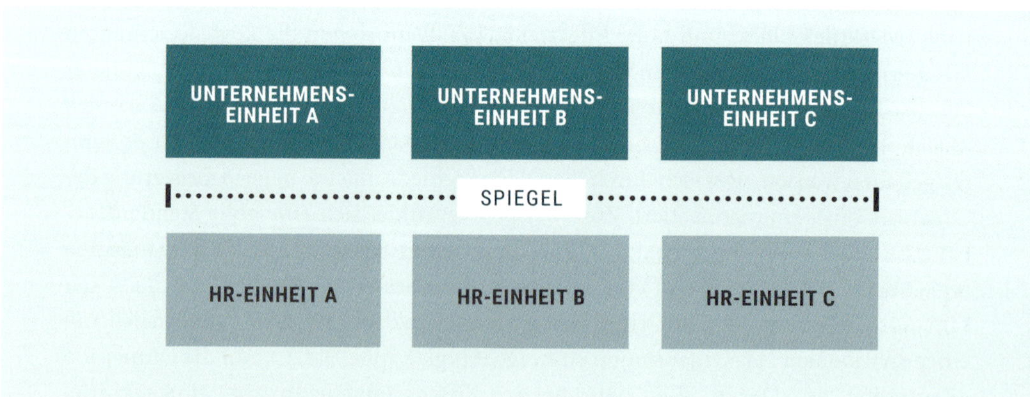

Abbildung 15: Spiegelungsprinzip

Das Spiegelungsprinzip bringt es mit sich, dass die Personaleinheit eine vollumfängliche Zuständigkeit für „ihre“ Unternehmenseinheit bekommt. Das gilt sowohl für funktionale wie auch divisionale HR-Organisationen. Bei der Spiegelung einer funktionalen oder verrichtungsorientierten Unternehmensstruktur geht es um die personalspezifische Verantwortung für jeweils alle Mitarbeitenden einer betriebswirtschaftlichen Grundfunktion (vgl. Kapitel 3.4.1.), bei der Spiegelung einer divisionalen oder objektbezogenen Unternehmensstruktur handelt es sich um die personalspezifische Verantwortung für alle Mitarbeitenden einer bestimmten Kunden- oder Produktegruppe, einer bestimmten Region oder eines bestimmten Mitarbeitersegments (vgl. Kapitel 3.4.2.).

3.4.1. Funktionale HR-Organisationsstruktur

Die Spiegelung einer funktionalen Unternehmensstruktur ist allerdings nur die eine Variante einer funktionalen HR-Organisation. Häufiger ergibt sich Letztere als zweite Variante durch die Entwicklung einer Organisation entlang den „HR-Funktionen“. Beide Möglichkeiten sollen kurz illustriert werden.

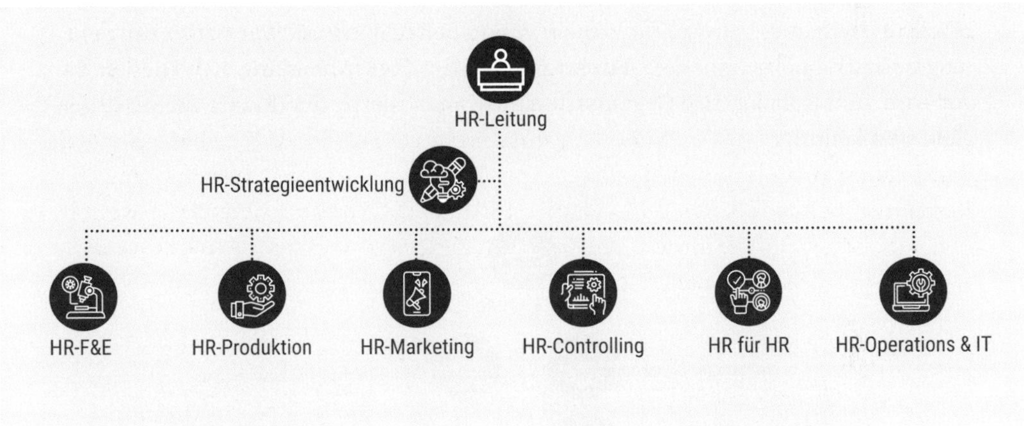

Abbildung 16: Funktionale HR-Organisation als Spiegelung einer funktionalen Unternehmensorganisation

Bei Variante 1 resultiert aus der Spiegelung einer funktionalen Unternehmensorganisation (vgl. Abbildung 4) eine identisch strukturierte HR-Organisation (vgl. Abbildung 16).

Dies stellt demzufolge eine funktionale HR-Organisation dar, bei der für jede betriebliche Funktion separate, alle Personalaktivitäten der Wertschöpfungskette abdeckende Personaleinheiten zur Verfügung stehen, die alle der HR-Leitung rapportieren. Die Organisationseinheit HR „Produktion" wäre beispielsweise von der Rekrutierung über das Performance- und Compensation Management bis zur Personalentwicklung und auch der Administration für alle personalrelevanten Tätigkeiten der Unternehmenseinheit „Produktion" zuständig – und das mehr oder weniger unabhängig von allen anderen in gleicher Weise operierenden HR-Einheiten für F&E, Marketing etc. In Analogie zur funktionalen Unternehmensorganisation sind Vor- und Nachteile offensichtlich: Jede für eine Unternehmenseinheit zuständige Personalorganisation kann sich zielstrebig auf ihre Kunden konzentrieren und spezialisieren. Allerdings begünstigt dies eine dysfunktionale Silobildung. Deshalb ist eine solche Organisationsform unrealistisch. Es ergibt nicht viel Sinn, eine HR-Organisation mit so zahlreichen kleinen, aber integralen HR-Unterorganisationen zu führen. Dies wäre viel zu aufwendig, weil sämtliche Synergien zwischen den Organisationseinheiten, beispielsweise in der Ausbildung oder auch in der Lohnbuchhaltung, verloren gingen. In der Praxis ist demzufolge davon auszugehen, dass auch in einer solchen funktionalen HR-Organisation bestimmte Tätigkeiten für alle Funktionen zusammengelegt werden.

Die zweite Möglichkeit, eine funktionale HR-Organisation zu bilden, besteht wie erwähnt darin, dies getreu dem Prinzip von Arbeitsteilung und Spezialisierung entlang den personalspezifischen Funktionen zu tun (vgl. Abbildung 17). Dies ist die Art von funktionaler HR-Organisation, wie man sie in der Praxis mehrheitlich sieht und kennt.

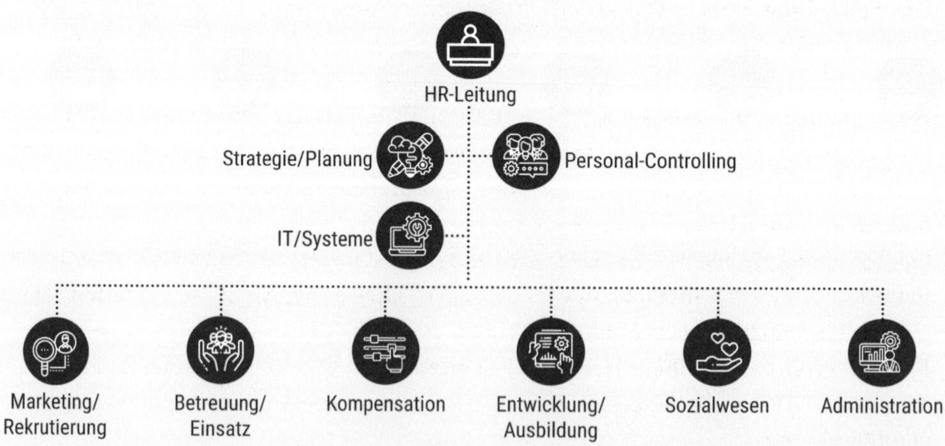

Abbildung 17: Funktionale HR-Organisation als Aufteilung in spezialisierte HR-Funktionen

In diesem Beispiel zeigt sich eine verhältnismäßig hohe Anzahl von personalrelevanten Funktionen. Diese kann aber variieren. Gerade bei kleineren Unternehmen kann sich die zweite Hierarchieebene auf Betreuung und Administration beschränken. Auch für eine solche Organisation gelten – unabhängig von der Größe – die Attribute einer funktionalen Unternehmensstruktur:

- hohe Zentralität und damit verbunden die Schwierigkeit, Sonderfällen gerecht zu werden;
- ausgeprägte Spezialisierung kombiniert mit entsprechend hohen, aber versäulten fachlichen Kompetenzen, welche gerade bei größeren Unternehmen schnell als praxisfremd wahrgenommen werden;
- klare Zuständigkeiten gepaart mit einheitlichen Prozessen, aber geringe Zusammenarbeit zwischen den funktionalen Bereichen;
- hohe Anzahl von Ansprechpartnern für die Kunden, also die Linienmanager und Mitarbeitenden.

Der Grund, dass solche Strukturen trotz vieler Nachteile immer noch oft in der betrieblichen Realität vorkommen, liegt einerseits darin, dass viele Unternehmen funktional aufgebaut sind, andererseits aber auch in der wenigstens an der Oberfläche bestehenden Einfachheit und Übersichtlichkeit dieser Struktur.

3.4.2. Divisionale HR-Organisationsstruktur

Die Spiegelung einer divisionalen Unternehmensorganisation (vgl. Abbildung 5) führt zu einer identisch strukturierten HR-Organisation (vgl. Abbildung 18).

Als repräsentatives Beispiel für eine divisionale HR-Organisationsstruktur dient wiederum ein Finanzinstitut mit unterschiedlichen Geschäftsfeldern. Da sich die einzelnen Bereiche stark unterscheiden, beispielsweise verschiedene Strategien fahren oder auch in anderen Märkten operieren, können sich die in die Geschäftsbereiche integrierten HR-Einheiten entlang der differenzierten Bedürfnisse und Erfordernisse sehr unterschiedlich ausprägen. Dies kann Attribute betreffen wie Größe, inhaltliche Schwerpunkte (z.B. Rekrutierungsfokus vs. Entwicklungsfokus, Kompetenzen) etc. Über die ganze Organisation gesehen zeichnet sich eine divisionale HR-Struktur deshalb immer durch einen relativ hohen Grad an Dezentralität aus. Was die einzelnen HR-Sparten in einer solchen HR-Organisation aber immer gemeinsam haben, ist eine umfassende Abdeckung der entsprechenden Betriebseinheit, also die Erfüllung sämtlicher personalwirtschaftlichen Aufgaben. Dieser Ansatz wird auch als Personalreferenten-System bezeichnet. Daraus resul-

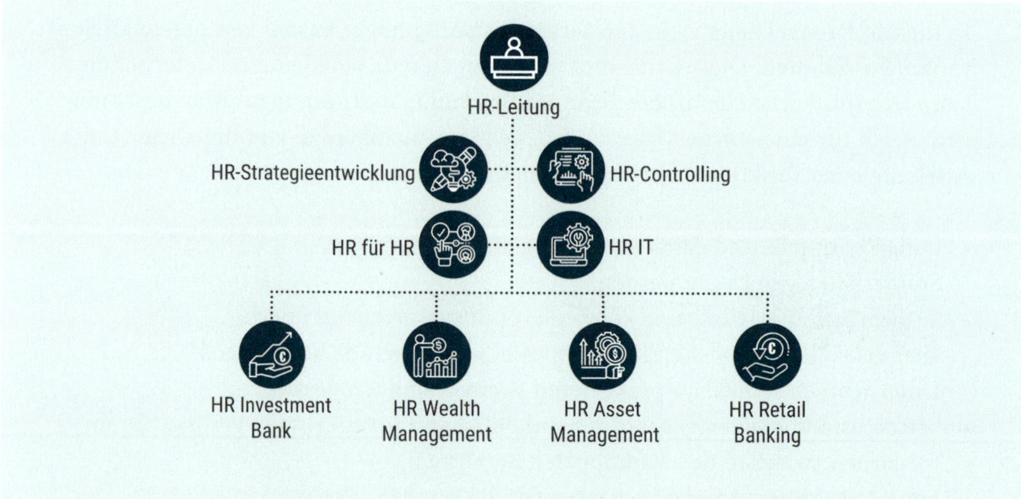

Abbildung 18: Divisionale oder spartenorientierte HR-Organisation

tiert eine hohe Kundennähe, welche beispielsweise die für eine qualitativ hochstehende Talente-Akquisition so wichtigen Marktkenntnisse beinhaltet.

Alternativ erfolgt die Kategorisierung entlang geografischer Regionen, einer häufig vorkommenden Variante (vgl. Abbildung 19).

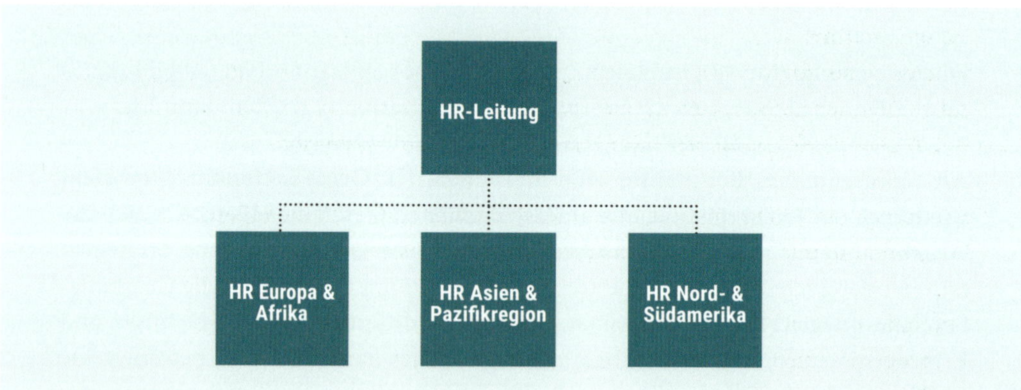

Abbildung 19: Regionale HR-Organisation

Obwohl mittlerweile etwas überholt, so sieht man gelegentlich immer noch den traditionellen Ansatz einer Kategorisierung nach Mitarbeitersegmenten (vgl. Abbildung 20).

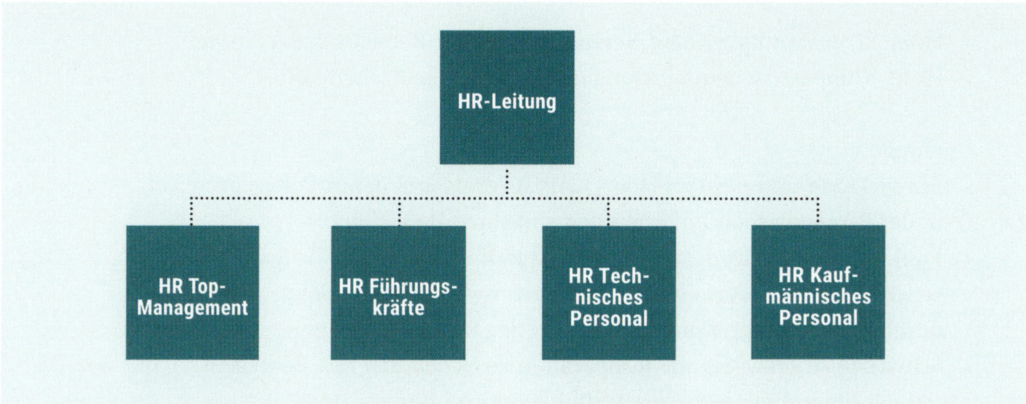

Abbildung 20: Mitarbeitersegment-orientierte HR-Organisation

Nicht aufgeführt sind in den beiden letzten Abbildungen (im Gegensatz zu Abbildung 18) gegebenenfalls vorhandene zentrale Abteilungen wie HR-Strategie oder HR-Controlling, welche die einzelnen Bereiche oder Sparten mittels übergreifender Standards koordinieren, um Synergien zu schaffen und Gesamtinteressen der Unternehmung zu schützen. Die Diskussion, welche Aufgabengebiete dezentral durch die bereichsverantwortlichen HR-Einheiten abgedeckt werden und wo auf bereichsübergreifende zentrale Personalvorgaben aus spezialisierten Abteilungen zurückgegriffen werden soll, ist nicht nur eine relevante, sondern auch eine schwierige, die weder „richtig" noch „falsch" kennt, aber unter Umständen mit viel Emotionen geführt wird und von der Unternehmensführung bewusst entschieden werden muss. Sie wird sowohl beim nachfolgenden Kapitel zur Matrixorganisation als auch in den Erläuterungen zum zweiten Strukturierungsbereich, dem Zentralisierungs- respektive Dezentralisierungsgrad, wieder aufgenommen.

Es sei hier nochmals auf die Vor- und Nachteile einer divisionalen HR-Struktur hingewiesen, und zwar unabhängig vom Kategorisierungsmerkmal:

Vorteile:
- Integrale, kunden- und damit geschäftsbezogene Ausrichtung aller HR-Aktivitäten.
- Bedürfnisgerechtes Nachleben der bestmöglichen HR-Strategie im Spannungsfeld zwischen Stabilität und Flexibilität wie auch vor allem zwischen Qualitätsorientierung und Kostenfokus.
- Intensive Zusammenarbeit zwischen HR und Management auf der Basis eines hohen Vertrauens.

- Hohe Eigenständigkeit und Verantwortung der Bereichs-HR-Leitung.
- Hohe Kompetenzenentwicklung im bereichsspezifischen HR.

Nachteile:
- Entwicklung unterschiedlicher Qualitätslevels und damit Differenzen in der Personalarbeit zwischen den einzelnen Bereichen.
- Funktionale Überforderung von HR durch ein zu breites Aufgabenspektrum, welches oft keine Verfolgung von Neu-Entwicklungen zulässt, aber auch durch ungenügende Kompetenzen bei der Personalabteilung.
- Schwierig zu realisierende Kooperation zwischen den HR-Bereichen mit der Folge einer bereichsspezifischen Versäulung.
- Doppelspurigkeiten, mangelnde Synergien und damit negative Kosteneffekte auf die gesamte HR-Organisation und die einzelnen HR-Bereiche.
- Abstimmungsprobleme zwischen zentralem HR und HR-Einheiten in den Divisionen.

3.4.3. Matrix-HR-Organisationsstruktur

Die Spiegelung einer Matrix-Unternehmensorganisation (vgl. Abbildung 6) führt zu einer identisch strukturierten HR-Organisation (vgl. Abbildung 21).

Wie bereits erläutert zeichnet sich eine Matrixorganisation durch Doppelunterstellungen aus, womit zwei Strukturierungsdimensionen oder Gliederungsprinzipien, z.B. Geschäftsbereich und Region, in einen wirksamen Ausgleich gebracht werden sollen. Dies gilt auch für das HRM. In Abbildung 21, welche sich wiederum auf ein global tätiges Finanzinstitut bezieht, berichtet beispielsweise diejenige Person, welche das Wealth Management in Hongkong (kleiner dunkelblauer Kreis H) personalmäßig abdeckt, sowohl dem regionalen HR-Verantwortlichen „Asia Pacific" wie auch dem funktionalen HR-Verantwortlichen für das globale Wealth Management. Analog würde dies auch für allfällige HR-Verantwortliche „Wealth Management Singapore" (kleiner Kreis S) oder „Wealth Management Australia" (kleiner Kreis A) zutreffen – außer, die zuständigen Instanzen kreieren noch zusätzliche Unterstellungen innerhalb der Region, was zu einer zusätzlichen Hierarchieebene führen würde, beispielsweise wenn das HR einer kleineren Außenstation des Wealth Managements in Taiwan an das HR Wealth Management in Hongkong berichtet und nicht an den global verantwortlichen HR-Head Wealth Management.

Gerade in kleineren Operationen ergeben sich mitunter interessante und komplexe Konstellationen, welche nur schwer zu führen sind. Erstens kann noch eine Unterstellung an den lokalen Gesamtunternehmensleiter erfolgen. Und zweitens kann die „Berichtsvielfalt“ im HR noch komplizierter werden. Wenn beispielsweise in besagtem Taiwan neben dem Wealth Management auch das Asset Management und das Investment Banking vertreten sind, welche entsprechend auch personalmäßig vor Ort betreut werden, resultieren neben einer regionalen Berichtslinie auch solche in alle drei Geschäftsbereiche, deren HR-Heads sich in verschiedenen Locations befinden dürften. Wenn aufgrund der Größe der lokalen Operation ein/e PersonalberaterIn für mehr als einen Geschäftsbereich zuständig ist, dann kann es sein, dass diese Person auch mehrere Vorgesetzte hat, nämlich einen pro Geschäftsbereich, den sie betreut und einen in der Region. Wenn diese Einheiten noch unterschiedliche Strategien und Prozesse verfolgen, dann wird die Aufgabe doppelt und dreifach schwierig. Auf jeden Fall ist das oft gehörte Postulat, dass sich HR möglichst einfach und verständlich aufstellen soll, in einer gespiegelten Matrixorganisation alles andere als erfüllt. Das sogenannte „Main User-Prinzip“ versucht, diesen Komplexitäten und Redundanzen entgegenzuwirken. Es besagt, dass an einem bestimmten Standort die HR-Praktiken eines Geschäftsbereiches – und zwar des lokal dominanten – für alle anderen auch gelten. Das bringt zwar Effizienzen, führt aber unter Umständen auch

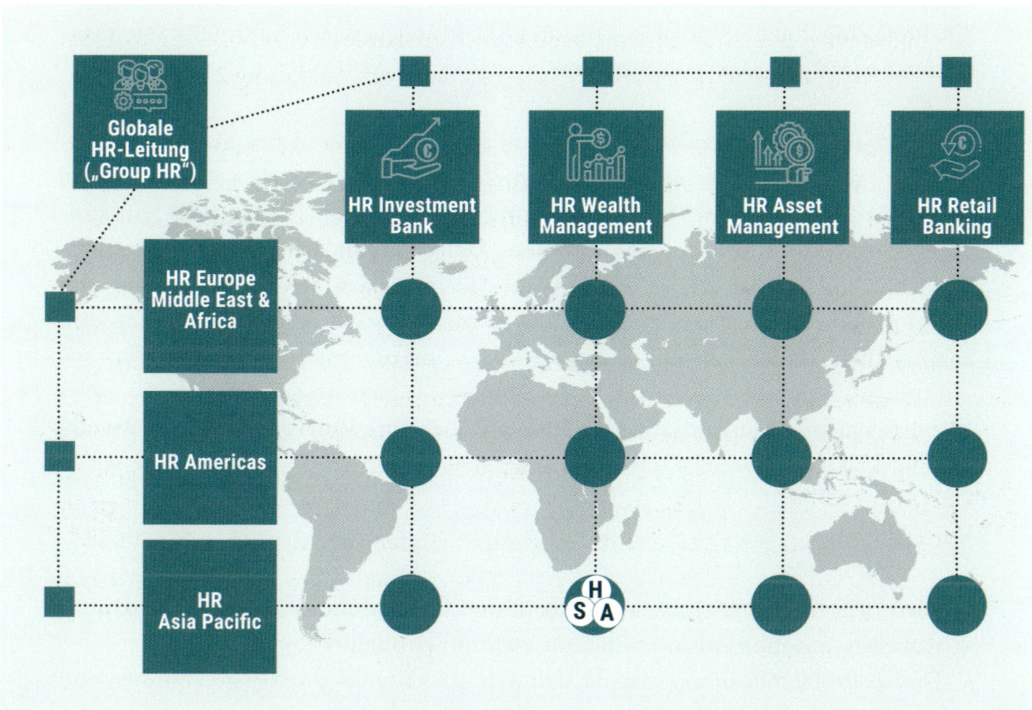

Abbildung 21: HR-Matrixorganisation (Geschäftsbereich-Region-Matrix)

zu zusätzlichen Konflikten, vor allem wenn zwei Geschäftsbereiche vor Ort ähnlich große Operationen haben.

Es kann nicht verwundern, dass bei solch komplexen Strukturen mit nicht unbedingt offensichtlichen Zuständigkeiten und mannigfaltigen Führungsverantwortungen einerseits die Übersicht verloren geht und andererseits mehr Ressourcen für all die notwendigen Abstimmungen und den mühsamen Ausgleich unterschiedlicher Interessen benötigt werden. Es ist deshalb in der Regel notwendig festzulegen, ob die regionale oder die funktionale Führungslinie Priorität hat. Gerade für personalrelevante Entscheidungen betreffend Kompensation oder Beförderung ist dies zwingend. Sollten die finalen Entscheidungen bei der Funktion liegen (in obigem Fall beim Wealth Management), dann ist zu berücksichtigen, dass einige Länder beispielsweise in der Europäischen Union keine relevanten Entscheidungen zulassen, welche außerhalb des betreffenden Landes gefällt werden. Dies unterstreicht den Punkt, dass in einer Matrixorganisation der Konflikt zwischen zentralen und dezentralen Entscheidungsbefugnissen nicht zu unterschätzen ist. Mit diesen Erläuterungen wird aber auch klar, dass eine solche Struktur gerade bei einer global tätigen Unternehmung mit vielen Standorten komplex werden kann. Es braucht eine gewisse Angewöhnungszeit, bis man sich als HR-Professional in einer solchen Organisation, in welcher auch informelle Machtverhältnisse wichtig werden, zurechtfindet.

In Analogie zur divisionalen Organisation stellt sich auch in der Matrixorganisation die Frage der zentralen Abteilungen außerhalb der Matrix, welche über den Hoheitsbereich der Geschäftsbereiche und der Regionen hinweg eine Gesamtunternehmenskoordination wahrnehmen. Damit ergibt sich weiteres Konfliktpotenzial, indem beispielsweise nicht nur die Interessen des regionalen und des funktionalen HR, sondern auch des global-zentralen HR aufeinandertreffen und ausgeglichen werden müssen.

Wie die divisionale Organisation, so hat denn auch eine Matrixstruktur eine Anzahl Vor- und Nachteile, welche in der Folge aufgelistet werden.

Vorteile:

- „Best of both worlds"-Ansatz betreffend funktionaler und divisionaler Struktur.
- Hohe Kommunikationsintensität mit mehrdimensionaler Koordination.
- Großes Problemlösungspotenzial, dadurch, dass Konflikte sofort aufkommen und thematisiert werden können.

- Entsprechend hohe Innovationskraft.
- Entlastung der obersten Führung.
- Signifikante Kompetenzentwicklung.
- Weniger ausgeprägtes Hierarchiedenken.

Nachteile

- Hohe Komplexität und Intransparenz.
- Risiko der Überorganisation und Bürokratisierung (langsame Entscheidungswege).
- Uneinheitlichkeit zwischen Bereichen der Matrix mit der Gefahr von Kompetenzkonflikten.
- Zeitverlust durch hohe Kommunikationsintensität und umfangreichen Abstimmungsbedarf.
- Ressourcenintensität (Führungskräfte) mit negativen Kostenfolgen.
- Hohe Anforderung an Flexibilität und Kompromissbereitschaft.
- Benachteiligung einzelner Geschäftsfelder wegen „Main User-Prinzip".

Abschließend ist zum Spiegelungsprinzip festzuhalten, dass ihm etwas Reaktives anhaftet. HR übernimmt, um nicht zu sagen kopiert, die Aufbauorganisation der Unternehmung an sich, sei es funktional, divisional oder als Matrix. Andererseits stipuliert diese Logik aber auch eine gewisse Kundenorientierung, welche vor allem bei den komplexeren divisionalen und Matrixstrukturen zum Tragen kommt. Die Spiegelung erzielt den Effekt, dass sich die Komplexität der HR-Organisation mit derjenigen des Business zusammen entwickelt. Wenn also eine Unternehmung primär durch äußere Einflüsse, z.B. die Internationalisierung eines Geschäftsfeldes, dazu gezwungen wird, die eigene Organisationskomplexität zu steigern, so wird HR durch die Spiegelung dieser Komplexität in die Lage versetzt, sich erfolgreich an die neuen Gegebenheiten anzupassen und so eine gute und kundennahe Leistung zu erzielen.

3.4.4. Entwicklung der passenden HR-Struktur: Erste Entscheidungssystematik

Mit der Diskussion von HR-Strategie und Unternehmensstruktur als erstem Strukturierungsbereich kann eine erste Entscheidungssystematik, wie sich eine passende HR-Organisation entwickeln lässt, dargestellt werden. Einerseits – und sehr pragmatisch – gibt das Spiegelungsprinzip vor, dass sich die HR-Funktion an der Unternehmensstruktur orientieren soll (vgl. Abbildung 22):

Strukturierungsfaktor	Indikatoren/Treiber	Passende HR-Struktur
Unternehmensstruktur	Funktional	FUNKTIONAL
	Divisional	DIVISIONAL
	Matrix	MATRIX

Abbildung 22: Ableitung der passenden HR-Struktur aus der Unternehmensstruktur (Spiegelungsprinzip)

Diese Logik ist sehr gewichtig und für viele HR-Entscheidungen, wie sich die eigene Funktion aufstellen soll, maßgebend. Sie muss aber nicht allein entscheidend sein.

Andererseits – und wie wir gesehen haben – zeichnen sich auch die vier HR-Kernstrategien, welche als Indikatoren fungieren, durch strukturrelevante Merkmale aus. Dies führt – obwohl weniger eindeutig als bei der Spiegelung – auch zu prioritären HR-Strukturen (vgl. Abbildung 23):

Die Matrix wird in dieser Darstellung als resultierende HR-Struktur weggelassen, da sie weniger eindeutig einer HR-Kernstrategie zugeordnet werden kann. Aufgrund der vorhandenen Überschneidungen kommt sie in der Regel dort infrage, wo auch eine divisionale Organisation im Vordergrund steht, also für eine qualitätsorientierte

Strukturierungs-faktor	Indikatoren/ Treiber	Relevante Attribute	Passende HR-Struktur
HR-Kernstrategie	Investment	Geringe Standardisierung/hohe Kundenorientierung/geringer Kostenfokus	DIVISIONAL
	Flex Value	Hohe Effektivität/geringe Personalstabilität/geringer Kostenfokus	PRIMÄR DIVISIONAL, SEKUNDÄR FUNKTIONAL
	Balance	Hohe Effizienz/hohe Personalstabilität/hoher Kostenfokus	PRIMÄR FUNKTIONAL, SEKUNDÄR DIVISIONAL
	Low Cost	Hohe Standardisierung/geringe Kundenorientierung/geringe Personalstabilität	FUNKTIONAL

Abbildung 23: Ableitung der passenden HR-Struktur aus der HR-Kernstrategie

HR-Kernstrategie. Die Kombination einer Low Cost HR-Kernstrategie mit einer doch sehr komplexen und kostenintensiven Matrixstruktur ist für die Personalfunktion wenig plausibel. Um eine Matrix in der HR-Organisation zu begründen, muss deshalb in der Regel die Matrix das Unternehmen als Ganzes strukturieren.

Bringt man anschließend HR-Kernstrategie und Unternehmensstruktur als Strukturtreiber zusammen, ergeben sich verschiedene Verbindungen mit mehr oder weniger offensichtlichen organisationsspezifischen Prioritäten (vgl. Abbildung 24). Darunter sind auch bestimmte Kombinationen, die zwar nicht völlig unmöglich, so doch eher unwahrscheinlich sind, wie z.B. die bereits erwähnte Matrix-Struktur innerhalb einer Low Cost-HR-Kernstrategie. Aber auch die Ausprägung einer qualitäts- und kundenorientierten Investment-HR-Kernstrategie innerhalb einer zentralistischen funktionalen Organisation scheint abwegig. Entsprechend wurden solche unwahrscheinlichen Organisationsformen als solche bezeichnet, während diejenigen Strukturen, welche am ehesten erwartet werden können, in Großbuchstaben dargestellt sind. Falls mehrere Optionen bestehen, wurde eine Priorisierung vorgenommen.

Abbildung 24 bringt zum Ausdruck, dass die Unternehmensorganisation in der betrieblichen Realität einen ebenso starken Strukturierungsfaktor darstellt wie die HR-

	PASSENDE HR-STRUKTUR RESP. ORGANISATION		
HR-Kernstrategie			
Investment	Unwahrscheinliche Kombination	1.DIVISIONAL	1.MATRIX 2.Divisional
Flex Value	1. FUNKTIONAL	1.DIVISIONAL	1.MATRIX 2.Divisional
Balance	1. FUNKTIONAL	1.DIVISIONAL 2.Funktional	1.MATRIX 2.Divisional
Low Cost	1. FUNKTIONAL	1.FUNKTIONAL 2.Divisional	Unwahrscheinliche Kombination
Unternehmensstruktur	**Funktional**	**Divisional**	**Matrix**

Abbildung 24: Ableitung der HR-Struktur aus Unternehmensstruktur und HR-Kernstrategie

Strategie. Es können sich Situationen ergeben, in welchen sich das Spiegelungsprinzip gegenüber der Strukturrelevanz der HR-Kernstrategie sogar durchsetzen kann. Im Besonderen dürfte eine funktionale Geschäftsorganisation, welche auf Standardisierung, geringem Kundenfokus und hoher Zentralisierung beruht (vgl. Kapitel 2.2.1.), kaum eine andere Organisationsform im HR zulassen. Bei einer divisionalen Business-Organisation können bedingt alternative HR-Strukturen ins Spiel kommen, vor allem eine funktionale bei kostenorientierten HR-Kernstrategien. Dies wäre vor allem dann der Fall, wenn die HR-Funktion gegenüber den Geschäftseinheiten zentral und damit auch administrationsorientiert operiert. Auch sind divisionale HR-Organisationen innerhalb einer Unternehmensmatrixstruktur durchaus denkbar. Dies ergibt dann Sinn, wenn eine Dimension der Matrix gegenüber der anderen dominiert (z.B. der Geschäftsbereich gegenüber der Region).

Die hohe Gewichtung der Unternehmensorganisation als Strukturindikator erklärt die Unterschiede zwischen den Abbildungen 23 und 24. Zusätzlich könnte die Relevanz des Spiegelungsprinzips auch eine Erklärung dafür sein, dass es nicht besonders viele Varianten von HR-Strukturen gibt – weil sich eben auch aus der Perspektive Gesamtunternehmen am Schluss nur wenige Organisationsformen längerfristig durchgesetzt haben.

3.5. Der zweite Strukturierungsbereich: Zentralisierung und Dezentralisierung

Der Grad an Zentralisierung oder Dezentralisierung bildet den zweiten wichtigen Bereich, welcher die Ausgestaltung einer HR-Organisation treibt. Dieser zweite Strukturierungsbereich, bei dem es sich gleichzeitig um den ersten Konsistenzfaktor handelt, ist sehr eng mit dem ersten verbunden. Er überschneidet sich mit ihm bis zu einem gewissen Grad. Dies zeigt sich dadurch, dass strukturrelevante Attribute von HR-Kernstrategien (vgl. Abbildung 14 in Kapitel 3.4.) mit dem Zentralisierungs- respektive Dezentralisierungsgrad korrelieren. So stehen ausgeprägte Standardisierung und Kostenfokus nicht nur für Low Cost-HR-Strategien, sondern auch für eine tendenzielle hohe Zentralisierung der dazu passenden HR-Organisation. Und analog deuten hohe Differenzierung/Kundenorientierung und Effektivität nicht nur auf HR-Investment-Strategien, sondern auch auf eine tendenziell dezentralisierte HR-Funktion.

Die Überschneidung der beiden ersten Strukturierungsbereiche hat aber auch damit zu tun, dass sich Unternehmen typischerweise entlang dem Raster von Zentralisierung und Dezentralisierung organisieren, sodass das Spiegelungsprinzip dazu führt, dass dies auch für die HR-Funktion Gültigkeit hat. Ulrich et al. (2008, S. 830–831) mit Bezug auf Lawler und Galbraith (1995) führen in diesem Zusammenhang drei fundamentale Möglichkeiten auf, wie sich ein Business organisieren kann: Einzelgeschäft („single/functional business“), Holding-Gesellschaft („holding company“) und diversifizierte Organisation („allied/diversified organisation“). Dies stipuliert drei analoge Varianten für die HR-Organisation: funktional („corporate functional HR“), dediziertes HR („dedicated HR“) und gemeinsame Dienstleistungen („shared services“):

- Funktional: Wenn die Unternehmung primär ein einziges bestimmtes Geschäftsfeld abdeckt und/oder in einem einzigen Markt operiert, dann soll sich die HR-Expertise funktional zentralisieren. Prozesse und Instrumente werden in gleicher Art und Weise unternehmensweit implementiert.
- Dediziert: In einer Unternehmens-Holding unterhält jedes Business seine eigene unabhängige HR-Funktion, welche autonome Praktiken pflegt, um auf die spezifischen Bedürfnisse der Firma optimal eingehen zu können. Die HR-Expertise ist entsprechend dezentralisiert.
- Gemeinsame Dienste: Die meisten Unternehmungen, vor allem, wenn sie eine gewisse kritische Größe erreicht haben, sind weder eine Holding noch ein Einzelgeschäft. Sie stellen eine Mischform in unterschiedlichsten Ausprägungen dar. Einerseits konkurrieren einzelne Geschäftsfelder auf unterschiedlichen Märkten, andererseits sollen Synergien zwischen ihnen ausgenutzt werden. Die HR-Expertise teilt sich in verschiedene Rollen auf: 1. dezentrale ins Business eingebettete HR-Generalisten, 2. Experten und Expertinnen für einzelne Wertschöpfungsbereiche (Rekrutierungsspezialisten, Personalentwickler, Vergütungsfachleute etc.) und 3. administrations- und transaktionsorientierte sowie technologiegetriebene Service-Centers. Dazu kommen noch Spezialistenfunktionen auf Gesamtunternehmens- wie auch auf Ausführungsebene.
  Damit überführt Ulrich die Strukturfrage in eine Rollendiskussion. Mit anderen Worten, wenn die meisten Firmen sich zwischen Zentralität und Dezentralität bewegen (nur je ungefähr 10 % sind reine Holdings oder reine Einzelgeschäfte), dann lässt sich diese Spannung personalseitig durch die Installierung von Rollen mit unterschiedlicher Ausrichtung auflösen. Dies ist die Basis für das Drei-Säulen-Modell (vgl. Kapitel 3.5.1.).

Während Ulrich davon ausgeht, dass mit den unterschiedlichen Rollen, welche das HRM in einer Organisation mit gemeinsamen Dienstleistungen wahrnehmen kann, die Problematik, dass es in der Zone zwischen Holding und Einzelgeschäft eine Riesenmehrheit von Mischformen gibt, ausreichend gelöst ist, schlägt dieses Buch vor, dass in jedem Fall eine strategische Entscheidung gefällt werden muss, wo in diesem Spektrum sich eine Unternehmung genau und konkret befindet. Es ist eine „Demarkationslinie“ zu definieren, die festlegt, welche HR-Leistungen als für die gesamte Organisation gemeinsam zu erbringen sind (zentral) und welche spezifisch auf ein bestimmtes Geschäftsfeld (oder eine bestimmte Region oder Location) auszurichten sind (dezentral). Zu diesem Zweck müssen die (De-)Zentralisierungsgrade von Unternehmung und HR einander gegenübergestellt und zu möglichst hoher Konsistenz geführt werden. Die verschiedenen Konsistenzgrade werden in Abbildung 25 umfassend dargestellt.

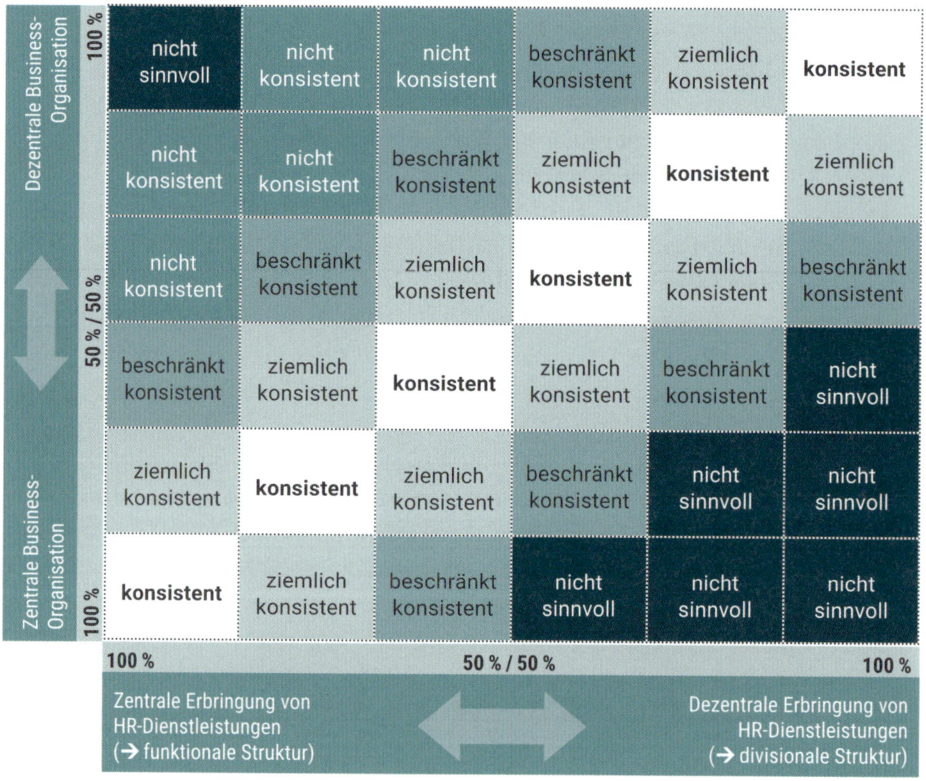

Abbildung 25: Konsistenzmatrix der Zentralität/Dezentralität von Geschäftsstruktur und HR-Struktur

Am ausgeprägtesten ist diese strukturelle Konsistenz, wenn der Grad der Zentralisierung respektive Dezentralisierung der Geschäftsstruktur 1:1 der Aufteilung von zentral respektive dezentral erbrachten HR-Dienstleistungen entspricht (weiße Bereiche in Abbildung 25). Leichtere bis mittlere Abweichungen in die eine oder andere Richtung (hellere und mittlere Grüntöne in Abbildung 25) kommen in der betrieblichen Realität häufig vor. Die daraus resultierenden Inkonsistenzen sind aber nicht zielführend, weil sie z.B. zu unterschiedlichen Kompetenzstrukturen bei Business- und HR-Entscheiden und damit zu Konfliktsituationen führen können. Substanzielle Abweichungen darüber hinaus sind unbedingt zu vermeiden, da nicht konsistent und daher fragwürdig (dunklerer Grünton in Abbildung 25) oder schlichtweg nicht sinnvoll respektive kaum machbar (dunkelgrüner Bereich in Abbildung 25). In diesen beiden Fällen könnte man von einem ausgeprägten Bruch des Spiegelungsprinzips sprechen.

Blumenstock et al. (1998) befassen sich ausführlich mit der Problematik einer zentralen Personalabteilung innerhalb dezentraler Geschäftsstrukturen, was der linken oberen Ecke von Abbildung 25 entspricht („nicht sinnvoll" respektive „nicht konsistent"). Ohne den Sinn einer solchen Ausgangslage weiter infrage zu stellen, beleuchten die Autoren im Wesentlichen die Bandbreite der möglichen Aufgaben dieses – im Gegensatz zur Firmenstruktur – zentralen HR, welches als Teilfunktion einer Management-Holding operiert. Es werden der zentralen Personalfunktion dabei drei verschiedene Arten von möglichen Aufgaben zugeordnet:

1. Eine strategisch orientierte Entwicklungsfunktion, welche die einzelnen Holding-Unternehmen an geschäftspolitischen Zielsetzungen der Gruppe ausrichten soll. Dazu gehören beispielsweise die Gestaltung der Unternehmenskultur, die Nachwuchsentwicklung oder marktgerechte Anreizsysteme.
2. Eine operativ orientierte Dienstleistungsfunktion, welche den dezentralen Einheiten zur Verfügung gestellt wird. Dies enthält zum Beispiel den Aufbau eines internen Weiterbildungsangebotes oder die Unterstützung bei Auswahlprozessen.
3. Eine anweisungsorientierte Ordnungsfunktion, welche definierte Standards als verbindlich erklärt. Damit ist beispielsweise die Verwendung einer einheitlichen IT-Infrastruktur oder die Erfüllung bestimmter Vorgaben in der Vergütung von Führungskräften gemeint.

Es wird mehrmals darauf hingewiesen, dass es zur erfolgreichen Realisierung dieser Aufgaben einiges braucht. Zum Beispiel muss die Unterstützung der dezentralen Einheiten gewonnen werden, ein klarer Auftrag sollte vorliegen, und eine Harmonie zwischen den Zielen und Interessen von zentralen und dezentralen Einheiten (Business und HR) müsste auch bestehen. Das sind demzufolge recht viele Voraussetzungen, die erfüllt sein müssen, damit die HR-Struktur in dieser Konstellation funktioniert und Mehrwert bringt. Dass genau dies in der Realität nicht oder nur sehr beschränkt zutrifft, lässt sich durch die bestehende Inkonsistenz der beiden Strukturen erklären. In der Regel sind die einzelnen Unternehmungen einer Management-Holding in vielerlei Hinsicht (Strategie, Märkte, Produkte, Regionen etc.) unterschiedlich, um nicht zu sagen autonom ausgebildet und deshalb an gemeinsamen Standards nicht besonders interessiert – sonst wäre die Gruppe ja auch nicht als Management-Holding organisiert. Gerade im HR dürften die Anforderungen und Erwartungen verschiedenartig sein. Dies bedeutet nicht, dass es völlig unmöglich wäre, dezentrale Geschäftseinheiten mit zentral organisierten HR-Dienstleistungen zu bedienen, aber dies funktioniert nur, wenn die Inkonsistenz in gewissen Grenzen bleibt. Damit dies zutrifft, müssen wiederum bestimmte Voraussetzungen erfüllt sein: 1. Die Geschäftsstrukturen sind weniger ausgeprägt dezentral, das heißt, es geht beispielsweise um eine divisionale Organisation und nicht um eine Finanz- oder Management-Holding. In diesem Fall könnte ein verstärkter „Steuerungsanspruch“ (Hilb/Oertig 2010, S. 105–107) aus der Zentrale zu einer größeren Anzahl von zentral verantworteten HR-Dienstleistungen führen. Bei der Umsetzung einer solchen „ordnungsorientierten Weisungsfunktion“ (siehe oben) sind aber wegen der latenten Inkonsistenz anhaltende Konflikte vorprogrammiert. 2. Analog sind es nur wenige zentrale Personalleistungen, welche auf die dezentralen Business-Einheiten wirken sollen, beispielsweise aus dem personalpolitischen oder personalstrategischen Feld, während die Umsetzung und deren Bewertung den dezentralen Geschäftseinheiten vollumfänglich überlassen werden. Auch solche Vorgaben ergeben aber nur Sinn, wenn die einzelnen Geschäftsfelder Gemeinsamkeiten aufweisen, z.B. wenn sie in verwandten Märkten tätig sind.

Stehen dagegen „Effizienzgewinne“ (Hilb/Oertig 2020, S. 105–107) im Vordergrund, dann muss der daraus folgenden höheren Standardisierung und Zentralisierung der Personaldienstleistungen eine generell stärkere Anbindung der Geschäftseinheiten an Headquarters vorausgehen, da ansonsten das Konsistenzprinzip nicht erfüllt ist und substanzielle Probleme in der Zusammenarbeit zwischen Zentrale und Geschäftseinheiten entstehen. Grundsätzlich gilt, je dezentraler die Unternehmensorganisation, desto kleiner der gemeinsame Nenner – und umgekehrt. In vielen Fällen beschränkt sich dieser gemeinsame Nenner bei divisionalen Organisationen neben den oben erwähnten personalpolitischen Vorgaben auf ein paar

Administrationsinhalte wie ein gemeinsames HRMS und/oder ausgesprochen wenige Spezialgebiete wie das Management Development oder die Ausgestaltung flexibler Vergütungselemente für die oberste Führungsebene. Diese Spezialgebiete werden zentral konzipiert und lokal – unter Umständen in angepasster Form – umgesetzt. Sommer (2020, S. 44) findet in ihrer empirischen Studie heraus, dass „Professionalisierung" der zentralen HR-Funktion sowie „Partizipation" der dezentralen HR-Einheiten entscheidende Voraussetzungen darstellen, damit sich in einer divisionalen Unternehmensstruktur ein zentrales HR etablieren und überhaupt eine zielführende Kooperation mit den dezentralen Business-Einheiten stattfinden kann.

Es ist demzufolge die hohe strukturelle Inkonsistenz, welche für starken organisationalen Widerstand gegen die Konstellation von dezentralem Business und zentralem HR sorgt. In einer Finanz-Holding, welche der extremen Ausprägung einer dezentralen Geschäftsstruktur entspricht, dürfte die Möglichkeit zentraler Personalaufgaben sogar gegen Null tendieren. In diesem Fall schlagen die negativen Effekte einer funktionalen und zentralisierten HR-Organisation voll durch, nämlich die Unfähigkeit, auf besondere Bedürfnisse Rücksicht zu nehmen, das Risiko, als praxisfremd betrachtet zu werden, und der Unwille seitens des Linienmanagements, zentralistische Eingriffe zu tolerieren.

Diese Ausführungen schließen an die Erklärungen zu Abbildung 24 an, nämlich, dass die Verbindung von divisionalen (= dezentralen) Unternehmens- und funktionalen (= zentralen) HR-Strukturen höchstens bei Low Cost-HR-Kernstrategien Sinn ergeben könnte, weil diese in der Regel administrationsorientiert sind und damit ohne große Widerstände zentralisiert werden können. Dass wiederum alle Unternehmungen einer Management-Holding eine mehr oder weniger identische Low Cost HR-Kernstrategie haben, dürfte aber unwahrscheinlich sein. Damit wäre eine breiter aufgestellte zentrale HR-Funktion wieder vom Tisch. Entsprechend bleibt als Fazit, dass eine zentrale Personalfunktion in ausgesprochen dezentralen Geschäftsstrukturen kaum eine wesentliche Rolle spielen kann.

Definitiv nicht sinnvoll – und im Prinzip auch nicht machbar – ist der umgekehrte Fall, nämlich eine mehrheitlich dezentrale Erbringung von HR-Dienstleistungen zugunsten einer mehrheitlich zentralen Unternehmensorganisation, welche beispielsweise nur über eine Business-Line verfügt und nur in einem Markt operiert (dunkelgrüner Bereich in Abbildung 25). Auch diese Aussage widerspiegelt den Kommentar zu Abbildung 24, nämlich, dass eine funktionale (= zentrale) Unternehmensstruktur eine ebensolche HR-Organisation erfordert. Generell könnte man sagen, dass eine ausgeprägte Geschäftszentralisierung das Aufkommen dezentraler Organisationsformen für das HR verhindert und zu einer mehrheitlichen Dominanz von funktionalen Strukturen führt.

Natürlich sind die in der Abbildung 25 aufgeführten Prozentwerte nicht trennscharf und lassen sich in der Praxis auch nur sehr schwer und nur mit viel Aufwand genauer berechnen. Es geht primär darum zu erkennen, dass eine Geschäftsorganisation und die dazu gehörige HR-Struktur betreffend ihres jeweiligen Zentralisierungs- respektive Dezentralisierungsgrads zusammenpassen oder eben weitestgehend konsistent sein müssen. Damit kann ein reibungsloses Zusammenspiel von Business und HR sichergestellt werden. Je mehr die beiden in dieser Beziehung auseinanderklaffen, desto inkonsistenter wird die HR-Struktur, desto mehr Abstimmungsschwierigkeiten kommen auf und desto weniger effektiv arbeitet die ganze Organisation. Konsistenz ist demzufolge ein wichtiges und zielführendes Konzept.

Ein interessantes Ergebnis betreffend Dezentralisierung (und Zentralisierung) beschreiben Lawler et al. (2006, S. 43–44). Sie stellen eine Anzahl von signifikanten Beziehungen her zwischen der Art und Weise, wie HR organisiert ist, und seiner strategischen Rolle. Dass die Förderung von Talenten und die Entwicklung der Informationstechnologie, aber auch schlagkräftige Dienstleistungsteams mit der Strategieinvolvierung von HR signifikant korrelieren, kann nicht weiter überraschen. Die Autoren fanden aber auch eine Negativkorrelation heraus zwischen „Decentralisation" respektive, dass HR-Praktiken sich zwischen Geschäftseinheiten unterscheiden, und „Strategy Involvement", also der Rolle, welche das HRM in der Unternehmensstrategie spielt. Die Aussage bezieht sich demzufolge auf den rechten Teil von Abbildung 25, welcher divisionale HR-Strukturen indiziert. Auch bei perfekter Konsistenz zwischen dezentraler HR- und dezentraler Unternehmensstruktur (weißer Bereich in Abbildung 26) bleibt gemäß Lawler et al. (2006) die umfassende strategische Rolle von HR limitiert.

Andere Untersuchungen bestätigen diesen Befund. So zeigt Sommer (2020, S. 36–39), dass die strategische Wahrnehmung sowohl des zentralen wie auch des dezentralen/divisionalen HR schwach ausgeprägt ist. Dies kann allerdings variieren, und es zeigt sich, dass einerseits die Haltung der Geschäftsleitung betreffend HR, andererseits die Leistungsfähigkeit von HR für die Ausprägung einer strategischen Rolle des HRM entscheidend sind.

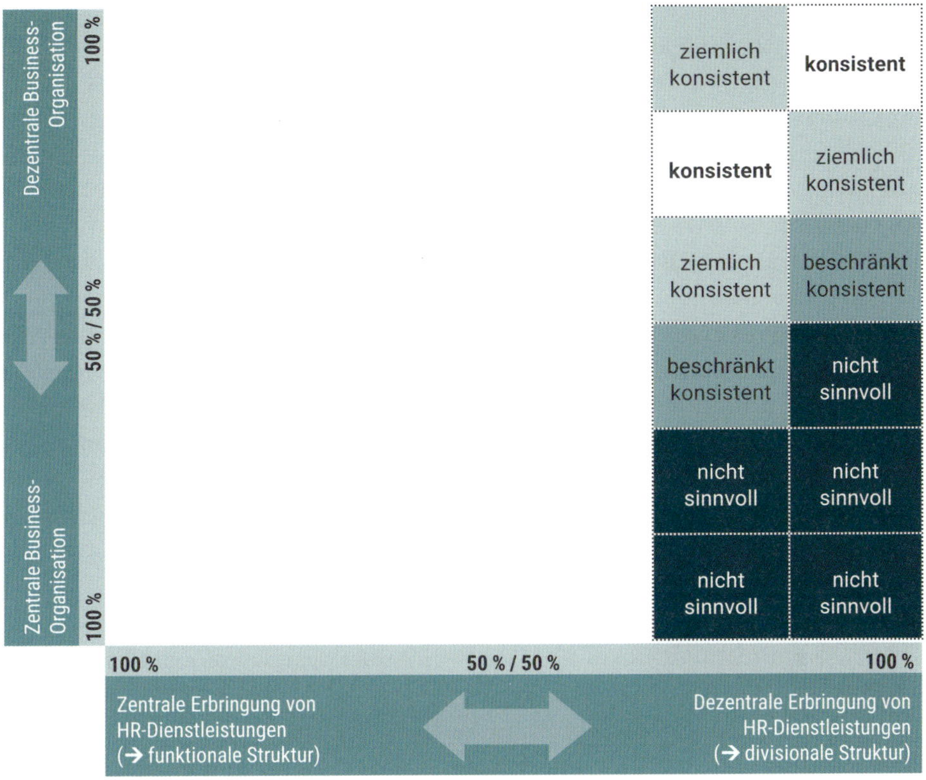

Abbildung 26: Ausschnitt Konsistenzmatrix für dezentrale HR-Strukturen

Zusammenfassend lässt sich festhalten, dass je dezentraler die HR-Funktion operiert, z.B. divisional oder innerhalb einer Holding, desto weniger Relevanz hat die HR-Funktion bezüglich der Strategiefindung und -entwicklung auf Gesamtunternehmensebene. Auch wenn dieses Ergebnis für HR-Profis wenig zufriedenstellend klingen mag, so ergibt sich viel Sinn. Einerseits bestätigt sich damit die oben gemachte Aussage, dass der personalbezogene gemeinsame Nenner bei einer dezentralen Unternehmensorganisation klein ist und es für HR in dieser Situation sehr schwer wird, sich über die ganze Unternehmung hinweg in Szene zu setzen. Und andererseits lässt sich ableiten, dass die strategische Leistung von HR – genau wie die operative – in einer divisionalen Organisation auf die entsprechende Unternehmenseinheit fokussiert ist. Die Strategieinvolvierung ist also nicht null, sie kann sogar sehr ausgeprägt sein, aber eben nicht auf Gesamtunternehmensebene. Diese Erkenntnis wird durch Lawlers Untersuchung von 2003 gestützt, die festhält, dass HR-Profis, welche nahe am Geschäftsfeld sind, viel eher als strategische

Business-Partner anerkannt werden (S.12). Mit anderen Worten: Ein hoher Dezentralisierungsgrad mit resultierender personalspezifischer Autonomie für einen Geschäftsbereich führt zu potenziell starken divisionalen HR-Einheiten, kann aber das strategische Potenzial, welches HR auf Unternehmensebene spielt, nachhaltig limitieren.

3.5.1. Drei-Säulen-HR-Organisationsstruktur

Wie oben erwähnt und von Ulrich et al. dargelegt (1997, 2005, 2008), bildet der Ausgleich von zentralen und dezentralen HR-Dienstleistungen die Basis für das Drei-Säulen-Modell, welches sich auch nach mehreren Dekaden unverminderter Beliebtheit in der Praxis erfreut und noch in heutiger Zeit von Unternehmungen als „neues" HR-Modell eingeführt wird. Dies ist umso erstaunlicher, als der Ansatz schon in die Jahre gekommen ist. Hinzu kommt, dass er sich im Wesentlichen nur an einem Strukturierungsbereich, nämlich der Zentralisierung/Dezentralisierung, ausrichtet.

Das Drei-Säulen-Modell sieht folgende Grundfunktionen oder Verantwortungsbereiche vor:

- Geschäftspartner („HR-Business-Partner")
- Kompetenz-Center („HR-Center of Expertise")
- Service-Center („HR-Shared Services")

Der HR-Business-Partner fungiert als Berater der Linienorganisation, wobei sich der Anwendungsbereich auf die Führungskräfte beschränkt, je nach Definition

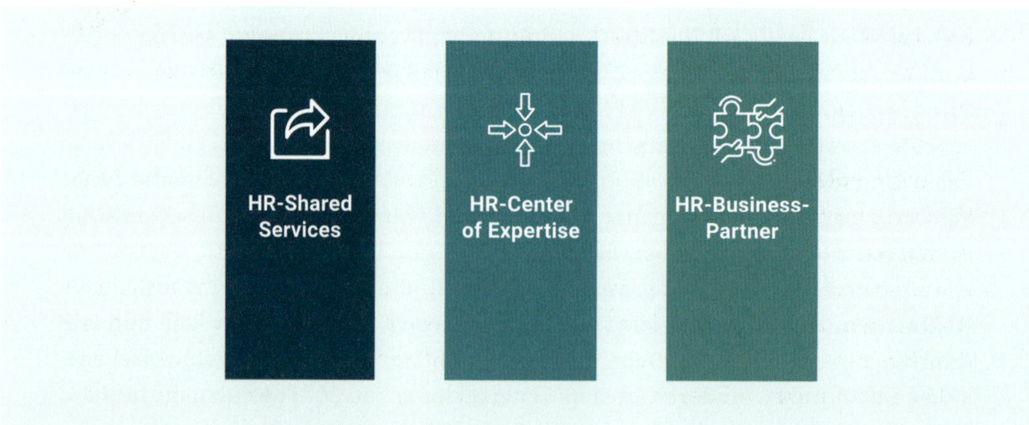

Abbildung 27: Drei-Säulen-HR-Organisationsstruktur

aber auch Mitarbeitende einschließen kann. Im Center of Expertise sind Spezialisten aller Art angesiedelt, welche tiefergehende technische Fragestellungen, beispielsweise zur Rekrutierung, zur Vergütung, zur Personalentwicklung, aber auch zu Arbeitgeber-/Arbeitnehmerbeziehungen etc. behandeln und lösen. Das Shared Service-Center übernimmt die effiziente Abwicklung von administrations- und transaktionsorientierten, oft auch repetitiven Routinearbeiten.

Im Drei-Säulen-Modell verkörpert der **Business-Partner** das dezentrale Prinzip, da er oder sie nahe am Business operiert und sich so jederzeit den Bedürfnissen seiner Geschäftseinheit anpassen und auf diese eingehen kann (maßgeschneiderter Ansatz). Verschiedene zusätzliche Aspekte zum Business-Partner werden weiter unten aufgenommen.

Die **Shared Service**-Einheit steht im Verständnis dieses Buches (und im Gegensatz zu Ulrich 2005, S. 182–184) für das zentrale Prinzip, weil sie gleichgeschaltete und effiziente Prozesse mit großen Transaktionsvolumina mittels gemeinsamer Nutzung von Ressourcen für alle Unternehmenseinheiten anstrebt (standardisierter Ansatz). Dabei kommen oft technologiebasierte Skalenvorteile zum Tragen. Es ist wichtig zu bemerken, dass die HR-Shared Services nur so weit für Zentralität stehen können, als es sich um eine 100 % geteilte Dienstleistungen handelt. Wenn demzufolge von „gemeinsamen Diensten" die Rede ist, welche in den zahlreichen Geschäftsformen zwischen Holding und Einzel-Business vorkommen (Ulrich 2008), so geht es immer um den Anteil dieser Shared Services an der Gesamtheit der HR-Aktivitäten, mit anderen Worten, den Zentralisierungsgrad. Wenn man dies logisch zu Ende denkt, dann entspricht eine HR-Funktion, welche ausschließlich aus gemeinsamen Diensten besteht, einem vollständig zentralen funktionalen HR wie beispielsweise in einem Einzel-Business. Eine HR-Funktion, welche dagegen über keine gemeinsamen Dienste verfügt, entspricht einem vollständig dezentralen/divisionalen HR wie beispielsweise in einer Finanz-Holding.

Für das **Center of Expertise** können sowohl das zentrale wie das dezentrale Prinzip zur Anwendung kommen, je nachdem, ob die Kundenorientierung und damit die Effektivität oder die Prozessorientierung und damit die Effizienz im Vordergrund stehen. Ein passendes Beispiel hierzu bildet die Rekrutierung. Im ersten Fall wird sie gerade bei spezialisierten und auch schwierigen Arbeitsmärkten eng mit dem Business zusammenarbeiten und so dem Rollenprofil eines Business-Partners nahekommen. Deshalb ist es auch denkbar, diese Art von Talente-Akquisition im Funktionsprofil des Business-Partners zu integrieren. Im zweiten Fall geht es bei einfacheren Profilen mit hoher Markttransparenz nur um die möglichst speditive

Abwicklung eines einheitlichen Prozesses, was der Vorgehensweise eines Service-Centers entspricht. Diese Ausgangslage würde deshalb auch die Eingliederung der Rekrutierung in die HR-Shared Services erlauben. Abbildung 28 demonstriert diese Entwicklungsmöglichkeiten.

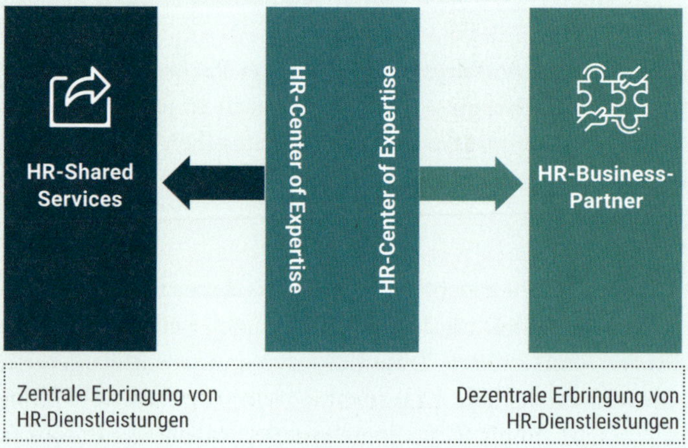

Abbildung 28: Ausrichtungsoptionen für HR-Center of Expertise

Gerade bei kleineren Unternehmungen, wo sich die Etablierung eines HR-Center of Expertise ressourcenmäßig nicht aufdrängt, ist das Drei-Säulen-Modell oft auf zwei Säulen reduziert: linienorientierte Business-Partner und transaktionsorientierte Administration. Es ist deshalb auch nicht korrekt zu sagen, dass der Drei-Säulen-Ansatz für Kleinfirmen nicht funktioniert, wie das immer wieder behauptet wird. Die mittlere Säule ist in diesen Fällen je nach Ausprägung von Zentralität und Dezentralität in die eine und/oder in die andere integriert (vgl. Abbildung 29).

Man könnte auch sagen, dass das für kleinere Unternehmungen zwangsläufig auf zwei Säulen reduzierte Ulrich-Modell einer minimalistischen funktionalen HR-Organisation entspricht, welche nur aus „Betreuung" und „Administration" besteht (vgl. Kapitel 3.4.1. Abbildung 17).

Mit zunehmender Größe einer Unternehmung werden sich spezialisierte Kompetenz-Center ausbilden. Am Anfang steht in der Regel die Entwicklung einer Aus- und Weiterbildung (Personalentwicklung), dann folgen oft Rekrutierung und weitere personalbezogene Spezialbereiche nach, welche in einem Center of Expertise zusammenfinden.

Abbildung 29: Zwei-Säulen-HR-Organisationsstruktur (kleinere Unternehmen)

Je größer und komplexer ein Unternehmen wird, desto mehr Varianten des Drei-Säulen-Modells sind möglich. Auch technologische Entwicklungen, welche beispielsweise Anfragen über Selbstbedienungsfunktionalitäten ermöglichen, haben zu dieser Vielfalt beigetragen. Die nachfolgende Abbildung 30 zeigt ein voll entwickeltes integriertes HR-Geschäftsmodell, wie es heute in dieser oder ähnlicher

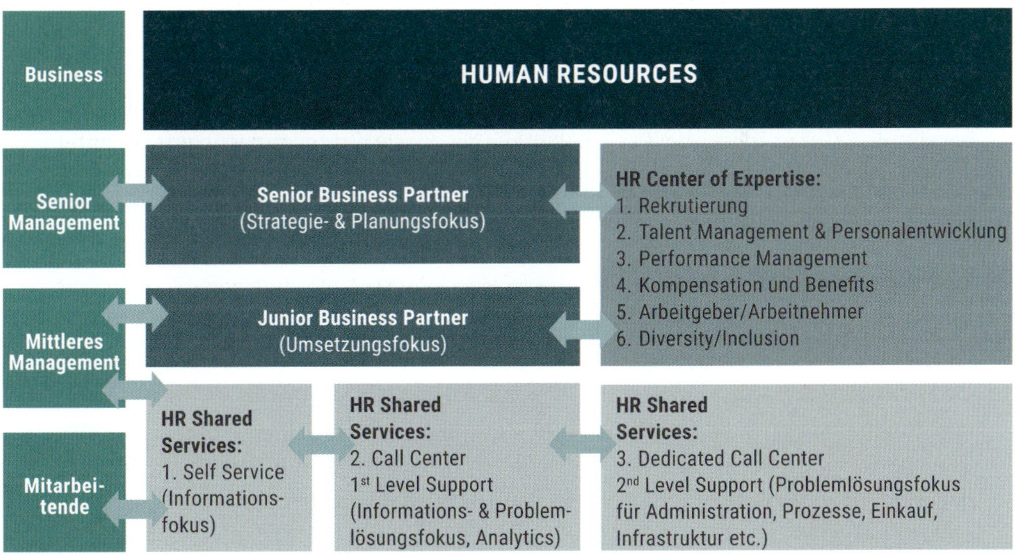

Abbildung 30: Integriertes und detailliertes Drei-Säulen-Modell

Form in vielen größeren Unternehmen implementiert ist. Dabei haben sich nicht nur die drei Grundpfeiler weiterentwickelt, sondern es ergaben sich in der Praxis auch einige beziehungsintensive Schnittstellen, welche durch die Pfeile symbolisiert werden.

Die fundamentale Aufteilung in die drei Bereiche „Business-Partner", „Center of Expertise" und „Shared Services" ist immer noch gut erkennbar, aber in den Details gibt es viele neue Aspekte, die näher erläutert werden müssen.

Kundensegmentierung

Gerade in größeren Unternehmungen bildet die „Linie", also die durch das HR abzudeckenden Mitarbeitenden, nicht mehr ein homogenes Gebilde, das durch identische Dienstleistungen befriedigt werden kann. In obigem Beispiel hat nur noch das „Senior Management", also z.B. die Geschäftsleitung und eventuell noch die nächste hierarchische Ebene, Zugang zu einem „Senior Business-Partner", der für alle Fragen und Problemstellungen aus dem HR zur Verfügung steht und direkt angesprochen werden kann. Weitere Kader („mittleres Management") haben noch einen dedizierten, wenn auch weniger erfahrenen Business-Partner, während die restlichen Mitarbeitenden mit tendenziell anonymen Personen in einem Callcenter Vorlieb nehmen müssen.

Diese in der Praxis häufig gesehene Entwicklung, dass Mitarbeitende keinen persönlichen Ansprechpartner in der Personalabteilung mehr haben, hat in vielen Betrieben immer wieder zu Widerstand geführt, lässt sich aber ökonomisch vertreten, umso mehr als die meisten Anfragen auf diesem Level einfacher Natur sind. Unbestritten ist aber, dass die Personalabteilung durch eine Kundensegmentierung eine Veränderung durchläuft – weg von einer Kultur des persönlichen Kontakts zu einer der Effizienz und der Prozessorientierung.

Selbstbedienung/Self Service

Auch das einst auf die Zentralisierung von Personaladministrationsaufgaben wie beispielsweise die Payroll ausgerichtete HR-Service-Center hat sich stark gewandelt und in einzelne Zweige aufgeteilt: Self Service und Callcenters, die auf verschiedenen Stufen operieren. Gemeinsam bleibt all diesen Einheiten, dass sie transaktionsbasierte Standarddienstleistungen übernehmen, womit sowohl die Business-Partner wie auch die Kompetenz-Center von einfachen und repetitiven Aktivitäten entlastet werden sollen.

Viele Informationen können heutzutage direkt über IT-Portale respektive ein unternehmensspezifisches „eHR" im Intranet zur Verfügung gestellt werden. Damit werden Direktansprachen von Mitarbeitenden in der Personalabteilung nicht mehr benötigt. Auch kann dadurch sichergestellt werden, dass die gleiche Anfrage auch immer identisch beantwortet wird. Basis für einen funktionierenden Self Service ist natürlich ein einheitliches Personalinformationssystem (HRIS). Auch können die eigenen Daten durch die Mitarbeitenden in diesen Tools überprüft und falls nötig geändert werden. Gelegentlich wird vor allem in großen Konzernen auch unterschieden zwischen Employee Self Service (ESS) und Manager Self Service (MSS). Über Letzteren wird zusätzlich die Möglichkeit geboten, teambezogene Informationen abzurufen (z.B. Abwesenheiten) oder bestimmte Führungsprozesse anzustoßen (z.B. Ressourcenplanung und Budgetierung).

Viele Vorteile resultieren aus dem Gebrauch von eHR-Funktionalitäten: Daten müssen nur einmal eingegeben werden, sind ständig aktualisiert und viel weniger mit Fehlern behaftet verglichen mit Fremdeingaben. Self Service-Funktionen werden auch immer mehr mit Selbstlernmechanismen versehen, können also neue Fragen mit neuen Antworten in ihren ständig wachsenden Katalog einbauen. So halten künstliche Intelligenz und moderne Arten des Informations- und Wissenmanagements Einzug in die Personalabteilung.

Callcenter

Sollte eine etwas komplexere Anfrage über den Self Service nicht beantwortet werden können oder ist von der Aufgabenzuteilung respektive der Art des Problems schon klar, dass eine Person angesprochen werden sollte, so tritt die erste Stufe des Callcenter Supports in Aktion. Während die Selbstbedienungsfunktionalität grundsätzlich sämtlichen Mitarbeitenden auf allen Stufen einer Unternehmung offensteht, so sollen telefonische Anfragen primär für alle diejenigen möglich sein, welche keinen direkten persönlichen Ansprechpartner im HR haben. In diesem First Level Support ist es in der Regel so, dass auf einer „First come, first served"-Basis jede Anfrage zum nächsten freien Operator gesteuert wird. Eventuell findet eine automatische Vorselektion entlang bestimmter Themenkreise statt, wie man das von vielen Callcentern kennt. Beim First Level Support geht es in der Regel um reine Informations- und Wissensvermittlung, respektive um standardisierbare Massenprozesse wie Zeitwirtschaft, HR-Administration oder die Ausbildungsorganisation. Beim Second Level Support dagegen sollen weitergehende Problemlösungsfähigkeiten angerufen werden. Es geht also tendenziell um Spezialprozesse (z.B. Sozialberatung, Weiterbildungsfragen oder auch persönliche Fragestellungen). Die Kompetenzen des Personals auf dieser Stufe sind deshalb ähnlich gelagert wie diejenigen von Junior Business-Partnern, das heißt, eine große Bandbreite an Personalwissen muss vorhanden sein. Da aber mit der Nähe zum Markt und damit den Kenntnissen über das Geschäftsfeld ein attraktives Merkmal der Business-Partner-Funktion wegfällt, hat gerade die in der Praxis immer wieder durchexerzierte „Transformation" von dedizierten Business-Partnern zu eben dieser weiterentwickelten Art von Callcenter-Operatoren zu Frustrationen bei den Betroffenen geführt. Es ist deshalb nicht immer einfach, sowohl die Motivation wie auch das Qualitätslevel in diesen Callcentern hoch zu halten, obwohl dies für die Reputation der HR-Funktion insgesamt sehr wichtig wäre.

Neben den Effizienzgewinnen und der zahlenmäßig hohen Problemlösungsfähigkeit gibt es noch weitere Punkte, welche für die Einführung von Shared Services im Allgemeinen und Callcentern im Speziellen sprechen. Kundenanfragen können im Detail dokumentiert und ausgewertet werden. Damit werden nutzbringende Erkenntnisse über Informationsbedürfnisse und Produktprioritäten von Mitarbeitenden gewonnen. Auch lassen sich durch die erforderliche klare Definition von Prozessen im Shared Service-Bereich Qualität, Produktivität und Kosten sehr gut analysieren und berechnen. Auf dieser Basis können anschließend bedarfsorientierte Kapazitäts- und Kompetenzplanungen durchgeführt werden. So werden heute einem vollen Ausbau und einer damit verbundenen umfassenden Ausnutzung des Potenzials von Shared Services – gerade auch durch die weitergehende und vertiefte Analyse von großen Datenmengen – auch längerfristige strategische Qualitätsvorteile zugesprochen. Es zeigt sich aber, dass diese Stufe der Shared Services in aktuellen HR-Funktionen kaum erreicht wird, auch wenn immer mehr personalbezogene Funktionalitäten integriert werden. Dies ist einerseits begründet durch noch nicht genügend entwickelte Analysefunktionen, andererseits durch noch nicht weit gediehene Synergien mit anderen Supportfunktionen wie z.B. Compliance. Entsprechend beschränken sich die Vorteile von HR-Shared Services nach wie vor auf diejenigen einer transaktionalen Servicefabrik mit standardisierten, aber auch isolierten funktionalen Supportleistungen. Es geht deshalb vor allem um Kosteneffizienz.

Will man einzelnen Publikationen glauben, so lassen sich auf diese Weise Ersparnisse von bis zu 40 % der Gesamtkosten im HRM realisieren. Dies wird erreicht durch zentralisierungsbedingte Skalenvorteile, konsequente Prozessautomatisierung oder auch geografische Zentralisierung in Regionen mit tieferen Lohnstrukturen (Offshoring, vgl. Kapitel 3.5.2.). Deshalb hat sich im HR (neben dem Finanzbereich) eine hohe Durchdringung mit Shared Service-Ansätzen ergeben (Boston Consulting Group 2013). Diese Aussichten sind für Führungsverantwortliche immer wieder verlockend und führen bei der Reorganisation von HR-Funktionen zur Implementierung von kostenorientierten HR-Strategien mit entsprechend zentralisierten Organisationsformen. Wenn eine solche Entwicklung nicht konsistent ist mit dem, was die Unternehmung kraft ihrer Geschäftsstrategie und ihrer personalpolitischen Positionierung und Kultur effektiv braucht (Bruederlin/1 2020), dann ergeben sich schnell Probleme, weil qualitativ geprägte Erwartungshaltungen des Managements gegenüber HR nicht erfüllt werden können, da Kostenorientierung, Zentralisierung und Standardisierung unweigerlich an Qualitätsgrenzen stoßen werden. Der Punkt, an dem auch die tollsten technologischen Entwicklungen nur noch Effizienzgewinne bringen, aber nichts für die Qualität der HR-Dienstleistung tun, kommt mit Sicherheit. (Übertriebener) Kostenfokus im HR, wie er durch die Etablierung von Shared Services im HR oft angestrebt wird, resultiert früher oder später in schlechterer Qualität. Es muss deshalb nochmals mit Nachdruck darauf hingewiesen werden, wie wichtig die für ein Unternehmen richtige und passende Positionierung einer „Demarkationslinie“ (vgl. Kapitel 3.5.) zwischen Zentralisierung und Dezentralsierung ist.

Center of Expertise

In den Kompetenz-Centern sitzen Prozess- und Produktspezialisten, welche einerseits vom Second Level Support für spezifische Problemstellungen zugezogen werden können, andererseits aber auch den Business-Partnern mit ihren weitergehenden Kenntnissen und Erfahrungen zur Verfügung stehen und diese entsprechend unterstützen. Oft wird auch die Verantwortung für umfassende Prozesse oder Teile davon in Kompetenz-Centern angesiedelt. So ist die spezialisierte Rekrutierungseinheit, die es mittlerweile in praktisch allen größeren Unternehmungen gibt, oft ein Teil des Center of Expertise. Aber auch die Abteilungen, welche für Talent-Management und Personalentwicklung zuständig sind, operieren nicht selten als Kompetenz-Center mit sowohl konzeptioneller wie auch umsetzungsbezogener Verantwortung. Damit einher geht eine inhaltliche Verminderung des Aufgabengebietes und der Verantwortung des Business-Partners – eine Entwicklung, die noch kritisch zu beleuchten sein wird. Es sind also HR-Fachleute mit breitem Wissen aus den Kernbereichen des HRM, welche das Kompetenz-Center ausmachen. Zu den erwähnten Rekrutierungs-, Personalentwicklungs-, Leistungs- und Vergütungsspezialisten kommen noch die Experten bezüglich IT-Systemen, Workforce Planning, Analysen und Reportings, Diversity und Inclusion, aber auch Strategie, Organisationsentwicklung und Employer Relations – wo auch immer das HR einer Unternehmung Schwerpunkte setzen will. Aus dieser Aufzählung, die keinen

Anspruch auf Vollständigkeit erhebt, wird klar, dass das Risiko eines unbotmäßigen Aufblähens des Kompetenz-Centers nicht zu unterschätzen ist. Da es sich um Spezialisten in ihren Fachgebieten handelt, wird auch die Kostenrechnung durch eine solche Entwicklung disproportional belastet. Auf der anderen Seite konzentrieren sich die konzeptionellen und projektbezogenen Fähigkeiten im Center of Expertise, und ein substanzieller Anteil des Leistungsvermögens von HR hängt an diesen Fachexperten.

3.5.2 Outsourcing und Offshoring

Immer wieder wird die Frage gestellt, ob sich Dienstleistungen aus dem Competence Center und vor allem aus den Shared Services nicht auch zu Drittfirmen auslagern („outsourcen") oder an andere Standorte in anderen Ländern, sogar auf anderen Kontinenten verschieben („offshoren") lassen. Dabei ist zu berücksichtigen, dass es sich bei den weiter oben beschriebenen Self Service-Funktionalitäten bereits um eine Auslagerung von traditionell durch das HR erbrachten Dienstleistungen handelt, wenn auch nicht außerhalb der Unternehmung, sondern zu Mitarbeitenden und Führungskräften auf allen Ebenen des Unternehmens. Dieses „interne Outsourcing" kann dadurch begründet werden, dass es oft um reine Informationsvermittlung geht, die nicht durch jemanden in der Personalabteilung erledigt werden muss und deshalb problemlos und ohne Qualitätsverluste automatisiert werden kann. Trotzdem lässt sich sagen, dass sowohl Self Service wie auch externes Outsourcing und Offshoring eine konsequente Fortführung des Zentralisierungs- und Kostensenkungsgedankens bilden, der für viele Führungsverantwortliche im Zentrum steht, wenn es ums HR (und dessen Transformation) geht. Und je mehr zentralisierte Shared Services eine Unternehmung hat, das heißt, je höher man den Prozentsatz an prozessorientierten, transaktionsgetriebenen und effizienzbezogenen HR-Aktivitäten, sog. Commodities, einschätzt, desto näher liegt die Entscheidung zum Outsourcen und/oder Offshoren. Dass das HRM als Folge von intensiver Auslagerung dann auch weniger für die Schaffung von Wettbewerbsvorteilen genutzt werden kann, wird allerdings oft außer Acht gelassen, was entsprechend die Wichtigkeit des Personals als Unternehmensaktivposten im Allgemeinen und die daraus abgeleitete Relevanz der HR-Funktion im Besonderen untergräbt.

Dabei soll nicht das Auslagern von HR-Tätigkeiten per se infrage gestellt werden. Dies kann nämlich für jede HR-Kernstrategie bis zu einem gewissen Grad Sinn ergeben. So gibt es Personalaktivitäten, deren Auslagerung unbestritten ist, wie z.B. die Administrierung von Nebenlohnleistungen oder auch gewisse funktionale

Weiterbildungen, für die keine eigenen Ressourcen gebunden werden sollten (z.B. Enduser-Ausbildung von IT-Programmen wie Excel oder Powerpoint). Es geht vielmehr um die Entscheidung, wie viel es im Verhältnis zum Gesamtportfolio der HR-Funktion sein soll, also wiederum darum, wo im Spannungsfeld von maximaler Effektivität und maximaler Effizienz firmenspezifisch eine Grenze, eben eine Demarkationslinie, gezogen wird. Sobald diese Grenze sich im Bereich von strategisch potenziell wichtigen Tätigkeiten befindet (z.B. Personalplanung oder Performance Management), wird Outsourcing und Offshoring fragwürdig. In der Praxis zeigt sich, dass vor allem die Rekrutierung ein Bereich ist, der sich mitten im Spannungsfeld zwischen Auslagern und Nicht-Auslagern befindet. Und nicht selten wird die Demarkationslinie genau zwischen „strategischem" und „commodity" Recruiting gesetzt.

Als Folge dieses Spannungsfeldes unterscheiden sich viele Unternehmen substanziell in der Beantwortung der Frage, wo die Demarkationslinie gezogen werden soll. Entsprechend variiert der Grad an outgesourcten HR-Leistungen über verschiedene Stufen, von einzelnen IT-Diensten (z.B. Bereitstellung von Software) über wesentliche Administrationsprozesse (z.B. Payroll Services) bis zu umfassenden Kernbereichen (Rekrutierung und Bewerbermanagement). Grundsätzlich ist es im heutigen Markt möglich, praktisch jede HR-Dienstleistung an einen externen Dienstleister auszulagern. Studienergebnisse (Kienbaum 2010) deuten darauf hin, dass dies naheliegenderweise vor allem bei Administrationsprozessen wie der Payroll oder bei der Altersvorsorge am häufigsten der Fall ist. Aber auch die Durchführung von Aus- und Weiterbildungsveranstaltungen wird oft externen Spezialisten überlassen und hat mit der Schaffung von E-Learning-Möglichkeiten über das World Wide Web, den „Massive Open Online Courses" oder „MOOCs" eine große Verbreitung erfahren. Dabei sind die Reduktion von HR-Kosten und die Standardisierung von HR-Prozessen nicht überraschend die Haupttreiber dieser unterschiedlichen Auslagerungsinitiativen. Weiter können der Zugriff auf qualitativ hochwertige Expertise, die Vermeidung von Kapazitätsengpässen oder die Gewinnung einer höheren Flexibilität Gründe für Outsourcing und Offshoring sein.

Allerdings wird der Einspareffekt durch Outsourcing/Offshoring allgemein überschätzt, genau so wie die potenziellen Qualitätseinbussen entsprechend unterschätzt werden. Vorerst ist nämlich anzunehmen, dass in einem effizienten Markt die Verschiebung von HR-Prozessen zu einer Drittfirma keine oder nur marginale Kostenvorteile bringt. Solche wären allenfalls bedingt durch Skaleneffekte, weil der externe Lieferant die gleichen Dienstleistungen in größeren Mengen mehreren Unternehmen zur Verfügung stellen kann. Beim Offshoring können durch die Verlagerung von Tätigkeiten in Billiglohnländer relativ große Kosteneffekte erzielt werden, allerdings verringern sich diese im Laufe der Zeit, weil durch die wachsende Nachfrage auch die Lohnniveaus in den betroffenen Ländern angepasst werden müssen. Offshoring ist deshalb ökonomisch nicht unbedingt nachhaltig und außerdem aus der Managementperspektive gesehen erheblich schwieriger.

Hingegen ist die Erhöhung der eigenen Flexibilität eine durchaus passende Begründung für Outsourcing und Offshoring: Die eingekauften Dienstleistungen inklusiv der dafür verantwortlichen Personen können kurzfristig ausgewechselt, hoch- oder auch heruntergefahren werden. Auch ist es vorteilhaft, wenn HR-Profis von wenig mehrwertsteigernden transaktionsorientierten Aufgaben befreit werden – sofern die freiwerdende Zeit nicht gleich wieder entlang einer Kostenfokus-Strategie abgebaut wird. Immerhin finden sich beim Outsourcing auf jeden Fall weniger HR-Ressourcen (Full Time Equivalent, FTE) auf der Lohnliste, was sich gegenüber Kritikern einer „zu teuren" Personalfunktion offensiv vermarkten lässt, obwohl die effektiven Gesamtkosten von HR unter Umständen gar nicht tiefer zu liegen kommen.

Outsourcing und/oder Offshoring verursachen aber auch einige Probleme, wie etwa das zeitweilig zeitintensive Management der Schnittstellen zwischen Drittleister und eigener Firma sowie die immer wieder auftauchenden Qualitätsprobleme, welche ungenügenden Kompetenzen und fehlenden internen Kenntnissen des Providers geschuldet sind. Dazu kommt, dass das Auswechseln des Drittdienstleisters zu einer langwierigen und teuren Angelegenheit werden kann. Beim Offshoring kommen noch Reputationsprobleme hinzu, weil auf dem heimischen Arbeitsmarkt Jobs nachhaltig verloren gehen. All das führt dazu, dass allfällige Kosteneinsparungen wieder aufgefressen werden, was in der jüngeren Vergangenheit bei nicht wenigen Unternehmungen einen Strategiewechsel in Richtung „Re-Insourcing" respektive „Re-Inshoring" nach sich gezogen hat.

Die folgenden Bedingungen sollten mehrheitlich erfüllt sein, wenn das Outsourcen oder Offshoren von HR-Aktivitäten eine gute Entscheidung sein soll:

- transaktionsorientierte und standardisierbare Tätigkeiten (Commodities);
- klare und eindeutig abgrenzbare Beschreibung der zu verlagernden Dienstleistung inkl. Eingrenzung der damit verbundenen Kosten;
- strategisch nicht relevante Tätigkeiten (keine Kernkompetenz);
- Automatisierung nicht gegeben und/oder nicht geplant;

- Flexibilität für Unternehmen wichtig (Vermeidung von Engpässen, saisonaler Bedarf etc.);
- interne Kompetenzen nicht in benötigter Quantität oder Qualität verfügbar respektive nur schwer zu beschaffen oder nur punktueller Bedarf für die in Frage stehende Dienstleistung;
- Skalenvorteile beim Drittleister gegeben (Kostenfokus);
- (spezielle) Expertise beim Drittleister verfügbar, um Erwartungen puncto Qualität zu erfüllen: Dies betrifft nicht nur inhaltliche Aspekte, sondern unter Umständen auch regulatorische und gesetzliche. Diese Expertise sollte auch messbar und/oder beobachtbar sein;
- Schnittstellen zum Drittleister zahlenmäßig überschaubar und qualitativ handhabbar: Dies ist gerade beim Offshoring eine große Herausforderung, da es das Management von weit entfernten und daher „virtuellen" Organisationen beinhaltet;
- HR-Organisation mit klar gegebenen Verantwortlichkeiten etabliert, damit keine Fragen zur Zuständigkeit für die ausgelagerte Dienstleistung entstehen.

Auch wenn die Auslagerungsentscheidung gut begründet werden kann, so sind es die letzten drei Punkte obiger Auflistung, welche oft dafür verantwortlich sind, dass das Unterfangen trotzdem scheitert. Zum Beispiel fehlen mehr oder weniger wider Erwarten die Kompetenzen beim Provider, was sich auf die Qualität auswirkt. Die resultierenden notwendigen Verbesserungen führen zu erhöhtem Aufwand beim Schnittstellenmanagement, was die erwarteten Kostenvorteile zunichte macht. Als Beispiel sei das Auslagern des Zeugnisformulierungsprozesses genannt, eine Initiative, welche im deutschsprachigen Raum, wo allein Zeugnisse eine wesentliche Rolle spielen, vor allem bei größeren Firmen zum Standard gehört. Mangelnde Sprachkenntnisse wie auch Unkenntnis der genaueren Umstände eines Arbeitsverhältnisses mit entsprechend schlechten Resultaten erforderten mancherorts Nachbesserungen mit ungeliebten Kostenfolgen. Dies ist umso bedauerlicher, weil es wie erwähnt genau der Kostenfokus war, der den Outsourcingentscheid in erster Linie bewirkt hat. Nicht selten lassen sich die Entscheidungsträger durch ökonomisch interessante Offerten blenden und sehen über potenzielle qualitative Mängel hinweg.

Der Punkt betreffend fehlender interner Kompetenzen ist interessant, da er alle anderen Bedingungen übersteuert und im Bedarfsfall immer zum Outsourcing führt, ja führen muss – selbst wenn es sich um strategisch wichtige Inhalte handelt. Bekannte Beispiele sind der Gebrauch von Executive Search-Firmen (sog. „Headhuntern"), wenn es darum geht, eine Top-Position im Unternehmen, meistens innerhalb der „C-Suite", zu besetzen. Auch wenn viele größere Unternehmen versucht haben, die Headhunting-Funktion zu internalisieren, so lohnt sich der Aufwand in der Regel nicht, weil sich eine zu kleine Anzahl von Fällen ergibt und eine interne Einzelperson nicht den Rechercheapparat aufbauen kann, den mittlere und größere Executive Searcher standardmäßig zur Verfügung haben. Ähnlich gelagert ist der Fall mit Beratern im Compensation-Bereich. Die meisten Personalabteilungen – gerade bei kleineren und mittelgroßen Unternehmungen – besitzen keine weitgehende Kompetenz im Vergütungsmanagement, weshalb im Bedarfsfall (Spezialkonzepte für die Führungsetage, Gehaltsvergleiche betreffend kompetitiver Positionierung oder auch Untersuchungen betreffend der kompensatorischen Gleichbehandlung von Frauen und Männern etc.) sofort entsprechende Beratungsfirmen zum Zuge kommen – deren Kompetetenzen im Übrigen auch nicht immer über jeden Zweifel erhaben sind.

Ebenso spannend ist der Einfluss der fortschreitenden Digitalisierung und damit der weitergehenden Automatisierung von HR-Prozessen. Dies kann nämlich bewirken, dass das Wieder-Insourcen und Wieder-Inshoren nicht nur eine Frage der Qualität ist, sondern sich auch ökonomisch lohnt. HR-Commodities lassen sich oft und auch einfach automatisieren und können dadurch längerfristig vergünstigt werden. So ist davon auszugehen, dass das automatisierte Abgleichen von Bewerbungsprofilen („CV-Matching") den Commodity-Recruiting-Bereich so vereinfacht und auch verbilligt, dass eine Auslagerung zu einem Drittprovider keine sinnvolle Option mehr darstellt. Was mit anderen Worten die Kriterien für ein Outsourcing erfüllt, lässt sich oft automatisieren und braucht deshalb nicht mehr ausgelagert zu werden.

Die vier HR-Kernstrategien, „Investment", „Balance", „Low Cost" und „Flex Value" unterscheiden sich in Bezug auf Outsourcing und Offshoring nur in zwei Kriterien. Das ist zum einen und vor allem die schon mehrmals erwähnte unterschiedliche Beurteilung, wie strategisch relevant eine bestimmte HR-Tätigkeit ist. Innerhalb einer ausgeprägten HR-Low Cost-Strategie ist praktisch nichts strategisch relevant, weshalb auch praktisch alles outgesourct werden kann. Bei einer Flex Value oder einer Balance HR-Kernstrategie muss dies schon sehr differenziert betrachtet werden, während sich bei einer HR-Investment-Kernstrategie nur effektive HR-Commodities, die in keiner Weise zur kompetitiven Positionierung des HRM beitragen können, für ein Outsourcing und/oder Offshoring aufdrängen. Entlang des Kriteriums „strategisch relevant" setzen die vier HR-Kernstrategien demzufolge völlig unterschiedliche Demarkationslininen, was standardisiert, zentralisiert und damit auch ausgelagert werden kann – und was nicht. Man könnte auch etwas pointierter formulieren, dass je wichtiger HR im strategischen Kontext einer Unternehmung ist, desto weniger sollten seine Aktivitäten ausgelagert werden.

Neben der strategischen Relevanz bildet die geschäftsbedingte Flexibilität das zweite strategiebezoge Kriterium: Wenn der Arbeitskräftebedarf sich beispielsweise stark saisonal ausrichtet, dann kann für einen kurzfristig gesteigerten Bedarf wenigstens teilweise auf outgesourcte Ressourcen gegriffen werden. Das erlaubt dann im umgekehrten Fall eine ebenso schnelle und flexible Anpassung. Diese Verhaltensweise unterscheidet die kurzfristig ausgerichteten Flexibilitätsstrategien „Low Cost" und „Flex Value" in weiten Teilen von den längerfristig ausgerichteten und stabilitätsorientierten HR-Kernstrategien „Balance" und „Investment".

Zusammenfassend lässt sich sagen, dass die Möglichkeiten des Outsourcings und des Offshorings von HR-Aktivitäten (und der daraus folgenden Veränderung der Organisationsstruktur) ein Potenzial darstellen, das für jede HR-Funktion und für jede HR-Kernstrategie zu berücksichtigen ist. Allerdings gibt es auch Risiken, die nicht außer Acht gelassen werden dürfen. Deshalb muss es letztlich nicht um eine Maximierung, sondern immer nur um eine Optimierung gehen, die mit der HR-Kernstrategie kompatibel ist. Es geht also einmal mehr um Konsistenz.

In Bezug auf das Drei-Säulen-Modell bildet der Business-Partner den einzigen Bereich, welcher für ein Outsourcing nicht zur Disposition steht – obwohl dies wenigstens theoretisch möglich wäre. Und das hat seine guten Gründe.

3.5.3. Der Business-Partner als Zentrum des Drei-Säulen-Modells

Nicht überraschend wird das Drei-Säulen-Modell auch als „Business-Partner-Modell" bezeichnet, was auf den ersten Blick etwas unlogisch scheint, da die Business-Partner ja nur eine der drei Säulen ausmachen. Man kann aber getrost festhalten, dass die Business-Partner das Zentrum des Drei-Säulen-Ansatzes darstellen, weil sie direkt an der „Kundenfront" operieren. Genau so, wie sich ein Key Account Manager inmitten der kundenorientierten Aktivitäten einer Unternehmung befindet (und weniger der Product Manager), so steht der Business-Partner als Kundenverantwortlicher im Fokus der personalbezogenen Tätigkeiten (und weniger der Spezialist im Competence Center). Der Business-Partner soll im wahrsten Sinn des Wortes der Partner der Linienmanager auf allen Ebenen sein und das HR in strategischer wie auch operativer Hinsicht repräsentieren. Die vergleichsweise hohe Relevanz dieser Funktion zeigt sich auch darin, dass es die Ambition vieler HR-Fachleute ist, Business-Partner zu werden. Der Wechsel aus einem HR-Competence Center und vor allem aus einem HR-Shared Service-Center in eine Business-Partner-Funktion wird landläufig als Aufstieg empfunden und bildet praktisch immer auch das Tor für die Übernahme erweiterter Führungsverantwortung innerhalb der Personalabteilung.

Es gilt aber, ein paar Aspekte des Business-Partners etwas genauer zu beleuchten, weil diese für das Verständnis der Funktion und die Interpretation der Rolle sehr wichtig sind, aber in verschiedenen Unternehmungen unterschiedlich betrachtet, verstanden und gehandhabt werden.

Die Sache mit der Kundenverantwortung

„One face to the customer“ ist eines der Schlagworte, mit welchem der Anstrich der Einmaligkeit und der Wichtigkeit des Business-Partners betont werden soll. Sämtliche personalbezogenen Problemstellungen – ob aus Vergütung, Rekrutierung oder Entwicklung etc. – sollen über den Tisch des Business-Partners laufen und durch ihn (oder sie) behandelt werden. Dabei muss er nicht jede Lösung selber ausarbeiten, er kann durchaus die Spezialisten aus dem Competence Center oder dem Shared Service-Center hinzuziehen. Aber letztendlich diskutiert nur er mit den Fragestellern aus dem Business. Es kann nicht verwundern, dass der Business-Partner in einer solchen Konstellation öfters zum allgemeinen Nadelöhr wird und nicht der polyvalente Problemlöser ist, der er sein sollte. Damit geht die so wichtige und beabsichtigte Kundenorientierung wieder verloren. Hinzu kommt, dass viele HR-Fachleute in der One face to the customer-Situation fachlich überfordert sind: Bei Weitem nicht jeder Business-Partner ist die eierlegende Wollmilchsau, die sämtliche HR-Fachgebiete und -prozesse souverän abdecken kann. Es muss deshalb konstatiert werden, dass „One face to the customer“ im Business-Partner-Kontext meistens nicht funktioniert und selbst bei organisatorischer Top-down-Verordnung entweder von Linienmanagern oder von Produktspezialisten, die direkt miteinander in Kontakt treten, problemlos unterlaufen wird. Auch kommt es immer wieder vor, dass sich Linienmanager – oft aus Frustration über zeitlich nicht verfügbare oder leistungsmäßig nicht genügende Business-Partner – eine Stabsfunktion aufbauen, welche personalrelevante Funktionen übernimmt. Dies ist nicht nur äußerst ineffizient, sondern setzt die HR-Funktion auch unter Rechtfertigungsdruck. Es ist deshalb für das HRM enorm wichtig, einen Prozess zu definieren, welcher die Zuständigkeiten und damit auch die Kundenverantwortung von Business-Partnern und Produktspezialisten sauber differenziert und auf eine für alle zeitlich und inhaltlich machbare Basis stellt. Dies kann und soll bedeuten, dass es zu einer sehr engen Zusammenarbeit zwischen den beiden Säulen kommt. Nur eine enge Beziehung zwischen Business-Partnern und den Vertretern der Competence Center führt zu einer Hochleistungs-HR-Delivery. Dass die Spezialisten dabei auch direkt mit der Linie kommunizieren, soll Teil eines zielführenden Ansatzes sein, solange der zuständige Business-Partner den Überblick – und noch besser – die Fäden in der Hand behält.

Die Sache mit dem strategischen Fokus

Eine der wesentlichen Zielsetzungen des Drei-Säulen-Modells war es von Anfang an, mittels der Schaffung von zentralisierten und standardisierten Dienstleistungen die Business-Partner, die Ulrich auch als „embedded HR" bezeichnete (2008), von administrationslastigen Arbeiten wie auch vom operativen „daily business" zu entlasten. So sollte Zeit gewonnen werden, um die Linie primär in „strategischen" HR-Fragen zu beraten. Schon Ulrich stellte jedoch fest, dass es mit diesem strategischen Fokus in der Regel nicht optimal bestellt ist: „While embedded HR professionals are asked and expected to be strategic and conduct organization diagnosis, they often find themselves overwhelmed by operational HR work that conflicts with their main purpose. This renders them unable to make time to be strategic" (2008, S. 844). Obwohl sich also das Drei-Säulen-Modell einer äußerst hohen Popularität erfreut und das auch heute noch tut, so hat es immer wieder daran gemangelt, es auch im Sinne des Erfinders, also mit einem strategischen Fokus, umzusetzen. Die Frage stellt sich deshalb, ob dies überhaupt möglich ist. Denn auch Lawler und Mohrman stellten schon 2003 (S. 5) fest, dass ein strategischer Fokus auch bei guter technologischer Unterstützung nur schwer zu erreichen ist: „It is true that information technology may be able to free up HR from some of its routine tasks, and there is certainly evidence that HR is making greater use of information technology. However, it is not clear that HR is becoming more of a strategic partner." Bis heute hat sich an dieser Aussage nur wenig geändert, und es hat sich gezeigt, dass die strategische Seite der Business-Partner-Funktion viele Funktionsinhaber überfordert oder dass schlicht und einfach ob all der operativen Baustellen die Zeit fehlt, der Anforderung einer strategischen Beratungskompetenz gerecht zu werden. Und nur dort, wo HR vom Management als Partner auf Augenhöhe akzeptiert ist – und das wird vor allem dort sein, wo die Erkenntnis vorherrscht, dass das wirkungsvolle Management der Humanressourcen einen Wettbewerbsvorteil bedeutet –, besteht die Chance einer erhöhten strategischen Involvierung.

Oft wird dieser Aspekt des strategischen Fokus des Business-Partners gerade in der Literatur übergewichtet. Es kann nämlich nicht sein, dass der Business-Partner nurmehr strategisch wirkt und sich aus operativen Verantwortungen verabschiedet. Dieses Buch nimmt diesbezüglich denn auch eine klare Haltung ein. Die strategische Ausrichtung des Business-Partners ist durchaus ein wichtiges Attribut, dessen Übergewichtung ist aber alles andere als zielführend. Wenn man als Business-Partner mit seinen Linienmanagern nur noch hochtrabende HR-Strategien diskutieren will, verliert man schnell die Glaubwürdigkeit. Denn was von den Linieninstanzen gefordert wird, sind in erster Linie unmittelbarer Entscheidungssupport und hohe Umsetzungsstärke – und weniger raffinierte und komplexe Konzepte. Es ist deshalb entscheidend, dass jeder Business-Partner, auch wenn er noch so erfahren und „senior" ist, mit beiden Beinen in den operativen und umsetzungsorientierten Realitäten steht. Wenn er das nicht tut, dann verliert er den Bezug zu den Märkten, zu den eigenen Produkten und schließlich zu den Kunden. Es ist demzufolge wichtig, den Business-Partner nicht nur an der Strategie seines Verantwortungsbereichs mitwirken zu lassen, sondern ihn auch für deren Umsetzung zuständig zu machen. Business-Partner, welche zu viele operative Tätigkeiten abstoßen, werden isoliert und über kurz oder lang aussortiert. Jeder Business-Partner verdient sich seinen Einfluss und seine Akzeptanz in erster Linie durch seine Macherqualitäten und erst sekundär durch seine konzeptionellen und strategischen Fähigkeiten. Oder anders gesagt, erst wenn ein Business-Partner als Umsetzer anerkannt ist, wird er auch als Stratege gehört werden. Für eine optimale Besetzung der Rolle muss er aber beides sein, Umsetzer und Stratege. Und das wiederum bedeutet, dass seine Kompetenzen breit abgestützt sein müssen.

Die Sache mit der Anzahl

Die immer wieder gehörte Ambition, die Business-Partner primär und im „schlimmsten" Fall ausschließlich „strategisch" auszurichten, hat dazu geführt, deren Anzahl auch bei qualitätsorientierten HR-Kernstrategien wie „Investment" oder „Flex Value" substanziell zu reduzieren. Gerade diese Fokussierung auf strategische HR-Aspekte ist aber eine schlechte Strategie, weil sie die Business-Partner zu „zahnlosen" Debattierern ohne Umsetzungsverantwortung macht, deren Einfluss deshalb kontinuierlich schwindet. Die finale Konsequenz ist eine leistungsschwache und unkoordinierte HR-Funktion. Sollen die Business-Partner in der hier geforderten optimalen Kombination von strategischem Berater und umsetzungsstarkem Macher operieren, ist es unabdingbar, dass sie innerhalb einer HR-Organisation mit den erforderlichen Kompetenzen in genügender Anzahl vorhanden sind. Die Frage ist, was dieser letzte Punkt genau bedeutet.

Es wurde weiter oben an mehreren Stellen festgehalten, dass der Business-Partner das dezentrale Prinzip verkörpert, weil er nahe an den Geschäftsfeldern und deren Entscheidungsträgern operiert, diese in maßgebender Art und Weise unterstützt und entsprechend ökonomischen Mehrwert generiert. Man könnte auch sagen, dass je höher der Dezentralisierungsgrad, desto wichtiger die Rolle des Business-Partners. Mit dieser Wichtigkeit einher gehen die Kriterien, welche den Erfolg dieser Funktion ausmachen: Einbindung in die Entscheidungsfindung, Aktzeptanz durch Linienmanager, Nähe zum Geschäft, Beitrag zum Unternehmenserfolg (Classen & Kern 2010, S. 91).

Falls kompetent, steht der Business-Partner für höchste Effektivität und deshalb für eine Demarkationslinie, die beispielsweise einer ausgedehnten Outsourcing-Strategie entgegengesetzt ist. Dies ist in erster Linie bei qualitätsorientierten HR-Kernstrategien und im Besonderen bei einer „Investment"-Ausprägung der Fall. Gute Business-Partner haben nämlich ihren Preis und drücken die HR-Kosten nach oben. Dies lässt sich nur rechtfertigen, wenn die Leistung und der Output stimmen. Wie viele Hochleistungs-Business-Partner es in einer Organisation letzendlich braucht, bleibt firmenspezifisch. Folgende Kriterien spielen bei der Festlegung der Größenordnung eine entscheidende Rolle:

- Geschäftsstrategie (z.B. erfordert eine Wachstumsstrategie mehr Business-Partner);
- Geschäftsorganisation (z.B. erfordern divisionale oder Matrix-Organisationen mehr Business-Partner);
- Komplexität des Geschäfts (z.B. benötigen Geschäftsfelder mit einer höheren Anzahl von komplexeren Mitarbeiter-Profilen eine größere Anzahl von Business-Partnern);
- hohe Managementdichte und -stärke (z.B. erfordert die Existenz einer hohen Anzahl von hochkarätigen und leistungsstarken Linienmanagern mit großen Verantwortungsfeldern eine größere Anzahl von Business-Partnern);
- weitläufige geografische Streuung (z.B. erfordern globale Organisationen mit vielen Niederlassungen und Operationen mehr direkte Ansprechpartner im HR).

Entsprechend kann die Anzahl der Business-Partner je nach Ausgangslage des Unternehmens unterschiedlich ausgeprägt sein. Allerdings – und das ist ein entscheidender Punkt – sollte sie, wie auch immer obige Kriterien in die Entscheidungsfindung hineinspielen, nie unter 20 % der Gesamtpopulation im HR fallen, wenn hochstehende Leistungserwartungen des Managements erfüllt werden sollen. Wenn sie das trotzdem tut, dann ist die Auftragserfüllung beispielsweise im Rahmen einer Investment-HR-Kernstrategie nicht mehr gegeben. Die Erfahrung zeigt, dass eine leistungsfähige Business-Partner-Population je nach Unternehmung, deren Strategie, deren Struktur und deren Globalität zwischen mindestens 20 % und maximal 40 bis 50 % der gesamten HR-Ressourcen ausmachen sollte. Bei den HR-Kernstrategien „Low Cost“ und „Balance“ wird der Prozentsatz entsprechend tiefer ausfallen.

Die Sache mit den unterschiedlichen Business-Partnern

Einige Unternehmungen versuchen, dem Strategie-/Umsetzungsdilemma durch die Schaffung von unterschiedlichen Kategorien von Business-Partnern zu entrinnen, so wie es in Abbildung 30 dargestellt ist. Ob dies eine gute Lösung ist oder nicht, kommt auf die Verteilung der Aufgaben und/oder den organisatorischen Set-up an. Sollte es darauf hinauslaufen, dass der „Senior“ nur strategische und konzeptionelle Aufgaben wahrnimmt und sich kundenspezifisch nur um das absolute Top-Segment der Organisation kümmert (Konzern- oder Geschäftsleitung), während der „Junior“ für die operative Umsetzung über die restlichen Organisationsebenen hinweg verantwortlich zeichnet, dann besteht das oben erwähnte Risiko der Entfremdung von den geschäftsspezifischen Realitäten. Durch die Unterstellung des Junior Business-Partner unter den Senior und eine konsequente enge Zusammenarbeit, welche den Senior in die relevanten Prozesse einbindet, kann dieses Risiko gemildert, aber nicht immer eliminiert werden. Die öfters gesehene Unterteilung der kundenverantwortlichen HR-Einheiten in eine prozessorientierte „Run“- und eine innovationsorientierte „Change“-Organisation birgt die gleichen Gefahren, vor allem wenn die beiden Einheiten organisatorisch getrennt sind und unabhängig voneinander arbeiten. In diesem Fall resultieren bald einmal auch Überschneidungen zwischen dem „Run“-Bereich und einer Shared Service-Funktion. Jochmann versucht diesen Ansatz besser zu differenzieren, indem die Business-Partner in zwei „gleichberechtigte“ Rollen aufgeteilt werden, die den immer größer werdenden und immer neuen Herausforderungen im geschäftsfokussierten HR aus zwei Perspektiven, also ambidextrisch oder zweihändig, begegnen sollen: Die erste Business-Partner-Kategorie fokussiert auf die Beratung der Linienmanager in den klassischen HR-Themen auf der HR-Wertschöpfungskette, während die zweite Kategorie sich auf die personalrelevanten Aspekte übergreifender Unternehmensprojekte und damit verbundener Transformationen konzentriert (Jochmann 2017).

Es ist einerseits absolut nachvollziehbar, dass ein einziger Business-Partner für seinen Verantwortungsbereich kaum mehr in der Lage ist, alle strategischen und operativen Themen gleichzeitig abzudecken und schon gar nicht die Ressourcen hat, sich auch noch um wichtige innovative, womöglich disruptive Themen wie Digitalisierung und Analytics auf verschiedenen Unternehmensebenen zu kümmern. Auf der anderen Seite vermag die Schaffung von zwei vordefinierten Kategorien von Business-Partnern diese Überforderung auch nicht befriedigend anzugehen. Abgrenzungsschwierigkeiten sind offensichtlich und daraus resultierende Konflikte vorprogrammiert. Wie also kann dieses Dilemma der zu breitgefächerten Anforderungen und zu tiefgehenden Erwartungen an die Business-Partner zielorientiert gelöst werden? Nach der in diesem Buch vertretenen Ansicht geht das nur durch top-organisierte, auf den eigenen unternehmensspezifischen Bereich fokussierte Teams, welche als organisatorische Einheit alle anstehenden Business-Partner-Aufgaben (operativ, strategisch, prozessbezogen, transformationsorientiert etc.) entlang den vorhandenen Kompetenzenprofilen untereinander verteilen, sich darüber hinaus optimal mit den vorhandenen Experten in den Competence Center absprechen, aber gegenüber den Linienmanagern als kompetente kundenorientierte Einheit auftreten und agieren. Dies führt dazu, dass nicht jede Geschäftseinheit durch das HR in strukturell identischer Art abgedeckt wird – was eine businessbezogene Differenzierung erlaubt und der Flexibilität dient. In der Realität ist dies alles andere als einfach und verlangt sowohl der verantwortlichen Führungskraft im Team wie auch der Fähigkeit der Gruppe, sich selbst optimal zu organisieren und auf die Linienorganisation auszurichten, alles ab.

Die Sache mit der Bezeichnung

Mit den Fragen zu den zahlreichen operativen und strategischen Verantwortungen in der Business-Partner-Welt kommen auch die verschiedenen Bezeichnungen ins Spiel, welche heutzutage für die HR-Personen benutzt werden, welche direkt an der Schnittstelle zu den Kunden, also zur Linienorganisation, wirken. Es ist nämlich nicht so, dass sich der Begriff „Business-Partner“ auf breiter Ebene durchgesetzt hätte. Mit einem näheren Blick in die Unternehmenswelten zeigen sich eine Vielzahl von zusätzlichen Bezeichnungen wie „HR Consultant“, „Personalberater“, „Key Account Manager“, „HR Manager“, „HR-Berater“, „HR-Advisor“, „HR Relationship Manager“, „Client Relationship Manager“, „Human Capital Advisor“ etc., aber auch breiter bekannte Benennungen wie „Personalreferent“ oder „HR-Generalist“. Der einzige gemeinsame Nenner, der diese Funktionen verbindet, ist, dass sie im HR arbeiten und sich direkt mit Mitarbeitenden respektive Linienvorgesetzten beschäftigen, also an der „Kundenfront“ sind. Die Bezeichnung sagt überhaupt nichts aus über den effektiven Inhalt der Funktion, geschweige die Qualität, mit der sie ausgeübt wird. Je nach Unternehmung kann sie auch bei identischer Benennung anders ausgestaltet sein und in völlig unterschiedlicher Art Einfluss nehmen. Oder – wie erwähnt – das Unternehmen verwendet verschiedene Bezeichnungen, um unterschiedliche „Kategorien“ von Business-Partnern zu definieren. Analog kann das Ausmaß, mit welchem die HR-Funktion in das Unternehmen eingebunden ist, variieren, auch wenn es sich um Firmen in der gleichen Branche mit ähnlicher Strategie handelt.

Wie es der Name schon sagt, ist zu erwarten, dass es sich bei einem „HR-Generalisten" um einen Allrounder handelt, dessen Verantwortung im Kundeninterface den gesamten Personalbereich umfasst. Ähnlich sieht es in der Regel mit dem Personalreferenten aus, der als solcher aber nur in Deutschland breit im Gebrauch ist. Mit dem Namen „Business-Partner" assoziiert man zusätzlich HR-Fachleute, die ihre Kundensegmente mit qualitativ hochstehender Beratung in den wichtigen HR-Produkten und -Prozessen bedienen können. Der Business-Partner hat deshalb im HR ein hohes Ansehen und stellt etwas dar, was man als Berufsziel erreichen möchte. Umso erstaunlicher ist es zu sehen, dass „Business-Partner" gelegentlich sehr administrativ ausgerichtet sind und keinen wesentlichen Einfluss auf HR-Entscheidungen nehmen können. Umgekehrt gibt es HR-Abteilungen, welche gut positioniert, fachlich breit abgestützt und beratungsbezogen anerkannt sind, welche ihre Kundenverantwortlichen aber nicht als Business-Partner bezeichnen. Das Fazit ist verwirrend: Man sieht einer Unternehmung nicht nur nicht an, was für eine Stellung die Personalfunktion hat, sondern man kann sich in dieser Beziehung auch nicht auf die jeweiligen Berufsbezeichnungen der HR-Fachleute verlassen. Es gibt in keiner Weise ein klares und für alle gleich geltendes, homogenes Berufsbild „Business-Partner" und schon gar nicht definierte Abgrenzungen zwischen den einzelnen Funktionsnamen. Es kann deshalb nicht verwundern, dass sich in der Literatur eine große Anzahl von unterschiedlichen Begriffsdefinitionen mit ebenso unterschiedlichem Scope ergeben haben (vg. Classen & Kern 2010, S. 87).

Trotz dieses Begriffswirrwarrs gibt es immer wieder Versuche, neue Bezeichnungen einzuführen, um auszudrücken, was ein Business-Partner sein sollte und was nicht. Ein Beispiel ist der „Talent Value Leader" (Mc Kinsey 2020), mit welchem die strategische Rolle und die speziellen Zuständigkeiten der Business-Partner betont werden sollen. Dies ist zwar gut gemeint, dient aber weder der begrifflichen Klarheit noch der funktionalen Positionierung, umso mehr als wie gesehen die Benennung der Rolle kein Indiz ist für deren Inhalt, geschweige deren Qualität. Entscheidend für das Verständnis einer Business-Partner-Funktion – unabhängig von der damit verbundenen Anzahl Rollen – ist letztlich, wo die Trennlinie gezogen wird zwischen kundenorientierten, differenzierenden Aufgaben auf der einen Seite und administrativen transaktionsorientierten Aktivitäten auf der anderen.

Somit kann sich mit zunehmender Größe eines Unternehmens über alle drei Säulen gesehen ein breites Spektrum von unterschiedlich benannten Funktionen mit mehreren Hierarchieebenen ergeben. Als Beispiel soll die nachfolgende „Stufenhierarchie" dienen, wie sie in einem größeren Unternehmen aktuell vorkommen könnte (vgl. Abbildung 31):

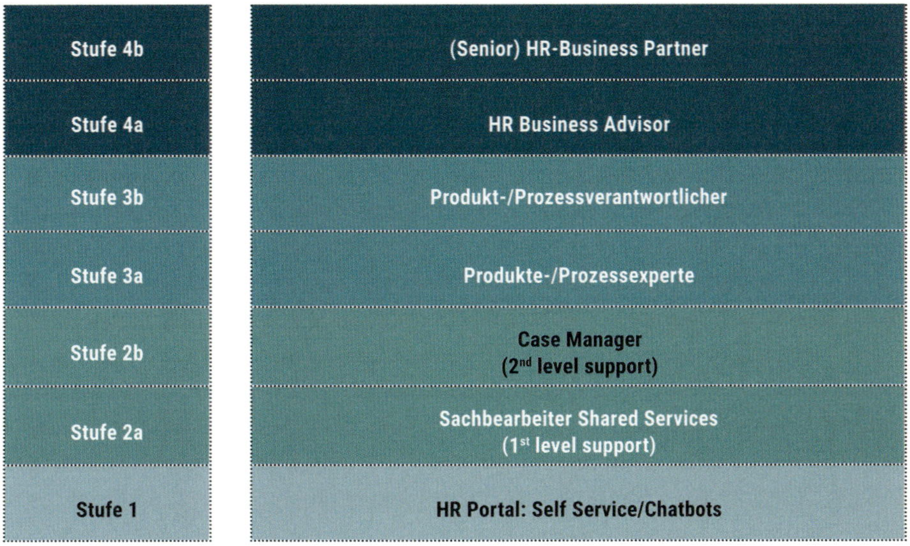

Abbildung 31: Mögliche Funktionen in einem Drei-Säulen-Modell

Obwohl eine solche Verteilung von Verantwortungen weit über die Originalidee des Drei-Säulen-Modells hinausgeht, so ist dieses in den Grundzügen immer noch erkennbar. Im Wesentlichen beziehen sich Stufen 1 und 2 auf die Shared Services, Stufe 3 auf das Competence Center und Stufe 4 auf die Business-Partner. Anzahl Stufen, Funktionen wie auch deren Bezeichnungen und Inhaltsdefinitionen können in der HR-Praxis beliebig variieren, was zur Intransparenz von HR-Strukturen beiträgt und eine Vergleichbarkeit zwischen einzelnen Unternehmen wie auch über Branchen und Industrien hinweg praktisch verunmöglicht.

3.5.4. Weiterentwicklung und kritische Würdigung des Drei-Säulen-Modells

Von Ulrichs ersten Ideen zum Drei-Säulen-Ansatz bis zu einem komplexen und voll integrierten Modell (vgl. Abbildung 30) respektive zu einer ausgeprägten und stark differenzierenden Rollensystematik (vgl. Abbildung 31) ist es ein weiter Weg, der in der Praxis einige Jahre gebraucht hat. Während das fundamentale Konzept der drei Säulen nach wie vor erkennbar ist, so haben sich im Laufe der Zeit doch vielfältige zusätzliche Aspekte ergeben, die in den ursprünglichen Konzepten von Ulrich und seinen Kollegen nicht einmal ansatzweise vorkamen. Es dürfte nicht zuletzt diese Offenheit und Flexibilität gegenüber dem Einbau neuer Elemente,

Ideen und Ansätze sein, welche dem ursprünglich relativ simplen Drei-Säulen-Modell seine Langlebigkeit und Resilienz verliehen haben. Auch die Tatsache, dass die inhaltliche Gestaltung der drei Bereiche sehr anpassungsfähig ist, dürfte zum langjährigen Erfolg beigetragen haben. Diese Flexibilität erlaubt nämlich, die Ausprägung der HR-Organisationsstruktur beliebig in funktional-zentrale oder divisional-dezentrale Richtungen zu lenken. Ergänzend können auch alle klassisch bestehenden HR-Funktionen in die drei Basisbereiche integriert werden. Aber auch durch vorwiegend technologische Entwicklungen bewirkte Funktions- oder Profilveränderungen, beispielsweise vom Reporting-Spezialisten zum HR-Analytiker, sind im Modell abbildbar. Neben dem Konzept der organisationalen Strukturierung bildet diese rollenbezogene Verbindung die zweite bahnbrechende Idee von Ulrich und Co. Wie auch immer die Unternehmensorganisation aussieht oder sich über die Jahre verändert und wie auch immer sich die HR-Kompetenzen im Laufe der Zeit entwickeln und in neuen Rollen ihren Niederschlag finden, ein offenes Drei-Säulen-Modell garantiert die Möglichkeit einer optimalen Anpassung. Erst die Auflösung traditioneller Strukturen und Denkweisen, die durch eine weitergehende Digitalisierung getrieben wird, bringt das Ulrich-Modell langsam, aber sicher an seine Grenzen. Deshalb ist die Frage, ob das Drei-Säulen-Modell auch für wirklich agile Unternehmensstrukturen immer noch eine Option darstellt, eine berechtigte und genauer zu untersuchen (vgl. Kapitel 3.6.7.).

Die unterschiedlichen Ausbaumöglichkeiten und Entwicklungsoptionen des ursprünglichen Ansatzes von Ulrich zeigen transparent auf, dass die Aufteilung in zentrale und dezentrale Personalaktivitäten auf die verschiedenste Art und Weise gemacht werden kann. Ein Drei-Säulen-HR ist nicht unbedingt notwendig, stellt aber in vielen Fällen eine sehr gute und passende Möglichkeit dar. In kleineren Organisationen wie KMU ist eine Begrenzung auf businessorientierte Umsetzer auf der einen Seite und eine effiziente Personaladministration auf der anderen eine geeignete Alternative (vgl. Abbildung 29). Entscheidend bleibt aber die systematische und strategische Evaluation der Demarkationslinie, das heißt eine bewusste, auf die Bedürfnisse und die Struktur des Unternehmens abgestimmte Entscheidung, welche HR-Aktivitäten für alle gleich und standardisiert zur Verfügung stehen und welche maßgeschneidert und pro Geschäftseinheit differenziert angeboten werden. Entsprechend dieser Aufteilung wird das HR konsequent im Spektrum zwischen Zentralität und Dezentralität organisiert. Die Größenordnung und die inhaltliche Ausgestaltung der drei Säulen „HR-Business-Partner“, „HR-Center of Expertise“ und „HR-Shared Services“ können mit anderen Worten praktisch jeder Unternehmensorganisation flexibel angepasst werden. Soll nach einem konsistenten Strukturansatz gelebt werden, dann ist davon auszugehen, dass bei kundennahen, dezentralen HR-Organisationen der Löwenanteil der Personalressourcen von Business-Partnern und business-orientierten Spezialisten eingenommen wird. Gemäß Spiegelungsprinzip dürfte dies primär auf dezentrale Geschäftsorganisationen zutreffen. Im Gegensatz dazu bilden Shared Service-Einheiten die Mehrheit von HR-Dienstleistungen in zentralen und auf Standardisierung ausgerichteten Personalorganisationen. Dies wiederum spiegelt ebenfalls zentrale Business-Strukturen (vgl. Abbildung 32).

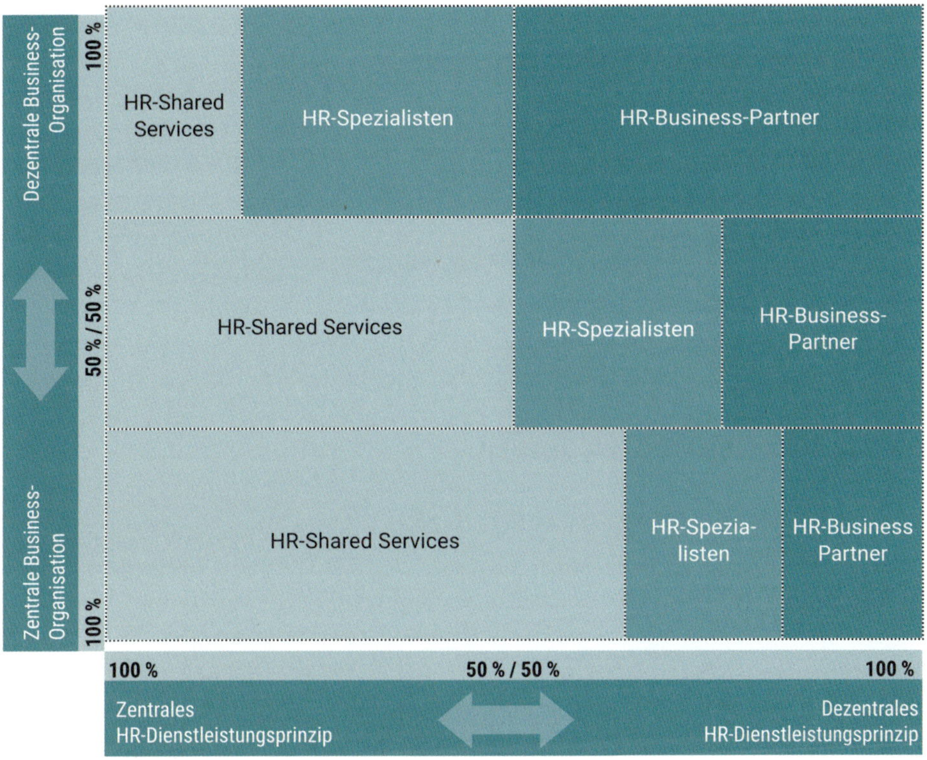

Abbildung 32: Konsistente Größentrends im Drei-Säulen-Modell

Natürlich kann die Größe der drei Säulen über die drei dargestellten Möglichkeiten hinaus variieren. Dies hängt bekanntlich nicht nur mit der Unternehmensstruktur und dem Spiegelungsprinzip zusammen (vgl. Abbildungen 15, 22 und 24), sondern auch mit der HR-Kernstrategie (vgl. Abbildungen 14, 23 und 24). Entsprechend lassen sich die prozentualen Verteilungen der drei Säulen entlang den vier HR-Kernstrategien differenzieren. Dabei lässt sich zusätzlich der passende Auslagerungsgrad berücksichtigen, wodurch aus dem ursprünglichen Drei-Säulen-Modell quasi ein „Vier-Säulen-Modell" entsteht. Es soll aber in der Folge aus Gründen der

Verständlichkeit weiterhin vom Drei-Säulen-Modell die Rede sein, welches durch die Entscheidung, bestimmte Dienstleistungen auszulagern, ergänzt werden kann oder sogar muss (vgl. Abbildung 33).

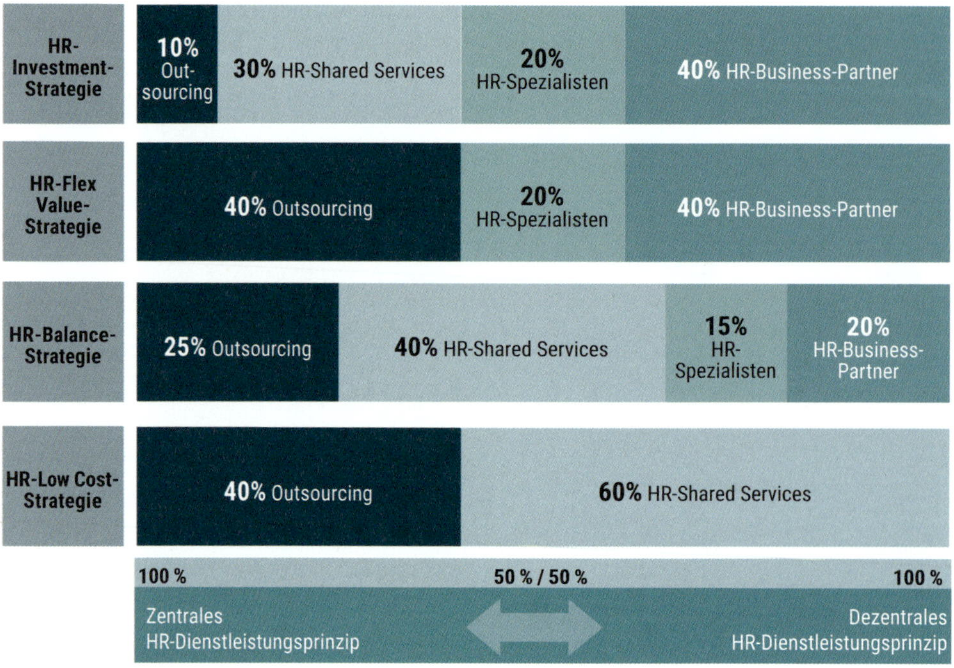

Abbildung 33: HR-Kernstrategie-konsistente Größentrends im Säulenmodell

Da auch innerhalb der vier HR-Kernstrategie-Quadranten verschiedene Positionierungen vorkommen können, stellt obige prozentuale Zuordnung der drei Säulenbereiche respektive der ausgelagerten Dienstleistungen in erster Linie einen „informierten" Trend dar. Letzterer wird getrieben durch die Attribute, welche die Rolle des HRM in den einzelnen HR-Kernstrategien ausmachen, welche aber auch bei einer identischen HR-Kernstrategie geringfügig voneinander abweichen können:

- **Investment**: dezentral, teilweise autonom (unabhängig von zentralem HR), dediziert (auf spezifische Kunden ausgerichtet), teilweise integriert (alle Funktionen in der gleichen Organisation mit hoher Durchlässigkeit), teilweise multifunktional (HR-Profis können verschiedene Rollen spielen), kundennah, kompetitiv (differenzierend gegenüber Wettbewerbern), qualitätsorientiert, strategisch;

- **Flex Value**: dezentral, autonom; dediziert, integriert, multifunktional, kompetitiv, kundennah, qualitätsorientiert, eher strategisch;
- **Balance**: zentral, teilweise autonom, teilweise dediziert, weniger kompetitiv, weniger kundennah, kostenorientiert, eher prozessorientiert;
- **Low Cost**: zentralistisch, nicht dediziert, nicht kompetitiv, kundenfern, kostenorientiert, prozessorientiert.

Steht demzufolge die HR-Kernstrategie eines Unternehmens fest, dann tut man gut daran, sich in der Ausgestaltung des Drei-Säulen-Modells wenigstens in groben Zügen an obigen prozentualen Zuordnungen zu orientieren. Die grundsätzlichen Trends bleiben so oder so bestehen: Shared Services wachsen mit zunehmender Zentralisierung, während Business-Partner-Einheiten mit erhöhter Dezentralisierung proportional größer werden. Am Ende des Tages ist aber am wichtigsten, dass die Entscheidungen, wie sich die drei Säulen größenmäßig zueinander verhalten sollen, einem bewussten, systematischen und konsistenzorientierten Prozess folgen (vgl. Kapitel 3.10.4.).

Die potenzielle Anwendung des Drei-Säulen-Modells auf die Flex Value HR-Kernstrategie liefert ein Indiz, dass es – wenn auch mit Einschränkungen – auch als Basis für agilere Organisationsformen dienen kann. Es ist deshalb trotz aller Unkenrufe nicht so, dass das Drei-Säulen-Modell ausgedient hat, „weil es nicht mehr zur Strukturlogik moderner Unternehmen passt“ (Häusling & Fischer 2018, S. 54–55). Es hat sich als widerstandsfähiger erwiesen als erwartet, weil es sich dezentralen Organisationsformen einer Unternehmung und damit auch unabhängigen und dynamischeren Strukturen anpassen kann. Auch wenn die Anfänge des Modells von Ulrich schon viele Jahre zurückliegen und gerade deshalb immer wieder Kritik an diesem „veralteten“ Modell geäußert wurde, gibt es bis heute keine mehrheitsfähige radikale Überwindung des Ansatzes, sondern nur Weiterentwicklungen, welche aber das Fundament der drei Säulen nie ganz verleugnen können. Man darf dies aber nicht als Rückständigkeit des HRM interpretieren. Eher müsste die in der betrieblichen Praxis durch viele HR-Profis (und nicht durch Ulrich selber!) getriebene Anpassungsfähigkeit des Modells, welche den ursprünglichen, verhältnismäßig simplen Ansatz immer wieder weiterentwickelt und neu interpretiert hat, positiv gewürdigt werden. Im Besonderen zeigt die Fähigkeit des Modells, auch ausgeprägt dezentrale Geschäftsstrukturen zu unterstützen, seine ungebrochene Kraft zur Erneuerung. Das beste Zeichen für solch innovative, dezentrale und agile HR-Einheiten sind business-nahe, womöglich in Geschäftsfelder eingebettete sowie in jeder Hinsicht der HR-Wertschöpfungskette kompetente Business-Partner-Organisationen. Diese Aussage kann noch weitergeführt werden, indem die Kompetenzen der Business-Partner als wesentliche Voraussetzung der Flexibilität des Drei-Säulen-Modells zu sehen sind: Je breiter die Business-Partner aufgestellt sind, je mehr der durch die Attribute der heutigen VUCA-Welt gestellten Anforderungen sie in der Lage sind abzudecken, desto eher wird die HR-Organisation auch den neuen Strukturausprägungen innovativer Unternehmen gewachsen sein.

So sind die meisten HR-Modelle, welche neu publiziert werden, nicht radikal neu, sondern Weiterentwicklungen des Drei-Säulen-Ansatzes mit der Ambition, diesen der Dynamik aktueller Markt- und Organisationsentwicklungen anzupassen. Deloittes „High-Impact HR Operating Model", welches eine markante Neuinterpretation darstellt und deshalb beispielhaft aufgeführt wird, macht keine Ausnahme. Im Rahmen von Forschungsstudien und Kundenfeedbacks wurde ein Modell entwickelt, welches das HRM strategisch auf eine andere Ebene bringen soll (Deloitte 2014). Im Zentrum stehen Geschäftsorientierung, Leistungsfähigkeit durch Agilität und Flexibilität sowie die Berücksichtigung von Anspruchsgruppen über die Unternehmensorganisation hinaus: Wenn HR die Bedürfnisse und Prioritäten nicht nur der Mitarbeitenden, sondern auch der externen Kunden – beispielsweise Geschäftskunden und/oder externe Dienstleister – versteht und auf die betrieblichen Talentstrategien überträgt, dann kann das Business signifikant profitieren. Durch das geschickte Nutzen externer sozialer Netzwerke kann das HR die Unternehmensmarke fördern, nach außen kommunizieren und damit die Fähigkeit erhöhen, Talente von außen zu gewinnen und intern zu binden (vgl. Kapitel 3.6.6.).

Wenn zusammenfassend das Drei-Säulen-Konzept auch im heutigen betrieblichen Umfeld immer noch weitgehend einem Standard entspricht und sich auch sogenannte neue Modelle in der Regel darauf zurückführen lassen, dann darf es nicht verwundern, dass es bei organisatorischen Veränderungen der HR-Funktion immer noch eine wichtige Rolle spielt. Die Einführung oder Adaptierung eines Drei-Säulen-Modells sollte allerdings nie unüberlegt gemacht werden, sondern immer entlang einer optimalen Konsistenz zwischen HR-Kernstrategie und zahlenmäßiger wie auch inhaltlicher Ausgestaltung der drei Säulen (respektive vier Säulen, wenn Outsourcing und Offshoring mitberücksichtigt werden).

3.5.5. Internationalisierung

Die Internationalisierungsstrategie eines Unternehmens wirkt sich zwar auf dessen HR-Kernstrategie aus, führt aber per se nicht zu einer massiven und transformationalen personalstrategischen Veränderung (Bruederlin 2020/1, S. 96). Es sind eher geringfügige Strategieverschiebungen aufgrund zusätzlich abzuleitender HR-Aktivitäten denkbar, welche mit erhöhten Investitionen verbunden sind. Dabei handelt es sich um die sogenannte „erste Konsistenz“, nämlich die Ableitung der HR-Handlungsfelder von der Business-Strategie. Diese zusätzlich erforderlichen Aktivitäten respektive Investitionen, welche nicht von permanenter Natur sein müssen, können die gesamte HR-Wertschöpfungskette betreffen, von der Rekrutierung von lokalen Mitarbeitenden über die Organisation von Auslandseinsätzen aus dem Mutterhaus, die Anpassung von Vergütungskonzepten an länderspezifische Gegebenheiten bis zum globalen Aufsetzen von Performance Managemen-Prozessen und zur Etablierung von grenzüberschreitenden Führungsverhältnissen u.v.a.m. Die Intensität dieser personalrelevanten Aktivitäten, die Höhe der dadurch zusätzlich verursachten Kosten und die Größenordnung der resultierenden Strategieverschiebungen sind entlang den Kategorien des „Industrial Network Model“ primär vom Grad der Internationalisierung des Umfeldes abhängig (Bruederlin 2020/1, S. 97–103):

- Late Starter: mittel bis massive zusätzliche Investitionen für das HRM
- Early Starter: geringe bis massive zusätzliche Investitionen für das HRM
- International Among Others: keine bis geringe zusätzliche Investitionen für das HRM
- Lonely International: geringe zusätzliche bis sinkende Kosten für das HRM

Es ist wichtig zu bemerken, dass die betreffenden Kostensteigerungen nicht nur linear mit dem Wachstum der Unternehmung verlaufen, sondern auch eine erhöhte Qualität reflektieren, da ansonsten keine Veränderung der HR-Kernstrategie gegeben wäre. Dies kann sich z.B. in der Form von neuen Inhalten zeigen, welche durch das HR abgedeckt werden müssen (Mobility Management, interkulturelle Schulungen etc.) oder auch durch zusätzliche internationalisierungsbezogene Kompetenzen, welche die Personalabteilung sich aneignen muss. In der Regel gehen internationalisierungsbedingte personalstrategische Veränderungen demzufolge einher mit einer Erhöhung des Qualitätsfokus und einer Verringerung des Kostenfokus, dies allerdings auch in der Regel nur über eine bestimmte Zeitdauer (Bruederlin 2020/1, S. 103–104).

Weiter ist bei der Internationalisierung eines Unternehmens je nach Ausprägung des angestrebten Geschäftsmodells mit unmittelbaren Veränderungen der Unternehmensorganisation zu rechnen. Dabei handelt es sich um die „zweite Konsistenz“, nämlich dass sich die Unternehmensstruktur an der Unternehmensstrategie orientiert: „Structure follows strategy". Bei einem umfassenden Ansatz der Internationalisierung können unterschiedliche Organisationsmodelle resultieren:

- **Die Multinationale Unternehmung:** eine Organisation mit grenzüberschreitenden hauptsächlich dezentralisierten und autonomen Operationen. Multinationale Organisationen sind entsprechend sensibel für lokale Marktdifferenzierungen: wenig globale Effizienz, hohe lokale Verantwortung ► eher hohe zusätzliche Aufwendungen für das HRM.
- **Die Transnationale Unternehmung:** eine Organisation, welche die jeweiligen Vorteile von globalen, multinationalen und internationalen Unternehmen dank hoher Flexibilität vereinigt: hohe globale Effizienz, hohe lokale Verantwortung – mittlere zusätzliche Aufwendungen für das HRM.
- **Die Internationale Unternehmung:** eine grenzüberschreitende Organisation mit einem gewissen Dezentralisierungsgrad, in der die Unternehmenszentrale aber eine bedeutende Kontrolle über Entscheidungen behält: wenig globale Effizienz, wenig lokale Verantwortung – mittlere zusätzliche Aufwendungen für das HRM.
- **Die Globale Unternehmung**: eine Organisation, die Strategien, Richtlinien und Verfahren auf weltweiter Basis entwickelt und Ressourcen nahtlos über Grenzen hinweg gemeinsam nutzt: hohe globale Effizienz, wenig lokale Verantwortung – eher geringe zusätzliche Aufwendungen für das HRM.

Die internationale Entwicklung eines Unternehmens hat demzufolge zwei unmittelbare Auswirkungen: eine tendenziell geringe und vorübergehende auf die HR-Kernstrategie und eine tendenziell starke und nachhaltige auf die eigene Unternehmensorganisation, verdeutlicht durch Abbildung 34.

Damit stellt sich die Frage, wie sich die erste und zweite Konsistenz weiter auf die HR-Struktur auswirken. Wie im Kapitel 3.4. zur Thematik des ersten Strukturierungsbereichs ausgeführt wurde, gibt es sowohl eine wechselseitige Beziehung zwischen HR-Strategie und HR-Struktur („dritte Konsistenz") als auch eine Beeinflussung der HR-Struktur durch die Unternehmensstruktur („vierte Konsistenz"). Letztere manifestiert sich in offensichtlicher Art und Weise durch das Prinzip der Spiegelung, welches zu analogen Organisationsformen im HR führt (vgl. Abbildung 15). Die Konsistenz zwischen HR-Strategie und HR-Struktur hingegen zeigt sich in strukturrelevanten Charakteristika, welche die vier HR-Kernstrategien auszeichnen, z.B. Differenzierung vs. Standardisierung oder Effektivität vs. Effizienz (vgl. Abbildung 14). Dabei ist zu berücksichtigen, dass besonders im Internationalisierungskontext durch den Grad an zusätzlichen Investitionen, welche sich gemäß

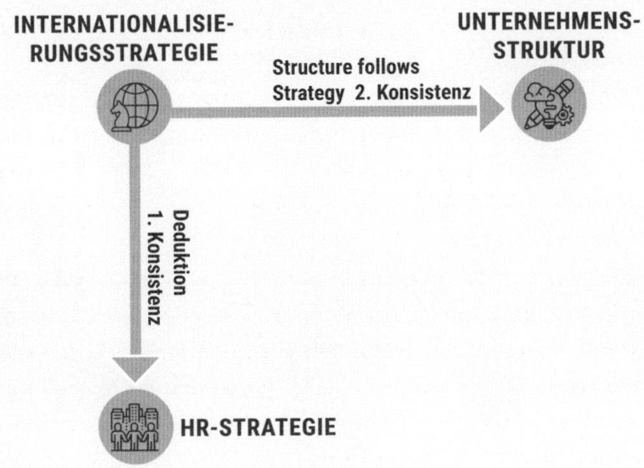

Abbildung 34: Auswirkung der Internationalisierungsstrategie auf HR-Strategie und Unternehmensstruktur

den Kategorien des Industrial Network Model einstellen, Strategieverschiebungen meistens in Richtung Qualitätsfokus stattfinden. Damit ergibt sich eine entsprechende Anpassung der strukturrelevanten Indikatoren.

In der betrieblichen Realität hat sich gezeigt, dass das Spiegelungsprinzip gegenüber den strukturrelevanten Strategieattributen dominieren kann und damit einen wesentlichen Einfluss auf die finale Ausgestaltung der HR-Organisation hat (vgl. Kapitel 3.4.4., Abbildung 24). Daraus kann gefolgert werden, dass eine unternehmensspezifische Internationalisierungsstrategie zwei indirekte ebenso konsistenzbedingte, aber unterschiedliche Auswirkungen auf die HR-Struktur hat:

- eine tendenziell schwache durch die Anpassung an eine veränderte HR-Kernstrategie („dritte Konsistenz“);
- eine tendenziell starke durch die Spiegelung einer veränderten Unternehmensstruktur („vierte Konsistenz“).

In Ergänzung zu Abbildung 34 und in Analogie zu Abbildung 11 stellt sich der umfassende Sachverhalt folgendermaßen dar (vgl. Abbildung 35):

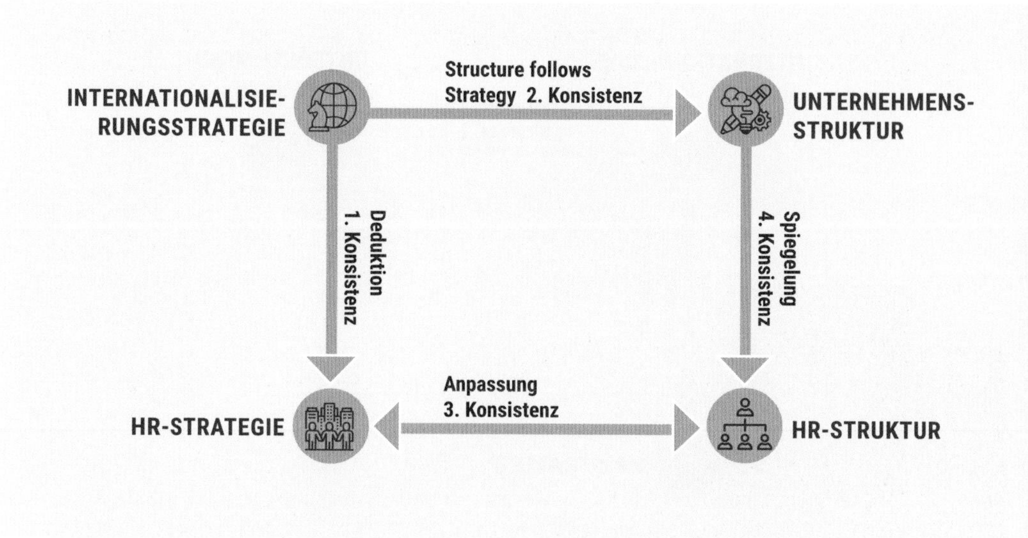

Abbildung 35: Auswirkung der Internationalisierungsstrategie auf die HR-Struktur

Beide Wirkungsvektoren, sowohl die strukturelle Anpassung an eine veränderte HR-Kernstrategie wie auch die Spiegelung einer neuen Unternehmensorganisation, können als Funktionen von Zentralisierung respektive Dezentralisierung gesehen werden:

- Strukturrelevante Attribute von HR-Kernstrategien (und deren Verschiebung) korrelieren mit dem Zentralisierungs- respektive Dezentralisierungsgrad einer Personalorganisation (vgl. Abbildungen 14 und 23 sowie Kapitel 3.5.4.). Beispielsweise indizieren Standardisierung und Kostenfokus eine höhere Zentralisierung, was wiederum eher eine funktionale Organisation erwarten lässt (vgl. Kapitel 3.4.1.). Andererseits führt ein intensiver Kundenfokus zu erhöhter Differenzierung, Mehrkosten und damit zu einer stärkeren Dezentralisierung, was wiederum eher mit divisionalen Organisationsformen einhergeht (vgl. Kapitel 3.4.2.).
- Die vier verschiedenen Ansätze internationaler Organisationsformen orientieren sich weitestgehend am Grad der Zentralisierung respektive Dezentralisierung. Beispielsweise ist eine „globale" Unternehmung aufgrund weltweiter Standards zentral ausgerichtet, während ein „multinationaler" Konzern seinen einzelnen Länderorganisationen viel Autonomie gibt und daher dezentraler aufgestellt ist.

Aufgrund der prioritären Wirkung des Spiegelungsprinzips ist mit der an die Internationalisierungsstrategie angepassten Unternehmensstruktur eine bestimmte Ausprägung bezüglich Zentralisierung respektive Dezentralisierung des HR vorgegeben. Die strukturrelevanten Strategiefaktoren dagegen üben einen kleineren Einfluss auf die HR-Struktur aus. Dies wird in Analogie zu Abbildung 24 anhand von Abbildung 36 dargestellt:

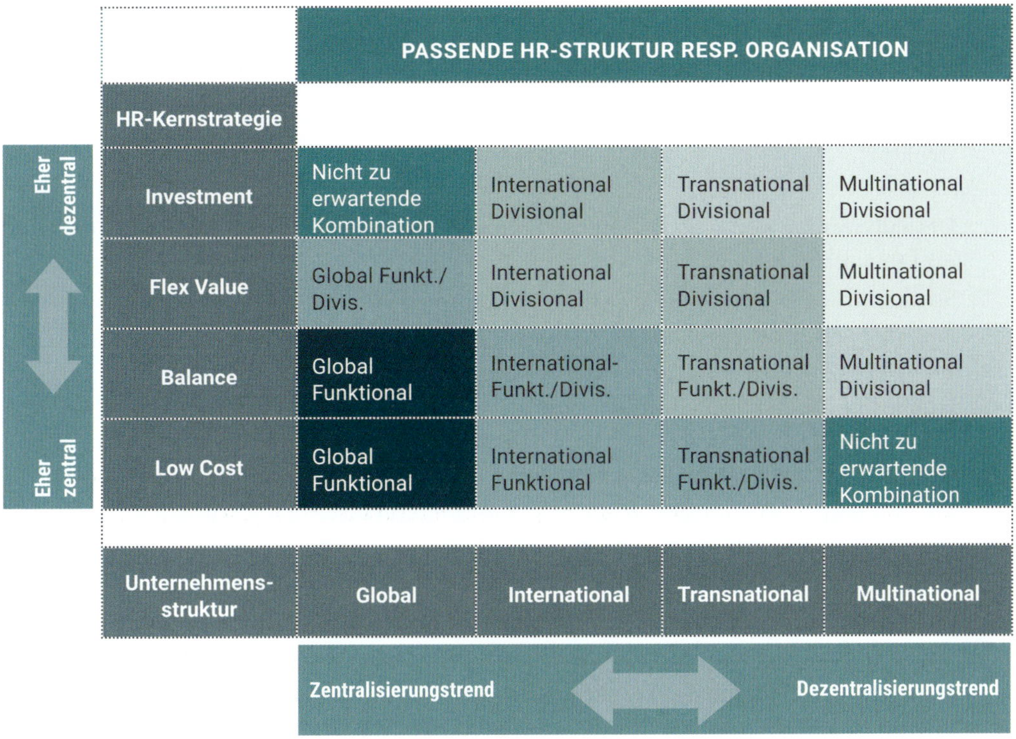

Abbildung 36: Ableitung der internationalen HR-Struktur aus internationaler Unternehmensstruktur und HR-Kernstrategie

Wie angedeutet, ist nicht zu erwarten, dass die HR-Kernstrategie die aus der Internationalisierungsstrategie resultierende Unternehmensorganisation übersteuern wird. Das bedeutet, dass jede der vier möglichen internationalen Organisationsformen eine analoge HR-Version nach sich zieht. Die Rolle der HR-Kernstrategie geht hingegen dahin, die Gewichtung funktional vs. divisional zu beeinflussen. Solange sowohl Geschäftsorganisation wie auch HR-Kernstrategie kongruent sind in ihrer Zentralisierungs- oder Dezentralisierungstendenz, ist dies nicht relevant. Wenn es aber Diskrepanzen in dieser Ausrichtung gibt, dann kann dies eine

Auswirkung auf die Ausgestaltung der Personalorganisation haben. So werden die eher zentral orientierten HR-Kernstrategien wie „Low Cost" oder „Balance" die HR-Organisation „funktionalisieren". Umgekehrt haben die eher dezentral ausgerichteten HR-Kernstrategien „Investment" und „Flex Value" einen „divisionalisierenden" Effekt. Wo „Extrempositionen" aufeinandertreffen, kommt es im Internationalisierungskontext zu eher unwahrscheinlichen Kombinationen (dezentral orientierte HR-Investment-Strategie kombiniert mit einer zentral ausgerichteten globalen Geschäftsorganisation respektive zentral orientierte HR-Low Cost-Strategie kombiniert mit einer dezentral ausgerichteten multinationalen Geschäftsstruktur).

Deshalb werden sich globale Unternehmungen wegen ihrer hohen Zentralität eher funktional aufstellen. Auch beim internationalen Modell können funktionale Strukturen öfter vorkommen, während sich für die anderen beiden Modelle entlang ihrer erhöhten Dezentralität eher divisionale und/oder Matrixstrukturen aufdrängen (vgl. u.a. Kapitel 3.4.2. und 3.4.3.). So oder so ist dank der internationalen Dimension immer von einer erhöhten Komplexität der Organisation auszugehen.

Wenn beispielsweise ein bisher nur in Europa operativer Konzern in den asiatischen Raum vorstoßen will, so wird er je nach marktspezifischer Ausgangslage geringe bis massive HR-spezifische Investitionen tätigen müssen, welche seine personalstrategische Positionierung mehr oder weniger weit und mehr oder weniger lange in Richtung Qualitätsfokus verschieben. Im konkreten Fall wären die Kosten umso größer, je später im Vergleich zur Konkurrenz der Markteintritt erfolgen würde (sog. „Late Starter"). Würde sich die betreffende Unternehmung darüber hinaus als multinationaler Konzern organisieren, dann ergäben sich infolge der geringen globalen Effizienzen und durch den umfassenden Aufbau einer lokalen und/oder regionalen asiatischen Operation nochmals erhebliche zusätzliche Ausgaben und damit nochmals ein Zug in Richtung Qualitätsfokus. Eine divisionale (wobei divisional hier auch regional sein kann) Organisationsform ist deshalb die konsistente und damit die passende Lösung.

3.5.6. Entwicklung der passenden HR-Struktur: Zweite Entscheidungssystematik

Mit der Diskussion von Zentralisierung und Dezentralisierung als zweitem Strukturierungsbereich ergibt sich eine weitere Entscheidungssystematik zur Entwicklung einer passenden HR-Organisation. Dabei dürfte es sich beim Zentralisierungs- respektive Dezentralisierungsgrad um das wichtigste Strukturergebnis puncto HR-Organisation handeln. Dies begründet sich damit, dass der (De-)Zentralisierungsgrad in der Regel auch für die Unternehmensorganisation als Ganzes sehr relevant ist. Diese prägt über das Spiegelungsprinzip die HR-Struktur und deren Geschäftsmodell in maßgebender Weise. Erst mit den erweiterten Möglichkeiten, welche durch technologische Entwicklungen und die Digitalisierung zur Verfügung stehen, werden sich erweiterte Strukturoptionen für das HRM ergeben (vgl. Kapitel 3.6.).

Will man den passenden und damit konsistenten Zentralisierungs- respektive Dezentralisierungsgrad einer HR-Organisation herausfinden, sind zwei Einschätzungen entscheidend, eine „objektive" und eine „subjektive":

1. Die objektive Einschätzung der aktuellen Unternehmensstruktur: Wie zentral respektive dezentral funktioniert die Unternehmung in der betrieblichen Realität?
2. Die subjektive Einschätzung von Entscheidungsträgern zu ebendieser Unternehmensstruktur: Wie zentral respektive dezentral wird die Unternehmung wahrgenommen und deren Prozesse und Kompetenzenverteilung im „daily business" erlebt und gelebt?

Damit sind wir wieder bei der schon mehrmals erwähnten Demarkationslinie, welche die für ein Unternehmen optimale Grenze markiert zwischen eher zentral und eher dezentral zu erbringenden Dienstleistungen. Diese lassen sich zusammenfassend folgendermaßen definieren:

„Zentral" erbrachte Dienstleistungen:
- für alle Unternehmenseinheiten gleich, bereichsübergreifend;
- standardisiert;
- eher auf Effizienz ausgerichtet;
- oft in einer „Shared Service"-Einheit angesiedelt;
- tendenziell eine funktionale HR-Struktur unterstützend.

„Dezentral" erbrachte Dienstleistungen:
- auf einzelne Unternehmenseinheiten ausgerichtet (Region, Division etc.);
- maßgeschneidert;
- eher auf Effektivität ausgerichtet;
- in der Regel durch „Business-Partner" als bereichsverantwortliche HR-Funktion erbracht;
- tendenziell eine divisionale HR-Struktur oder Matrixorganisation unterstützend.

Die beiden Einschätzungen des Zentralisierungs- respektive Dezentralisierungsgrades einer Unternehmung bilden die Grundlage für eine konsistente Ausprägung der HR-Struktur. Dies wird in Abbildung 37 veranschaulicht.

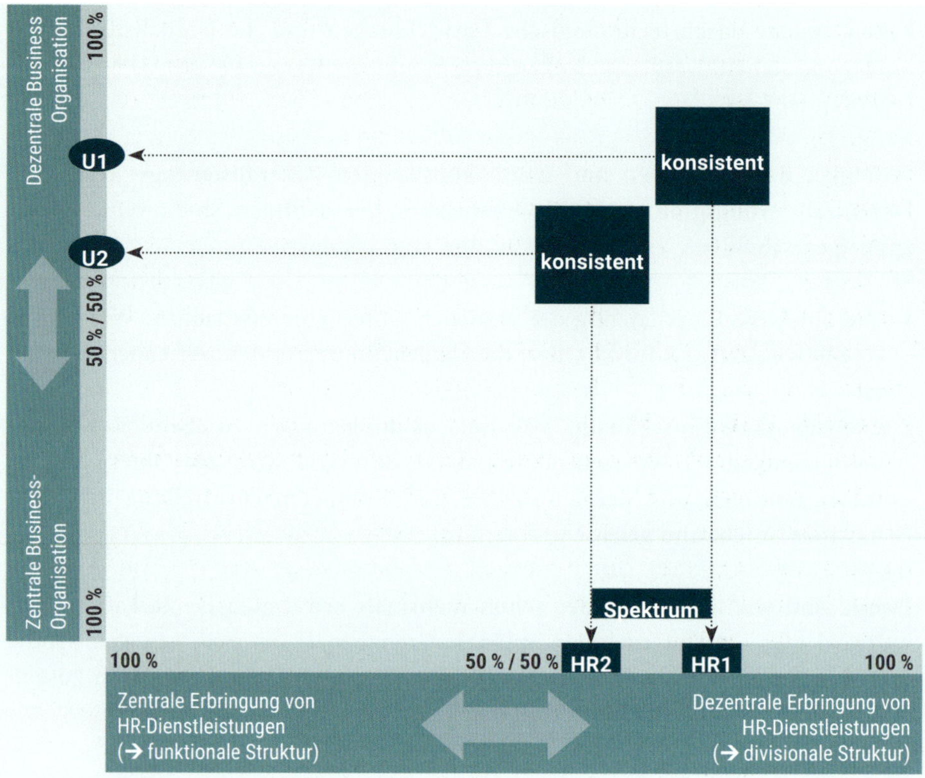

Abbildung 37: Ableitung des HR-Konsistenzspektrums aus dem (De-)Zentralisierungsgrad einer Unternehmung

Der aktuelle Zentralisierungs- respektive Dezentralisierungsgrad des Unternehmens entspricht einem objektiven Assessment der existierenden Business-Struktur auf Basis von aktuellen Prozessen, Kompetenzen etc. Wegen des Spiegelungsprinzips resultiert aus dieser Ist-Position „U1“ bei maximaler Konsistenz eine ganz bestimmte Aufteilung von zentral respektive dezentral zu verrichtenden HR-Aktivitäten, nämlich „HR1“. Die analoge Einschätzung der Entscheidungsträger, wo und wie sie die Aufteilung sehen (wollen), führt zu einer Soll-Position „U2“, welche entlang der höchstmöglichen Konsistenz auf dem HR-Zentral/Dezentral-Spektrum zur Position „HR2“ führt (vgl. Konsistenzmatrix in Abbildung 25).

Mit hoher Wahrscheinlichkeit werden die beiden Positionen U1 und U2 voneinander abweichen. Es kann sogar angenommen werden, dass jeder befragte Stakeholder eine individuell abweichende Sichtweise hat, unter anderem weil seine Interessen und damit seine strukturellen Wunschvorstellungen anders gelagert sind. In obigem Beispiel überwiegen insgesamt die auf eine verstärkte Zentralität ausgerichteten Ambitionen, weshalb sich U2 in der Abbildung unterhalb von U1 befindet. Eine solche Konstellation entsteht, wenn eine Mehrheit von Entscheidungsträgern aus der Unternehmenszentrale heraus einen erhöhten Leitungsanspruch geltend machen will. Umgekehrt ist es denkbar, dass mehrere „Regionalfürsten" gegenüber Headquarters eine höhere Entscheidungsautonomie einfordern. In diesem Fall wäre U2 oberhalb von U1 anzusiedeln. Sowohl in einer divisionalen wie auch im Besonderen in einer Matrixstruktur sind solche Auseinandersetzungen an der Tagesordnung. Entsprechend können U1 und U2 relativ weit auseinanderliegen und bezüglich HR1 und HR2 zu einem entsprechend breiten Konsistenzspektrum führen. Dieses bildet den potenziellen Raum für die passende und damit konsistente Verteilung zwischen zentraler und dezentraler Erbringung der HR-Dienstleistungen. Mit anderen Worten, das Konsistenzspektrum zwischen HR1 und HR2 indiziert den Bereich, welcher die Abgrenzung zwischen eher zentral und eher dezentral zu erbringenden HR-Dienstleistungen markiert. Es verortet damit die sinnvollen Optionen für die bekannte Demarkationslinie, die gemäß Abbildung 37 arithmetisch in einem Bereich zwischen 60 % und 75 % Dezentralität zu liegen kommen müsste.

Wo die finale Demarkationslinie endgültig positioniert wird, ist in erster Linie abhängig von einer zielführenden Konsensdiskussion zwischen den Entscheidungsträgern (in der Regel die Geschäftsleitung). Dabei stellt die HR-Kernstrategie der Unternehmung einen nicht zu unterschätzenden Einflussfaktor in dieser Bereinigung dar, da sie bekannterweise immer einen Zentralisierungs- respektive Dezentralisierungstrend aufweist (vgl. Kapitel 3.5.4. und 3.5.5.). Das Ziel der Koordinations- oder Konsensdiskussion besteht also darin, sich im Spektrum zwischen U1 und U2 auf eine finale Position UF zu einigen. Durch Spiegelung resultiert anschließend aus dieser Ist- = Soll-Position UF die konsistente finale Position HRF und damit die passende Demarkationslinie. In Abbildung 38, welche den Sachverhalt illustriert, wird sie bei etwas weniger als zwei Drittel Dezentralität etabliert.

Wenn auf der Basis einer koordinierten Unternehmensstruktur (Position UF) die maximal konsistente HR-Struktur (Position HRF) bestimmt ist, stellt sich die Frage, wie stark diese Soll-Position HRF von der wirklichen Ist-Position der HR-

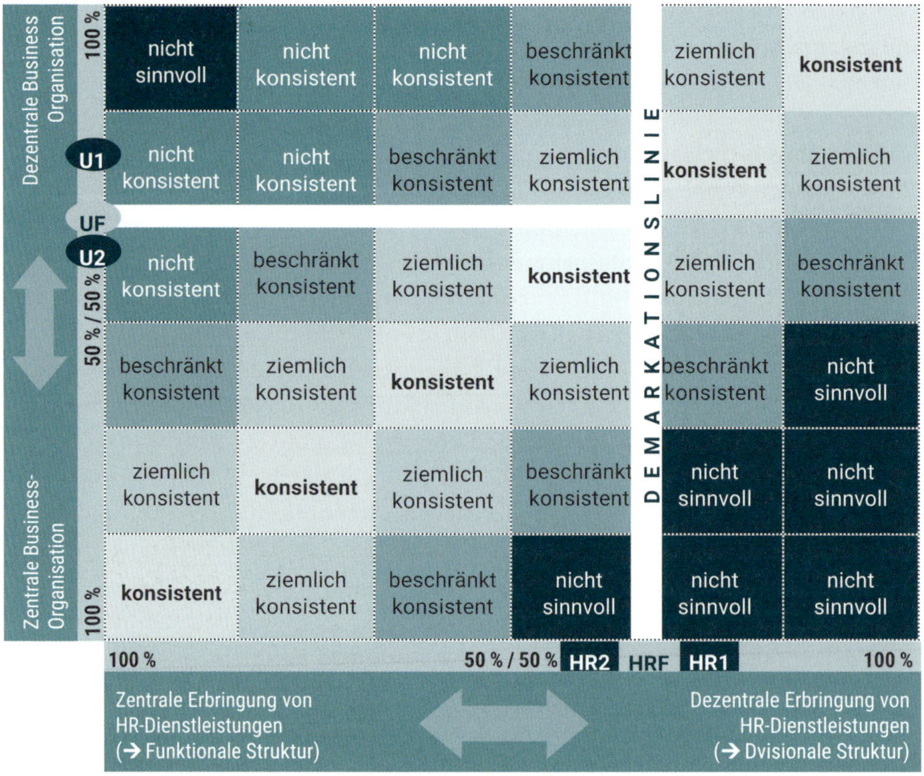

Abbildung 38: Abgeleitete Demarkationslinie auf der Konsistenzmatrix

Organisation (hier „HR_I“ genannt) abweicht. Im Prinzip sollte HR_I mit HR1 identisch sein, wenn die aktuelle Verteilung von dezentralen und zentralen Verantwortlichkeiten im HR genau der Spiegelung der aktuellen Position des Business auf U1 entspricht. Dies muss aber nicht unbedingt der Fall sein. Es kann sich nämlich ergeben, dass die Analyse der aktuellen HR-Kernprozesse auf der Wertschöpfungskette (im Wesentlichen Rekrutierung, Kompensation, Performance, Talent-Management und Freisetzungsmanagement) im Hinblick auf ihren (De-)Zentralisierungsgrad zu einer anderen Position führt als die direkte Spiegelung von U1. Dann ist HR_I nicht gleich HR1. Die Differenz zwischen der Ist-Position von HR auf dem (De-)Zentralisierungsspektrum (= HR_I) und der konsistenten Soll-Position (= HRF) entspricht dann dem Zentralisierungs- respektive Dezentralisierungsbedarf für die HR-Organisation. Anders ausgedrückt, das Delta von Soll und Ist bezüglich zentraler oder dezentraler Erbringung von HR-Dienstleistungen definiert, wie stark sich das HRM mit seinen Prozessen im Spektrum korrigierend bewegen muss. Dies soll anhand eines praktischen Beispiels in Abbildung 39 demonstriert werden.

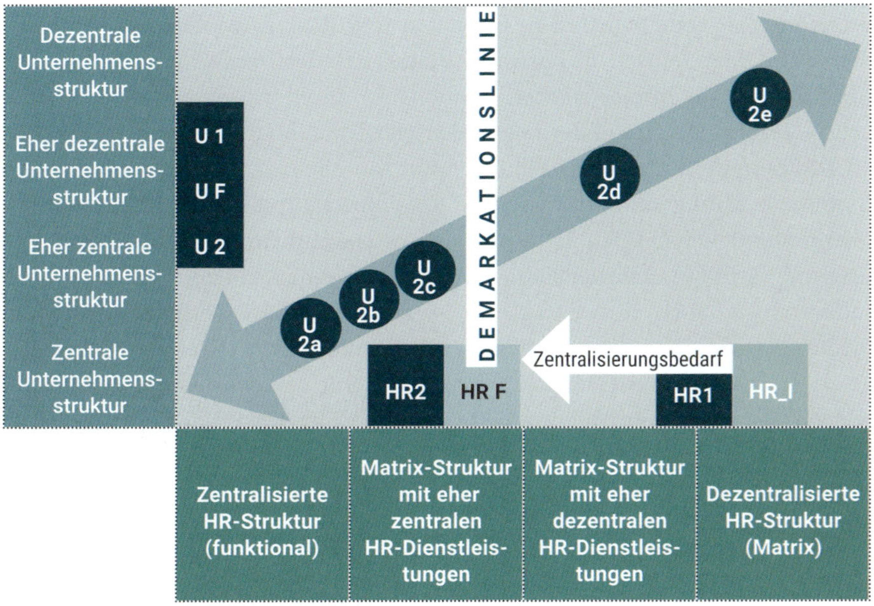

Abbildung 39: Praktisches Beispiel für die Evaluation der Demarkationslinie und des Zentralisierungsbedarfs

Die Abbildung reflektiert den umfassenden Analyseprozess, welcher zur Definition der Demarkationslinie wie auch des Zentralisierungsbedarfs führt. Es geht in diesem Beispiel um eine real existierende Unternehmung, welche ihren Hauptsitz in der Schweiz hat, aber in mehreren europäischen Ländern operativ tätig ist. Die Ausgangslage zeigt eine tendenziell dezentrale Firmenstruktur U1 mit entscheidungsstarken und teilweise autonomen Länderorganisationen. Eine systematische Spiegelung bewirkt ebenso dezentral orientierte HR-Bereiche mit einer entsprechenden Positionierung auf HR1. In der Realität zeigte die Analyse, dass das HR sogar noch dezentraler aufgestellt war, weil es sich praktisch ausschließlich gegenüber seinen Länderchefs verantwortlich fühlte, aber kaum gegenüber einer zentralen HR-Funktion in der Schweiz. Im Endeffekt resultierten daraus mehr oder weniger rein lokal tätige HR-Abteilungen. Synergien über die einzelnen Länder hinaus gab es nicht, ein Zustand, der durch die Position HR_I deutlich indiziert wird.

Weil die Unternehmung einen Expansionskurs verfolgt und weitere Länder in Europa erschlossen werden sollen, ergab sich über die gesamte Firma ein größerer Koordinationsbedarf. Funktionale Einheiten mit gesamteuropäischer Verantwortung entstanden, wodurch sich aber das Konfliktpotenzial zwischen den Leitern dieser zentral verantwortlichen Einheiten und den regionalen CEOs erhöhte. In den zahlreichen Konsensdiskussionen erwies sich der Druck nach zentralisierender Koordination als immer stärker, symbolisiert durch die individuellen Positionen U2a, U2b und U2c. Zwei der regionalen Heads, nämlich U2d und U2e verharrten allerdings in ihren Ausgangsstellungen und vor allem U2e wirkte immer wieder als Bremser in Bezug auf eine verstärkte Koordination und das Erzielen von länderübergreifenden Synergien. Es wurde aber offensichtlich, dass eine erhöhte Zentralisierung nicht nur mehrheitsfähig, sondern im Kontext einer koordinierten Wachstumsstrategie auch notwendig war – zusammenfassend angezeigt durch die Positionierung U2 und die gespiegelte HR-Position HR2. UF erwies sich in der Folge als „Kompromissposition“, allerdings eine, mit der sich Länder-CEO U2e nach wie vor kaum anfreunden konnte und welche er immer wieder infrage stellte. Die Zentralisierungs-/Dezentralisierungsdiskussion wird deshalb auch in Zukunft eine Rolle spielen, ein Zustand, der für viele Unternehmen in einer divisionalen, regionalen oder auch Matrixstruktur zutrifft.

Für das HRM des Unternehmens resultierte die Position HRF und damit weitreichende Konsequenzen in der Form eines vielschichtigen Zentralisierungsdrucks: Gemäß einer neu definierten HR-Strategie soll sich das HRM zentraler aufstellen, indem es sich von einer Matrix mit wenig geteilten Dienstleistungen (= Ist-Position HR_I) zu einer Matrix mit mehr und entlang einem gemeinsamen Nenner definierten geteilten Dienstleistungen verschiebt (= Soll-Position HRF). Konkret wurden im Kontext der Wertschöpfungskette folgende zentralisierungsrelevanten Entscheidungen gefällt und auch implementiert:

Strategie:
- Entwurf und Etablierung einer HR-Strategie für die Gesamtunternehmung

HR-Struktur:
- Schaffung einer CHRO-Funktion für die ganze Unternehmung mit Durchgriffsmöglichkeiten auf die HR-Verantwortlichen der einzelnen Länder

Personalplanung:
- Entwicklung unternehmenskonsistenter Analytics und Reportings

Talente-Akquisition/Rekrutierung:
- Anstellung eines spezialisierten Rekrutierers zur Unterstützung der strategischen Wachstumsinitiative in Europa mit Reporting-Line direkt zum CHRO
- Entwicklung einer pragmatischen Employer Branding-Strategie und Ausarbeitung einer wirkungsvollen Employee Value Proposition für das Gesamtunternehmen

Retention und Engagement:
- Evaluation der wesentlichen retentionrelevanten Attraktivitätsfaktoren über die Mitarbeitendenpopulation der Gesamtunternehmung

Talent-Management:
- Definition einer unternehmensweiten Talente-Architektur
- Entwicklung von relevanten länderübergreifenden Laufbahnwegen für Schlüsselfunktionen

HR-Kompetenzen:
- Upgrade und Neu-Qualifizierung der HR-Business-Partner zum Zwecke der Konsistenz mit der neuen Strategie und Struktur

Es zeigt sich, dass die Kombination von verschiedensten Maßnahmen die HR-Funktion in unterschiedlichem Maß in die Richtung erhöhter Zentralität (oder auch Dezentralität) verschieben kann. Für diesen Fall aus der unternehmerischen Praxis sind zwei Dinge bemerkenswert:

Erstens zeigt sich anhand der Inhalte der aufgelisteten Maßnahmen, dass eine verstärkte Zentralisierung – im Sinne einer bereichsübergreifenden Standardisierung – nicht immer günstiger zu stehen kommt. Wenn es sich um Dienstleistungen handelt, welche dezentral bisher gar nicht erbracht wurden, dann wird auch eine Zentralisierungsbewegung kostenmäßig teurer. Dies ist dann der Fall, wenn die zugrunde liegenden Entscheidungen dem Steuerungsanspruch der Zentrale geschuldet sind. Dieser lässt sich aber nur so weit begründen, wie das Primat der Konsistenz erfüllt ist (vgl. Kapitel 3.5.). Wenn dagegen bereits und überall bestehende Dienstleistungen firmenübergreifend vereinheitlicht werden, dann wird eine Zentralisierung auch zu erhöhten Kostenvorteilen führen. In diesem Fall überwiegt das zentrale Streben nach Effizienzgewinnen. Es ist offensichtlich, dass sich eine steuerungsbedingte und teurere Zentralisierung schwerer durchsetzen lässt als eine kostensenkende und effizienzbedingte, auch wenn Erstere ebenso offensichtlich Qualitätsverbesserungen generiert.

Zweitens deuten die Anzahl und die Streuung der erwähnten Maßnahmen darauf hin, dass alle Bereiche der HR-Wertschöpfungskette durch eine gemeinsame und länderübergreifende Bereitstellung von Dienstleistungen abgedeckt werden können. Dies kann auch sehr detaillierte Inhalte betreffen. Die Vergütung ist beispielsweise ein Bereich, in dem der Lenkungsanspruch der Firmenzentrale sehr weit getrieben wird und oft zu global identischen Programmen in der flexiblen Kompensation führt.

Abschließend ist es wichtig zu erwähnen, dass Unternehmensstrukturen – genau wie Unternehmensstrategien – nicht statisch sind. Sie verändern sich in der Regel zwar nicht über Nacht, aber doch mit einer gewissen Regelmäßigkeit, was sich dann auch auf die HR-Organisation auswirkt. Es hat sich in der Wirtschaftsgeschichte immer wieder gezeigt, dass vor allem größere Unternehmen über die Jahre zwischen den Polen von Zentralität und Dezentralität hin- und herpendeln. Zentralisierung und Vereinheitlichung mit in der Regel Kosten- und Effizienzgewinnen werden so weit getrieben, bis der Verlust von Markt- und Kundennähe wieder eine stärkere Dezentralisierung und Flexibilisierung gebietet, welche wiederum nur so weit gedeihen kann, als die Kosten nicht disproportional aus dem Ruder laufen. Getreu dem so wichtigen Spiegelungsprinzip sollte das HRM diese Bewegungen mitmachen, um eine optimale Konsistenz der Organisation zu gewährleisten.

3.6. Der dritte Strukturierungsbereich: Digitalisierung

Die Digitalisierung als zusammenfassende Bezeichnung für den Umbruch, welcher seit dem Beginn des 21. Jahrhunderts intensive Veränderungen von Technologien wie auch praktisch aller Lebensbereiche bewirkt, hat das Human Resources Management erst spät erfasst, dafür umso heftiger. Mit dem Aufkommen erst des Internets und dann der Mobil- und Cloud-Technologien, die Datenzugriffe jederzeit, an jedem Ort und durch jede Person erlauben, musste klar werden, dass diese Entwicklung nicht vor dem HRM haltmachen würde. Im Gegenteil, schon früh wurde das Riesenpotenzial der digitalen Transformation für das HRM erkannt, und zwar so, dass es weit über die ersten rudimentären Anwendungen wie das digitale Archivieren von Personaldaten oder die Einführung einer elektronischen Lohnverarbeitung hinausgehen würde. Lange blieb es aber bei Andeutungen, obwohl laut einer Studie das Personal neben der IT die Unternehmensfunktion ist, welche am meisten durch die Digitalisierung beeinflusst wird – noch vor dem Vertrieb oder der Logistik (Kienbaum 2017).

Und während die Digitalisierung mittlerweile zu einem Kernbegriff des HRM geworden ist und sich alle Personalabteilungen in verschiedenster Art damit beschäftigen, herrscht in keiner Weise Einheitlichkeit, was den Inhalt, Umfang und Geltungsbereich der HR-Digitalisierung angeht. Weiter sind die HR-Funktionen auch unterschiedlich weit bezüglich der Breite und Tiefe ihrer Handhabung der digitalen Optionen. Während sich die einen auf die Automatisierung von ein paar administrativen Prozessen beschränken, dringen andere in neue Dimensionen vor, um mit der Digitalisierung sämtlicher Bereiche der Wertschöpfungskette die Personalfunktion zu revolutionieren. Um die Auswirkungen der digitalen Entwicklungen nicht nur auf die Personalfunktion generell, sondern im Besonderen auch auf die HR-Struktur zu verstehen, muss etwas weiter ausgeholt und die Digitalisierung als erstes im Kontext von Unternehmenswelt und Arbeitsmarkt beleuchtet werden.

3.6.1. Makro- und Mikroebene der Digitalisierung: Arbeitsmarkt und Unternehmung

Die Digitalisierung wirkt sich sowohl auf den Arbeitsmarkt insgesamt (Makroebene) wie auch auf die Human Resources (Mitarbeitende und Funktion) der einzelnen Unternehmungen aus (Mikroebene). Bei Ersterer stellen sich Fragen wie: „Was ist der Einfluss der Automatisierung auf Beschäftigte und Jobs?“, „Werden Roboter die menschliche Arbeitskraft ersetzen?“, „Wie viele Stellen werden durch die Digitalisierung eliminiert?“ Was die richtigen Antworten auf diese Fragen sind, darüber gehen die Meinungen auseinander. Es stehen sich „utopische“ und „dystopische“ Sichtweisen gegenüber. Die Utopisten übernehmen die historische Erkenntnis, dass bis jetzt jede technologische Evolution (oder Revolution) wenigstens längerfristig immer mehr Jobs generiert als vernichtet hat. Der technologische Fortschritt und der damit verbundene Strukturwandel werden demzufolge netto immer Arbeitsplätze schaffen. Dabei ist wesentlich festzuhalten, dass sich Arbeitsplätze innerhalb und über Branchen hinaus verschieben und dass sich die Inhalte und damit die benötigten Kompetenzen zum Teil erheblich verändern, was für den einzelnen Beschäftigten sowohl die Chancen wie auch die Risken erhöht. Dieser letzte Punkt spiegelt sich auch in Untersuchungen, die zeigen, dass der Anteil an Menschen, die eine positive Sicht der zukünftigen Arbeitswelt haben, ebenso steigt wie die Anzahl Menschen, welche besorgt sind über die Automatisierung von Jobs.

Die Dystopisten glauben, dass diese positiv geprägte Perspektive zum ersten Mal keine Gültigkeit haben wird. Automatisierung, Roboterisierung, Digitalisierung etc. wirken sich nachhaltig negativ auf die Beschäftigung aus und werden deshalb zu globalen Problemen führen. Gemäß dieser Perspektive sind die technologischen Fortschritte dieses Mal so eindrücklich, dass viel mehr Stellen und Bereiche automatisierbar werden und so eine größere Arbeitslosigkeit die Folge sein muss.

Was die Anhänger der beiden Theorien vereint, ist die Tatsache, dass die Auswirkungen der gegenwärtigen Digitalisierung weitreichender sind verglichen mit bisherigen Perioden technologischer Entwicklung. In der Tat verändert die aktuelle Digitalisierung die Arbeitswelt massiv und nachhaltig. Dies begründet sich durch die erhöhte Automatisierbarkeit von Funktionen und Stellen, die durch globale Märkte schnellere und umfassendere Verbreitung sowie die Betroffenheit sämtlicher Lebensbereiche. Ob dies zu Nettoverlusten auf dem Arbeitsmarkt führen wird, bleibt offen. Aufgrund erster Erkenntnisse und Analysen scheint es aber eher unwahrscheinlich.

Auf der Mikroebene der einzelnen Unternehmung sind drei bestimmte Digitalisierungsaspekte hervorzuheben:

- Industrieaspekt: Branchenintensität und -geschwindigkeit
- Wirkungsaspekt: Substitutions- und Komplementäreffekte
- Maturitätsaspekt: Konsistenz/Kompatibilität mit Unternehmensstrategie, -kultur und Ressourcen

Die Digitalisierung entwickelt sich je nach Industrie unterschiedlich. Während in den Sektoren Energie, Bergbau oder im Bauwesen auch längerfristig nur mit limitierten Digitalisierungseffekten zu rechnen ist, mussten sich Bereiche wie Einzelhandel, Medien oder auch Banken, Versicherungen und Professionelle Dienstleister (PSF) von Anfang an mit disruptiven Veränderungen beschäftigen und sich permanent neuen digitalisierungsbedingten Situationen anpassen. Bei wiederum anderen Branchen wie der Gesundheitsindustrie oder in vielen Produktionsbereichen ist absehbar, dass die Digitalisierung noch substanzielle Folgen haben wird, auch wenn es etwas länger dauert. Im gleichen Atemzug muss gesagt werden, dass gerade eine außerordentliche Krisensituation, wie beispielsweise die Covid-19-Pandemie, Digitalisierungstrends über alle Branchen hinweg beschleunigen kann.

Es kann nicht geleugnet werden, dass die Digitalisierung bestimmte Jobs eliminieren wird, dass mit anderen Worten die menschliche Arbeitskraft in der Zukunft vollumfänglich durch Roboter und Computer ersetzt wird („robotic process automation"). Es zeigt sich aber heute, dass dieser sogenannte Substitutionseffekt eher die Ausnahme bilden dürfte. Viel häufiger kommt es durch die technologischen Entwicklungen zu neuen Kombinationen von Arbeit und Kompetenzen. „Cognitive Automation" entlastet den Menschen von einfachen kognitiven Aufgaben oder hilft ihm, seine eigenen geistigen Fähigkeiten besser auszuspielen. Dies bedeutet, dass die digitalen Entwicklungen komplementär wirken, Mensch und Roboter können sozusagen ein Team bilden, welches den Faktor Arbeit unter dem Strich leistungsfähiger macht („social robotics"). Dadurch verändern sich Berufsbilder, ohne ganz zu verschwinden. Ob die Rolle des Menschen in dieser Situation interessanter oder langweiliger wird, entscheidet sich für jede Tätigkeit in unterschiedlicher Art und Weise. Beides ist möglich: es entwickeln sich neue Funktionsprofile, deren Anforderungen verglichen zu vorher höher („Bereicherung") oder auch tiefer („Verarmung") sein können.

Nicht jede Unternehmung ist unmittelbar und umfassend in der Lage, den eigenen Betrieb zu digitalisieren. Die Entscheidung, ob eine neue Technologie im Unternehmen zum Einsatz kommen soll, hängt deshalb von zahlreichen Faktoren ab: strategische Absicht, Unternehmenskultur, Personalpolitik, aktuelle technologische Infrastruktur, Kundenbedürfnisse, Verfügbarkeit von benötigten Spezialisten auf allen Stufen der Organisation, Existenz von digitalen Kompetenzen, regulatorisches Umfeld (Datensicherheit), Anschaffungs- und Unterhaltskosten, Risikoaversion, um nur die wichtigsten zu nennen. Die oft gehörte Aussage, dass alles, was digitalisiert werden kann, auch digitalisiert wird, trifft demzufolge auf der Ebene eines einzelnen Unternehmens nicht unbedingt respektive nur theoretisch zu. Es ist entsprechend wichtig, dass die Prozesse und Funktionen, welche eine Unternehmung effektiv digitalisieren will, ihre digitale Ambition sozusagen, mit möglichst allen oben genannten Einflussfaktoren kompatibel sind oder kompatibel gemacht werden. Je höher diese Kompatibilität oder Konsistenz ist, desto höher ist die digitale Reife eines Unternehmens. Dass eine „Best Fit"-Digitalisierung sowohl zur Unternehmenskultur passt als auch vollumfänglich mit der Unternehmensstrategie korreliert, bildet das wichtigste Element dieser digitalen Reife. Im Kontext einer möglichst umfassenden Konsistenz wird die digitale Transformation einer Unternehmung dann auch zu strukturellen Anpassungen führen, welche Strategie und technologische Entwicklung reflektieren (vgl. Abbildung 40). Dazu gehört, dass beispielsweise Unternehmen mit einem erfolgreichem Kerngeschäft ihre digitalen Operationen aus den traditionellen Aktivitäten herauslösen. Damit kann dem unterschiedlichen Digitalisierungstempo Rechnung getragen werden.

Abbildung 40: Zusammenhang Digitalisierung, Strategie, Kultur und Struktur eines Unternehmens

3.6.2. Von der Unternehmensdigitalisierung zur Digitalisierung im HRM

Dadurch, dass digitale Technologien die Arbeitswelt sowohl auf Markt- wie auch Unternehmensebene beeinflussen können, verändern sie auch die Personalarbeit, eine Entwicklung, die sich in den letzten Jahren immer stärker intensiviert hat. Anders gesagt, die Digitalisierung hat begonnen, einen starken Einfluss auf das HRM zu nehmen (Deller et al. 2017). Damit wird die personalbezogene Digitalisierung zu einem Teil der unternehmensbezogenen Digitalisierung in der gleichen Weise, wie die HR-Strategie einen integralen Bestandteil der Unternehmensstrategie darstellt (Bruederlin 2020). Entsprechend lässt sich Abbildung 40 um den HR-Teil ergänzen (vgl. Abbildung 41).

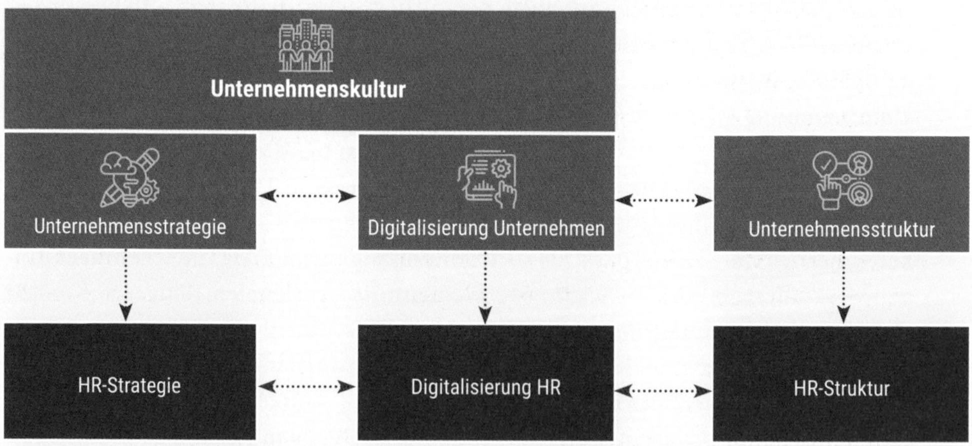

Abbildung 41: Zusammenhang Digitalisierung, Strategie, Kultur und Struktur von Unternehmen und Human Resources

Im Besonderen erweisen sich analog die drei oben erwähnten, für eine Unternehmensdigitalisierung entscheidenden Aspekte „Industrie", „Wirkung" und „Maturität" auch für die Arbeit des HRM als relevant – mit Auswirkungen auf dessen Strategie und Organisation. Damit wird die Digitalisierung zum zweiten Konsistenzfaktor für die HR-Struktur.

Industrieaspekt im HR: Das HRM richtet sich puncto Geschwindigkeit und Intensität der Digitalisierung nach dem Firmenkontext. Wenn die Digitalisierung in einem Unternehmen dazu führt, dass neue Produkte oder sogar neue Geschäftsmodelle geschaffen werden, wenn mit anderen Worten die Art und Weise, wie „die Dinge gemacht werden" verändert wird, dann wird sich früher oder später eine identische Grundhaltung in allen Funktionsbereichen – auch im HR – bemerkbar machen. Dies erklärt auch, warum sich die Digitalisierung im HRM über verschiedene Branchen so unterschiedlich ausprägt. Im Besonderen ist nicht anzunehmen, dass sich eine „Digitalisierungsmentalität" im HRM ausbildet, bevor dies im Kernbereich der Unternehmung geschieht. Man könnte deshalb in Analogie zur strukturellen Spiegelung (vgl. Kapitel 3.4.) von einer digitalisierungsbedingten Spiegelung sprechen.

Wirkungsaspekt im HR: Auch bei der Digitalisierung im HRM spielen Substitution und Komplementarität eine große Rolle. Auf der einen Seite werden bestimmte Funktionsprofile durch vollständige Automatisierung – sei es durch Roboter (► Chatbots) oder cloudbasierte Programme (► HRIS) umfassend abgeschafft. Dies dürfte in administrations- und transaktionslastigen Bereichen am ehesten der Fall sein. Auf die gleiche Weise, wie diese Systeme operationale und prozessorientierte Funktionen ersetzen, werden sie neue und spannende Gelegenheiten für HR-Manager schaffen, indem sie diese von alltäglichen Aufgaben befreien. CV-Parser, also Rekrutierungssysteme, welche algorithmusbasiert die Vorselektion von Bewerbungen automatisieren, sorgen beispielsweise dafür, dass sich im Rekrutierungsprozess eine neue und zielführende Art der Zusammenarbeit zwischen Mensch und Maschine ergibt. Dabei übernimmt die Maschine den Transaktionsteil der Aufgabe, der Mensch denjenigen der alle Faktoren integrierenden Entscheidungsverantwortung, welchen die Maschine (noch) nicht optimal übernehmen kann. Die Funktion des Rekrutierers erfährt durch diese Komplementäreffekte eine substanzielle Veränderung, welche sich auch auf die Zuständigkeiten und damit auf die Aufbauorganisation des HR auswirken wird.

Maturitätsaspekt im HR: Analog zur Unternehmung spielt der „Best Fit" und damit die Abstimmung auf Faktoren wie Kultur, bestehende Technologien, Kundenwünsche, Kompetenzen etc. bei den Digitalisierungsanstrengungen der

Personalabteilung eine wichtige Rolle. Vor allem aber muss alles, was in Bezug auf die Digitalisierungsthematik im HR gemacht wird und gemacht werden soll, auf die HR-Strategie und die damit verbundenen Möglichkeiten ausgerichtet werden. Verfolgt ein Unternehmen eine HR-Investment-Strategie, so wird es eher bereit sein, qualitätsfördernde Digitalisierungstools einzusetzen, auch wenn diese die Personalkosten erhöhen. Bei einer HR-Low Cost-Strategie ist dagegen zu erwarten, dass in Bezug auf die HR-Digitalisierung primär mit kostensenkenden Prozessautomatisierungen gearbeitet wird. Unterschiedliche HR-Kernstrategien liefern demzufolge eine weitere Erklärung, warum sich die Digitalisierung in den Personalabteilungen sehr heterogen präsentiert (Bruederlin 2020/1, S. 73–83, und 2020/2, S. 57–59). Entsprechend wird sich auch die Auswirkung auf die HR-Organisation auf unterschiedlichste Art manifestieren.

Dies führt zu einer ausführlicheren Diskussion des digitalisierungsbedingten Einflusses auf die HR-Kernstrategie und somit zu den strukturrelevanten Aspekten der neuesten technologischen Entwicklungen.

3.6.3. Erste Strukturrelevanz der Digitalisierung: „Automation" und Systemorientierung

Wenn unterschiedliche HR-Kernstrategien differenzierte Ausprägungen der Digitalisierung indizieren, dann kann abgeleitet werden, dass durch Technologiesprünge bedingte Entwicklungen zu einer Neupositionierung eines Unternehmens auf der HR-Kernstrategiematrix führen. Das Ausmaß einer solchen potenziellen Verschiebung der HR-Kernstrategie wird im Wesentlichen durch die Digitalisierungsinhalte bestimmt. Dabei gibt es zwei grundsätzlich unterschiedliche Ausrichtungen: „Automation“ mit dem primären Ziel erhöhter Effizienz und „Innovation“ mit dem primären Ziel erhöhter Effektivität.

„Automation“ bildet also den ersten Entwicklungsvektor, welcher nicht nur für die HR-Kernstrategie, sondern nachgelagert auch für die HR-Struktur maßgebend ist. Sie beinhaltet Maßnahmen, welche der Rationalisierung von Personalprozessen, der Standardisierung von administrativen Tätigkeiten, der Reduzierung des Verwaltungsaufwands (z.B. Dokumentenmanagement), der Beseitigung von Systembrüchen, der Bereinigung von Schnittstellen, der Integration von Plattformen, der Verbesserung des Datenzugriffs, der Bewältigung von großen Datenvolumen, dem Ersatz von manuellen Tätigkeiten durch automatisierte Prozesse, aber auch der Substitution von menschlicher Arbeit durch Robotertechnologie dienen.

Es geht also „bei einer automationsgetriebenen HR-Digitalisierung in erster Linie um Effizienzgewinne und damit einen hohen Kostenfokus der digitalisierungsbezogenen Maßnahmen“ (Bruederlin 2020/2, S. 60–61).

Folgende Digitalisierungsinhalte lassen sich deshalb aus heutiger Sicht – und ohne Anspruch auf Vollständigkeit – unter einer umfassenden Automationsstrategie aufführen:

- Einführung, Ersatz oder Aufrüstung von HR-Informationssystemen, z.B. die Überführung bestehender, maßgeschneiderter lizenzierter Software (On Premise Licensed Software) in eine verstärkt standardisierte Cloud-Lösung (Software as a Service, SaaS). Hierbei können auf verschiedene Arten Kosten eingespart werden: Standardisierung der Prozesse, Ersatz von Vorabinvestitionen durch aufwandbezogene Ausgaben, schnellere Einführung durch vorkonfigurierte Best Practice-Abläufe, Verzicht auf weitergehende IT-Entwicklungskosten, Einsparung von HR-Mitarbeitenden im Administrationsbereich etc. Da der Einsatz von Computertechnologie zur Verbesserung der Mitarbeiterverwaltung primär auf die Erstellung und Pflege eines HRIS hinausläuft, betrifft ein Großteil der aktuellen personalbezogenen Technologie-Investitionen solche Systeme (Heric 2018).
- Robotic Process Automation (RPA): Dabei handelt es sich um eine besondere Ausprägung von Prozessautomatisierung, indem digitale Softwareroboter transaktionsorientierte und strukturierte Geschäftsprozesse automatisiert bearbeiten, quasi menschliche Arbeit mit IT-Systemen nachahmen. Kostenersparnisse ergeben sich durch den Einsatz von RPA nicht nur durch Substitution und geringe Fehleranfälligkeit, sondern auch durch relativ kleine Investitionskosten.
- Einführung von „Employee Self Service“ (ESS) und „Manager Self Service“ (MSS), also die Implementierung von Selbstbedienungstechnologien für Mitarbeitende und Vorgesetzte. In Analogie zu Online-Einkaufserfahrungen lassen sich so personalbezogene Tätigkeiten zeitsparend zum Anwender verschieben. Bei diesem Ansatz spielen sogenannte Chatbots eine große Rolle. Dies sind Dialogsysteme mit sprachlichen Fähigkeiten, auf die mittels Webportalen zugegriffen werden kann und die Produkte und Dienstleistungen erklären, aber auch Mitarbeiteranfragen aller Art behandeln und diese brauchbaren Lösungen zuführen können. Dabei greifen Chatbots alle verfügbaren und relevanten internen und externen Informationen ab und sind daher breit einsetzbar. Es gibt Unternehmen, welche bereits über 80 % von HR-bezogenen Anfragen über Chatbots abwickeln und damit substanzielle Kostenersparnisse bewirken.

- Immer mehr kommen auch im HRM anstelle von auf Webportale zugreifende Personalcomputer mobile Endgeräte wie Laptops, IPads und Mobiltelefone unter Zuhilfenahme von Apps zum Einsatz. So können bereits heute Funktionalitäten von SaaS-Lösungen auf Smartphones heruntergeladen und genutzt werden. Entsprechend nimmt der Automatisierungsgrad kontinuierlich zu und dürfte bei administrativen Prozessen heute schon bei weit über 60 % liegen (Deller et al. 2017, S. 3).
- Im Fahrwasser von RPA entwickelten sich die kognitiven Systeme. Schon heute können künstliche Intelligenzen (KI) Sprache verstehen und deren Inhalte erlernen, bewerten und verarbeiten. Sie verfügen über Fachwissen und lernen mit jeder Anfrage dazu. Künstliche Intelligenz „bereichert" demzufolge digitale Prozesse, welche in sich starren Regeln folgen, um einen hard facts-bezogenen Selbstlernmechanismus, der diese Prozesse permanent anpassen und somit flexibilisieren kann: Digitalisierung und künstliche Intelligenz vermischen sich immer stärker, obwohl es sich ursprünglich um zwei verschiedene Dinge handelte. Durch die Erweiterung der Digitalisierung durch künstliche Intelligenz werden sowohl Substitutions- wie auch Komplementäreffekte weitergetrieben, was Strategie und Struktur im HRM beeinflussen wird.
- Zum Schluss dieser Aufzählung von Automationsstrategien sei noch die Blockchain erwähnt. Diesbezügliche personalrelevante Anwendungen stecken im Vergleich zu Cybersecurity- oder Retail-Applikationen noch in den Anfängen, aber in der effizienten Datenbereitstellung, welche durch Blockchain realisiert wird, liegt ein immenses Potenzial. Wenn jeder Mensch ein Blockchain-Konto besitzt, in welchem relevante berufliche und auch private Daten gespeichert werden und diese durch externe Quellen erweitert und ergänzt werden können, dann sind intelligente Systeme, welche durch Zustimmung diese Informationen nutzen und auswerten können, in der Lage, sehr schnell und präzise Entscheidungssupport zu liefern, z.B. in der Rekrutierung von geeigneten Kandidaten. Neben diesen Prozesseffizienzen kommt es bei Anwendung der Blockchain-Technologie im HR auch zur Senkung von Kontroll- und Vertragskosten.

Automation auf der HR-Kernstrategiematrix

Wie weiter oben bereits erwähnt stehen digitalisierungsbedingte Automationsstrategien in großem Maß für Kostenorientierung. Es ist aber ebenso richtig, dass jede Automation auch ein „innovatives" Moment hat, dass daher nicht nur Kostensenkungen, sondern auch Qualitätsverbesserungen herbeigeführt werden, z.B. wenn durch Systembrüche oder manuelle Mehreingaben verursachte Fehler eliminiert werden können. Auch kann die Überführung des HRIS in die Cloud zu verbesserten Funktionalitäten führen und so die HR-Dienstleistungen aufwerten. Die Welt darf also nicht einfach Schwarz und Weiß gezeichnet werden. In diesem Buch entspricht es aber der Definition von „Automation", dass der Kostenfokus unter dem Strich im Vordergrund steht. Praktische Erfahrungen zeigen, dass es in der Regel die strategische Absicht des Managements ist, mit der Verschlankung und Standardisierung von Prozessen primär Geld zu sparen und Arbeitskräfte zu substituieren. Bei der zweiten digitalspezifischen Ausrichtung „Innovation", von der noch die Rede sein wird, verhält es sich genau umgekehrt (vgl. Kapitel 3.6.5.). Demzufolge stehen Automationsstrategien auf der HR-Kernstrategiematrix in erster Linie für einen Vektor senkrecht nach unten (Bruederlin 2020/1, S. 77); (Abbildung 42).

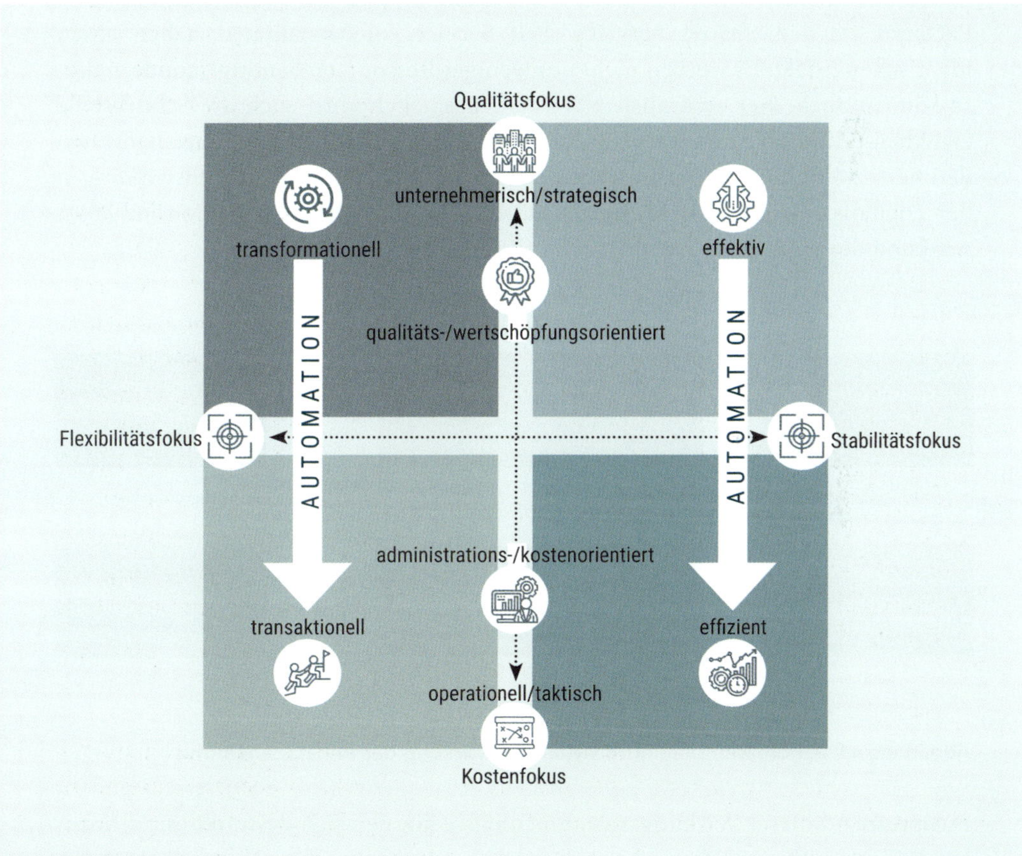

Abbildung 42: Automation und HR-Kernstrategie

Strukturelle Auswirkungen

Was die Auswirkung von Automationsstrategien auf die HR-Struktur betrifft, so ist bei einer effizienzgetriebenen Definition und einer besonders starken Gewichtung von „Automation" grundsätzlich mit zwei Effekten zu rechnen:

- einem kleineren Bedarf benötigter menschlicher Ressourcen (FTE);
- einem erhöhten Zentralisierungsgrad der HR-Organisation.

Dies stärkt die Position von Shared Services und Callcentern, umso mehr als die Bündelung von Ressourcen und die intensive Nutzung von IT-Systemen, welche für Prozessstandardisierungen notwendig sind, zu den Stärken der HR-Service-Center-Einheiten gehören. Eine priorisierte Automation sorgt demzufolge für eine Kräfteverschiebung innerhalb des Drei-Säulen-Modells, und zwar von den Business-Partnern zu den Shared Services. Self Service-Funktionalitäten haben einen identischen Effekt: Es werden nicht nur weniger Ressourcen benötigt, sondern diese können auch eher zentralisiert werden. Zusätzlich wird auch die Schnittstelle zwischen HR und seinen internen Kunden (Mitarbeitende und Management) neu definiert. Abbildung 43 illustriert diese erste Stufe organisationaler Auswirkungen der Digitalisierung im HRM, welche durch eine intensive Automation ausgelöst wird und deshalb unter dem Primat der Rationalisierung steht.

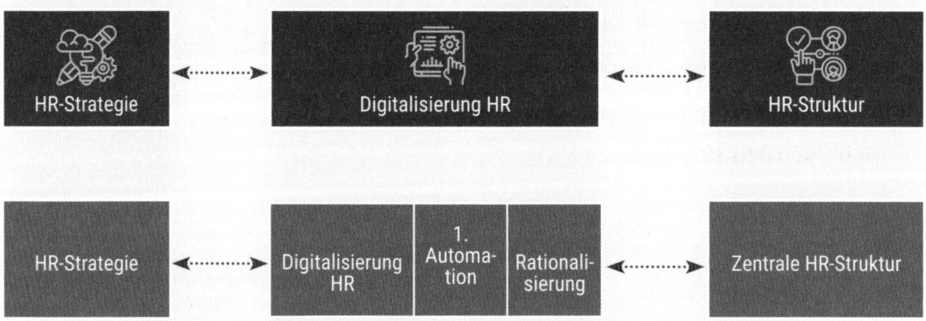

Abbildung 43: Automationsbedingte Strukturauswirkung der HR-Digitalisierung

Entsprechend dieser Wirkungszusammenhänge können sich dysfunktionale Konstellationen ergeben. Entscheidet sich eine Unternehmung für eine radikale Automationsstrategie, die im HRM umfassend nachvollzogen wird, so führt dies zu zwei Arten von Risiken: Einerseits ergeben sich Projekt- und Implementierungsrisiken, weil die Automationsanstrengungen zu schnell und zu fehlerhaft umgesetzt werden. Diese sind hinlänglich bekannt und kommen immer wieder vor. Andererseits – auch wenn und gerade weil die Implementierung gut funktioniert – kann aus einer radikalen Automationsstrategie ein umfassendes „automatisiertes Management" resultieren: Entscheidungen werden von Software nicht nur unterstützt, sondern im Alleingang getroffen. Im HRM ist dieses Vorgehen mit substanziellen Risiken behaftet:

- Arbeitsleistungen werden von Robotern vorgegeben, gemessen, beurteilt und womöglich auch sanktioniert. Dies kann zu ungerechtfertigten Entscheidungen wie z.B. letztendlich unbegründeten Kündigungen führen.
- Dadurch, dass Roboter den Arbeitsrhythmus bestimmen, ohne dass auf externe Einflussfaktoren und persönliche Situationen Rücksicht genommen wird, erhöht sich das Stresslevel von Mitarbeitenden in kaum vertretbarem Ausmaß. Dies ist gerade im Kontext von schlechtbezahlten, schnell ersetzbaren und minimal qualifizierten Profilen der Fall.
- Eine automatisierte Personalplanung und Ressourcendisposition erlaubt zwar eine hohe Präzision bei der Voraussage, wie viele Mitarbeitende zu einem bestimmten Zeitpunkt benötigt werden. Eine knappe Kalkulation – ein realistisches Szenario gerade in einem Low Cost-Umfeld – lässt dann aber keinen Spielraum mehr, wenn Unvorhergesehenes eintrifft.
- Chatbots und Smartphone Apps sind nicht in der Lage, mit besonderen (Krisen-)Situationen, disproportional hohen Anfragevolumina oder neuartigen Fragestellungen umzugehen. Fehlende Softskills und nicht vorhandene Empathie sind gerade in solchen Situationen nicht hilfreich. Dies führt zur Überlastung des Second Level Supports und schlussendlich zu einem Überhang von nicht gelösten Problemen.

Es ist klar, dass eine solche Entwicklung eine Unternehmung erheblichen legalen, aber auch ethischen Risiken aussetzt. Es handelt sich um eine Erscheinung, die „disproportional hohe Automation" genannt werden könnte. Eine solche Strategie beginnt mit übermäßiger Substitution und endet mit einer dysfunktionalen HR-Organisation: ungenügende Ressourcen, ungenügende Verfügbarkeit, ungenügende Kompetenz. Entsprechend wichtig ist es, Automation, Zentralisierung und Arbeitssubstitution auf einem Level zu halten, welches immer eine wenn auch minimale Qualität gewährleistet. Wenn Effektivität und Qualität der Effizienz und dem Kostenfokus geopfert werden, dann kann das HRM nicht mehr funktionieren – zulasten der Mitarbeitenden.

Rollen von HR und IT

An dieser Stelle muss noch eine weitere wichtige, wenn auch weniger dramatische Auswirkung von „Automation" auf das HRM erwähnt werden. Vor allem mit der Einführung von cloudbasierten HR-Informationssystemen verändern sich die Rolle der Personalabteilung und die Kompetenzen, die sie benötigt. „... durch die Einführung von cloudbasierter Software verlagert sich der Fokus von der Technologie zum Inhalt. Dies bedeutet, dass HR-Verantwortliche sich stark in die System- und Instrumentenauswahl einbringen und im Prinzip die Federführung übernehmen müssen. Auch wenn der HR-Manager kaum über Nacht zum IT-Manager mutieren kann, so muss er oder sie zumindest in der Lage sein, sich zu einem versierten Schnittstellen-Manager zu entwickeln" (Bruederlin 2020/2, S. 71). Auch stellt sich die Frage, ob das HRIS-Supportmodell mit internen Ressourcen (aus HR und IT) bestritten oder an einen externen Lieferanten delegiert werden soll. So oder so, die Zusammenarbeit zwischen dem HRM und der IT-Abteilung sowie die Schnittstellen nach außen verändern sich. Es braucht nach wie vor beide Funktionen, aber HR muss sich stärker einbringen, vermehrt IT-Affinität entwickeln und IT-Kompetenzen erwerben. Das wiederum wird die Organisation von HR in Richtung zusätzliches Expertentum beeinflussen.

3.6.4. Prozessorientierte HR-Organisationsstrukturen

Die Entwicklung von standardisierten und IT-gestützten Arbeitsabläufen, die durch eine ausgeprägte Automation auf breiter Ebene erst ermöglicht und konstant optimiert werden, hat dazu geführt, dass eine prozessorientierte Struktur auch im HRM zum Thema wurde (vgl. Kapitel 2.1.4.). Ein solcher Ansatz sieht vor, dass die HR-Funktion entlang definierter Abläufe, welche in einzelnen Schritten abgebildet werden, organisiert wird. Welche Prozesse als solche bezeichnet werden, um zusammen eine HR-Prozesslandschaft zu formen, ist offen. Oft bedient man sich der Kernprozesse innerhalb der HR-Wertschöpfungskette wie Talente-Akquisition (Rekrutierung), Performance Management, Compensation Management (Vergütung), Talent-Management (Entwicklung) etc. (Bruederlin 2020/1, Kapitel 1.2.), welche sich anschließend noch in zahlreiche Subprozesse unterteilen lassen. Alternativ können administrative Unterstützungsprozesse und/oder wichtige Führungsabläufe als eigenständige Prozesse separiert werden. Wichtig ist, dass alle Tätigkeiten, für die das HRM einer Unternehmung verantwortlich zeichnet, durch die Prozesslandkarte erfasst und abgedeckt sind – von der strategischen Steuerung bis zur transaktionellen Umsetzung. Ebenso wichtig ist, dass sich die Prozesse an den Kundenbedürfnissen orientieren, seien es im Wesentlichen interne Kunden der Personalabteilung wie Mitarbeitende oder Führungskräfte oder auch externe Anspruchsgruppen wie Bewerbende oder Institutionen. In Anlehnung an Abbildung 7 und segmentiert entlang den Kernprozessen der HR-Wertschöpfungskette könnte eine prozessorientierte HR-Struktur folgendermaßen aussehen – wobei zum Zweck der Übersichtlichkeit und ohne Anspruch auf Vollständigkeit die wesentlichen Kernprozesse, aber keine weiteren Subprozesse oder Unterstützungsprozesse aufgeführt werden (Abbildung 44).

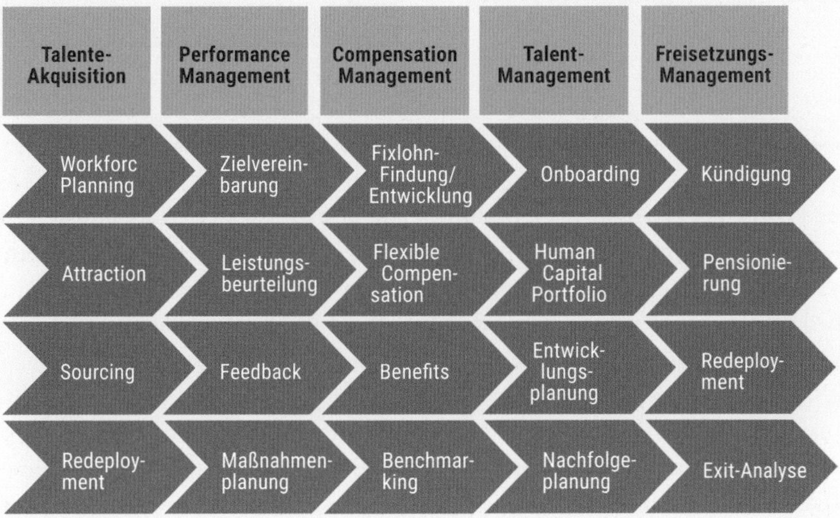

Abbildung 44: HR-Prozessorganisation (Kernprozesse)

Alle diese Kernprozesse lassen sich in Subprozesse unterteilen. Beispielhaft und zur besseren Veranschaulichung sei einer davon, nämlich die Erarbeitung eines Human Capital Portfolios, herausgegriffen und in seine chronologischen Teilabläufe aufgebrochen:

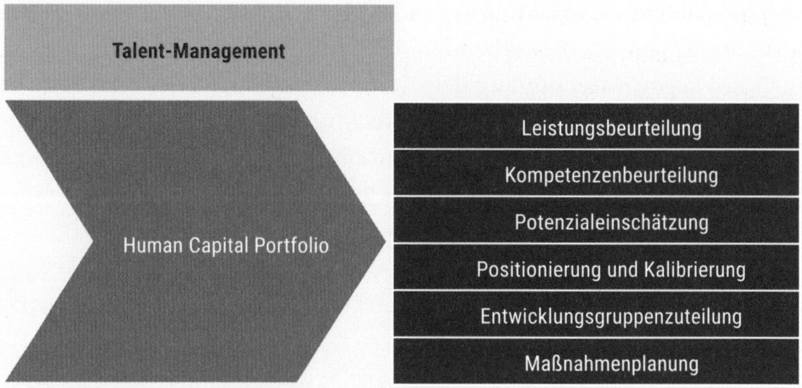

Abbildung 45: Detaillierte Prozessinhalte Kernprozess „Human Capital Portfolio"

Eine Prozesskette, wie sie in Abbildung 45 dargestellt ist, kann für jeden definierten HR-Kernprozess gemäß den Bedürfnissen des Unternehmens erstellt werden. Dabei sollte im letzten Detaillierungsgrad, der in der Form eines Prozessdiagramms sehr komplex werden kann, für jeden Inhalt die Frage „Wer macht was, wann, wie und womit?" abschließend beantwortet werden können.

Es ist offensichtlich, dass durch die unternehmensweite Standardisierung sowie durch deren Automatisierung eine weitgehende Zentralisierung wie auch eine hohe Effizienz ermöglicht wird. Da die Ablauforganisation der Aufbauorganisation in einer Prozessstruktur übergeordnet ist, lösen sich die traditionellen Organigrammgrenzen der Personalabteilung auf. Allfällige Teams organisieren sich entlang der definierten Prozesse. Im Besonderen hat auch ein Drei-Säulen-Ansatz keinen Platz mehr. Höchstens, wenn eine Prozessdifferenzierung in kundenorientierte, spezialistenorientierte und administrationsorientierte Abläufe vorgesehen wäre, ließe sich die Grundkonzeption des Drei-Säulen-Modells noch erkennen.

3.6.5. Zweite Strukturrelevanz der Digitalisierung: „Innovation" und Funktionalitätenorientierung

Im Gegensatz zur „Automation", welche auf die Effizienz und die Produktivität von Prozessen und damit auf eine kostengünstige HR-Lösung zielt, geht es bei der „Innovation" in erster Linie um die Effektivität, geschäftsrelevante HR-Inhalte und damit die Qualität der HR-Dienstleistungen. „Innovation" bildet demzufolge einen zweiten für die Ausprägung von HR-Strategie und -Struktur maßgeblichen Entwicklungsvektor. Sie beinhaltet Maßnahmen, welche der qualitativen Verbesserung von Personalprozessen, der Differenzierung und Individualisierung von kundenorientierten HR-Aktivitäten, der Erweiterung der Palette von wertschöpfenden HR-Dienstleistungen, der ausgeprägten Fokussierung auf bestimmte Bereiche der HR-Wertschöpfungskette, der weitgehenden Entscheidungsunterstützung des Managements, der Schaffung von distinktiven und nachhaltigen Wettbewerbsvorteilen und damit der Erfolgssicherung des Unternehmens dienen. Dabei wird die menschliche Arbeit nicht in erster Linie substituiert, sondern es geht vorwiegend um Komplementäreffekte, bei denen die Technologie in Form von zusätzlichen Funktionalitäten die menschlichen Fähigkeiten ergänzt, was unter dem Strich zu einer Leistungsverbesserung führt. „Ist der Sinn und Zweck der HR-Digitalisierung ... innovationsgetrieben, dann sind die Ziele der HR-Aktivitäten im Bereich der Effektivitätsgewinne zu suchen. Entsprechend geht es primär um eine qualitätsorientierte Strategie“ (Bruederlin 2020/2, S. 61).

Wie wichtig diese innovativen Dienstleistungen sind, zeigt sich darin, dass ihr Markt in den letzten Jahren exponentiell gewachsen ist. Start-ups der verschiedensten Art schießen aus dem Boden, können sich mit einer guten Idee etablieren und sind als Unternehmen erfolgreich. Das liegt auch daran, dass der Großteil der Applikation unabhängig von der Unternehmensgröße anwendbar ist und deshalb auch von KMU eingesetzt werden kann. Auch die großen integrierten Player im HR-Systembereich wie SAP, Oracle und Workday mischen mit und zeichnen sich dadurch aus, dass sie kleinere Firmen übernehmen und deren Funktionalitäten in ihre Systeme integrieren, wenn und weil ihre eigene Entwicklungsarbeit noch nicht so weit gediehen war.

Die nachfolgend aufgeführten personalbezogenen Digitalisierungsinhalte stehen beispielhaft für eine Innovationsstrategie. Im Kontext der Verfügbarkeiten muss die Auswahl noch viel limitierter als bei den Automationsbeispielen ausfallen, so vielfältig und zahlreich sind die Möglichkeiten, welche durch Instrumente und spezifische Systemfunktionalitäten geboten und im Markt erhältlich sind. Deshalb empfiehlt sich von Anfang an eine Unterteilung in die Kernbereiche der HR-Wertschöpfungskette.

Workforce Planning/Personalplanung

In vielen Personalabteilungen beschränkt sich die Personalplanung nach wie vor auf traditionelle, operativ-orientierte und auf rollender Planung basierende Schätzverfahren. In produzierenden Betrieben kommen auch sehr simple mathematische Berechnungen zum Einsatz. Weitergehende strategisch ausgerichtete Modelle, welche auf dynamischer quantitativer und qualitativer Angebots- und Nachfrageplanung beruhen und präzise Bedarfsvorhersagen zu machen imstande sind, werden sehr schnell sehr komplex. Deshalb finden sich diese eher als Teile einer integralen SaaS-Systemlösung und nicht in der Form von einfach zu handhabenden Applikationen.

Talente-Akquisition/Rekrutierung

In der Rekrutierung hat sich die mit Abstand größte Anzahl von qualitätsverbessernden Instrumenten und IT-Anwendungen entwickelt. Es gibt Hunderte davon. Dabei fällt auf, dass auch Mikroprozesse wie beispielsweise die stellenspezifische Formulierung von Anzeigetexten durch KI-gesteuerte Tools optimiert werden. Es folgt eine nicht abschließende Auswahl von repräsentativen Beispielen, wobei bei der einen oder anderen Anwendung eine Risikoprüfung aus gesetzlichen oder auch ethischen Gründen am Platz sein könnte:

- Bewerbermanagementsysteme (ATS), welche nicht nur wie ursprünglich vorgesehen, den Bewerbungsprozess ordnen, sondern die Bewerbenden als Ganzes steuern, beispielsweise mit erweiterten Funktionalitäten eines algorithmengesteuerten CV-Parsings, einer Kombination von Screening, Matching und Selecting („Robot Recruiting“);
- Matching-Plattformen und Apps sind aber auch in der Lage, Stellensuchenden die „richtige“ Stelle vorzuschlagen;
- Weiterentwicklung zu End-to-end-Rekrutierungsmanagement-Systemen, welche den ganzen Prozess vom Sourcing bis zur anhaltenden Kandidatenbetreuung bewältigen;
- Touchpoint-Analysen zur Optimierung des Mix von möglichen Rekrutierungskanälen;
- Nutzung maßgeschneiderter algorithmengesteuerter Kandidatenvorschläge durch soziale Medien;
- Intensivierung des Mobile-Kanals durch die Ermöglichung von One-Click-Bewerbungen;
- Auswertung von asynchronen Videoassessments, welche auch Mimik, Intonation und Wortwahl der Kandidaten erfassen, auswerten und in die Evaluation einfließen lassen („enhanced video interviewing“);
- computergestützte Persönlichkeitsanalysen, die Motivation und Charakter von Bewerbern, aber auch deren Wertesystem und Kundenbedürfnisse über die Erkennung von geschriebener oder gesprochener Sprache, Verhalten in sozialen Medien oder psychometrischen Tests messen;

- Anwendungen, welche sich Erkenntnisse der Verhaltenswissenschaft zunutze machen, um die Einzigartigkeit von Arbeitssuchenden respektive deren Verhaltensattribute zu bewerten;
- Verwendung von KI-gestützten Assessment-Instrumenten;
- Job-Evaluations-Portale, die nicht nur Massen von Informationen und Daten aus Arbeitgeberbewertungen zusammenstellen, sondern automatisiert auch Job-Profile und mögliche Kandidaten zusammenführen können.

Performance Management

Durch die in den vergangenen Jahren in einigen Firmen erfolgte Optimierung, manchmal auch Überholung des Performance Management-Prozesses haben sich einige neue Funktionalitäten herausgebildet. Vor allem der Bedarf an schnellen, unmittelbaren und auch permanenten Feedback-Möglichkeiten, welcher sich durch die Dynamik schnell wechselnder Umfelder ergab, brachte eine Vielzahl von neuen Tools hervor.

- Moderne, vollvernetzte Softwarelösungen zur Unterstützung eines umfassenden Zielvereinbarungs- und Leistungsevaluationsprozesses, welche als App auch über Mobile-Geräte zur Verfügung stehen;
- Instant und Constant Feedback Apps, welche es Vorgesetzten und Mitarbeitenden auf allen Ebenen erlauben, jederzeit und in jeder Form Rückmeldungen zu geben, welche systematisch für weitergehende Maßnahmen genutzt werden können. Solche Ansätze können auch für externe Mitarbeiter verwendet werden, da nur eine App heruntergeladen werden muss;
- „Crowdsourcing" von Performance-Daten wie z.B. Instant Feedbacks aus Sitzungen, abgeschlossenen Projekten etc.;
- virtuelle Karrierecoaches, welche unmittelbare Ratschläge erteilen können, damit Mitarbeitende ihre Leistung verbessern können.

Compensation Management

Im Vergütungsbereich haben sich bis jetzt am wenigsten digitalisierungsbedingte Innovationen herausgebildet. Trotzdem gibt es auch hier immer mehr neue Funktionalitäten, sei es integriert oder auch als Stand-alone-Lösungen.

- Prädiktive Gehaltsabgleiche: Extrapolation von vorhandenen Daten zur Voraussage der individuellen Kompensation, wo keine Daten zur Verfügung stehen;
- Berechnung von Plandaten für die Kompensation von Profilen, welche in neu abzudeckenden Märkten noch nicht existieren.

Talent-Management

In der Aus- und Weiterbildung sowie der Qualifizierung und Entwicklung von Mitarbeitenden zeigen sich die „innovativen" Aspekte der Digitalisierung in verschiedenen Phasen.

- Als Erstes kamen sogenannte „Massive Open Online Courses" (MOOCs) auf, welche Lerninhalte und Wissen über webbasierte Instrumente in unbegrenzter Menge zur Verfügung stellen können (Digital Learning 1.0).
- Es folgte auf der Basis einer sich entwickelnden Web-Technologie die Ermöglichung des Lernens durch digitale Verbindungen und Zusammenarbeit mit anderen Mitarbeitenden, das sogenannte MPPG oder Mobile Micro Learning in Participatory and Personalized ways in Groups (Digital Learning 2.0).
- In Zukunft wird sich durch weitergehende technologische Entwicklungen und den Einsatz von künstlicher Intelligenz eine vollständige Integration von sozialen Medien, Spielen (Stichwort „Gamification"), Echtzeit-Feedbacks und Simulationen in die Lernumgebung ergeben (Digital Learning 3.0)

All diese Funktionalitäten aus dem Aus- und Weiterbildungsbereich zeichnen sich durch eine hohe Kombinierbarkeit (Blended Learning-Optionen), eine wirkungsvolle Simulation von echten betrieblichen Situationen, eine ausgeprägte Individualisierung und Personalisierung von automatisch vorgeschlagenen Lerninhalten, eine permanente Verfügbarkeit und vor allem auch eine 100%ige Kompatibilität mit Mobiltelefonen und Smartphones aus. Diese Fähigkeiten können alle in das betriebliche LMS („Learning Management System") eingebaut werden. Daraus resultiert ein ausgeprägter Paradigmenwechsel für das betriebliche Lernen im Allgemeinen und die Lernfähigkeiten der Mitarbeitenden im Besonderen.

Neben diesen lernorientierten Entwicklungen darf nicht außer Acht gelassen werden, dass auch weitere Bereiche des Talent-Managements mit Innovationsstrategien aufwarten, seien es

- individuelle Entwicklungsplanungen (automatisierte Bereitstellung von individualisierten Karriereschritten und neuen Jobs auf der Basis von Interessen, früheren Funktionen, Ausbildungen und persönlichen Charakteristika von Personen, die in diesen Jobs erfolgreich waren);
- talentorientierte Retention (Entwicklung und unternehmensspezifische Zusammenstellung von bindungswirksamen Attraktivitätsfaktoren mittels Touchpoint-Optimierung für den besten Mix);

- „Employee Listening"-Plattformen, die sich aus den früheren Mitarbeiterumfrage-Instrumenten („Pulse Surveys") entwickelt haben. Sie sind in der Lage, Mitarbeitenden „zuzuhören" und in Echtzeit auf Probleme zu reagieren („continuous response action platforms").

Generell befasst sich die neueste Generation von innovativen Tools mit der Verarbeitung, der Kategorisierung und dem Verständnis von Texten. Solche Analysen sind dann wiederum in der Lage, Ergebnisse vorauszusagen und damit korrigierende Handlungen auszulösen. So gibt es beispielsweise eine positive Korrelation zwischen Daten aus Engagement-Analysen und den Inhalten von Bewerbungsplattformen.

Analog der Personalplanung werden all diese Technologien eher weniger in der Form einfacher und mobilgängiger Apps angeboten, sondern ihre Anwendung muss von Spezialisten unterstützt werden, oder sie finden sich als Module einer integrierten und umfassenden SaaS-Talent-Management-Systemfunktionalität.

Innovation auf der HR-Kernstrategiematrix

Wie zu Beginn dieses Kapitels erläutert, stehen digitalisierungsgetriebene Innovationsstrategien vor allem für Qualitätsorientierung. Genauso, wie jede Automationsstrategie ein „innovatives" Moment hat, bringen viele dieser Innovationsentwicklungen aber nicht nur Effektivitäts-, sondern auch Effizienzgewinne mit sich. Dies ist beispielsweise der Fall, wenn Bewerbermanagementsysteme oder professionelle soziale Plattformen nicht nur die „richtigen" Kandidaten vorschlagen, sondern dies auch viel schneller tun, als dies durch einen Menschen gemacht werden könnte. Auch hier gibt es demzufolge Überschneidungen, es ist keine eindeutige Trennung zwischen kostensenkender Automation und qualitätsverbessernder Innovation möglich. Aber – und das ist das Verständnis dieses Buches – Innovation steht primär für die strategische Absicht, mit der Aufwertung bestehender oder der Etablierung neuer Funktionalitäten die Leistung des HRM nachhaltig zu verbessern, auch wenn dies mehr kosten sollte. Arbeitskräfte werden dadurch weniger substituiert, sondern entlang dem Komplementaritätsprinzip resultiert ein neues und wirkungsvolles Zusammenspiel von Mensch und Maschine. Innovationsstrategien stehen deshalb auf der HR-Kernstrategiematrix in erster Linie und im Gegensatz zu den Automationsstrategien für einen Vektor senkrecht nach oben.

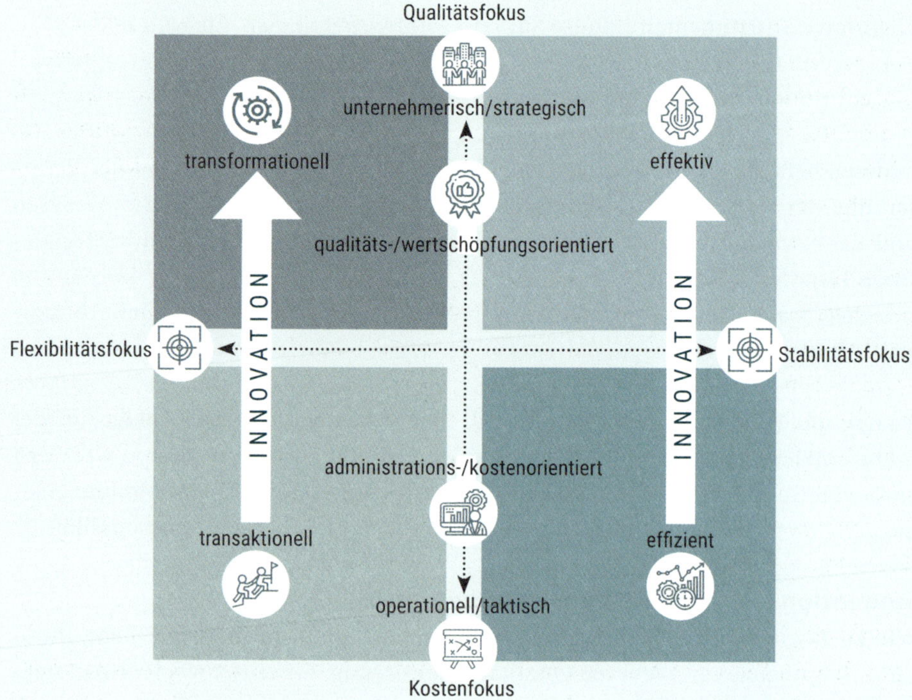

Abbildung 46: Innovation und HR-Kernstrategie

Ein interessantes Beispiel für die Möglichkeit unterschiedlicher Gewichtung von Automation und Innovation ist das CV-Parsing, das bedeutet die Fähigkeit einer Applikation, auf der Basis von inhaltlichen Komponenten in einer Bewerbung selbstständig und algorithmengesteuert Übereinstimmungen mit dem gesuchten Profil zu überprüfen (screening), geeignete Kandidaten und Kandidatinnen vorzuschlagen (matching) und letztendlich auch auszuwählen (selecting). Damit verbunden sind Investitionen in hochqualifizierte Ressourcen, die in bestehende HR-Funktionen integriert werden. In seiner umfassenden Form handelt es sich bei einem CV-Parser also um ein Beispiel für eine Innovationsstrategie, der Rekrutierungsprozess wird offensichtlich als Ganzes erheblich verbessert, indem die objektiv gesehen besten Kandidaten angestellt werden können. Dies ist allerdings nicht kostengünstig. Deshalb müsste der Einsatz eines CV-Parsers in der betrieblichen Praxis Ausdruck einer qualitätsorientierten HR-Kernstrategie sein. Dies ist aber in der betrieblichen Praxis mehrheitlich nicht der Fall. Mülder (2018) zeigt in seiner Studie auf, dass „sich Unternehmungen, die sich Vorteile von der Einführung von

Algorithmen für die automatisierte Vorselektion erhoffen, in erster Linie von Effizienzüberlegungen leiten lassen (Beschleunigung des Bewerbungsprozesses, Kosten- und Ressourceneinsparungen, Verringerung des Anteils administrativer Aufgaben der Personalabteilung)" (Bruederlin 2020/1, S. 79). Im Sinne der Komplementarität kommt es zwar zu einer Zusammenarbeit zwischen Mensch und Maschine, aber diese Kooperation ist nur automationsbezogen optimiert. Innovationsbezogen besteht noch Luft nach oben, weil seitens der Personalabteilungen (noch) Vorbehalte gegenüber einer intensiveren qualitativen Nutzung eines entsprechenden Datenanalyse-Tools bestehen (Deller et al. 2017, S. 3). Dies könnte ein weiteres Indiz dafür sein, dass in den Personalabteilungen aktuell die Automationsstrategien gegenüber den Innovationsstrategien höher gewichtet werden (Bruederlin 2020/1, S. 85). Im gleichen Atemzug muss aber festgehalten werden, dass es nicht so weit kommen darf, dass der Mensch gar keine Rolle mehr spielt und die Maschine die alleinige Entscheidungsverantwortung übernimmt. Mit anderen Worten, eine Innovationsstrategie sollte nicht zu vollständiger Substitution führen. Im Zusammenspiel zwischen Mensch und Maschine verschwindet der Mensch nie, er bleibt die letzte Instanz.

Strukturelle Auswirkungen

Was den Einfluss von qualitätsfokussierten und effektivitätsgetriebenen Innovationsstrategien auf die HR-Struktur betrifft, ist bei einer starken Ausprägung von „Innovation" genau wie bei der „Automation" mit zwei – allerdings entgegengesetzten – Auswirkungen zu rechnen:

- einem unterschiedlichen und unter Umständen breiteren Bedarf an Kompetenzen;
- einem erhöhten Dezentralisierungsgrad der HR-Organisation.

Im Gegensatz zur „Automation", welche die Administrations- und Transaktionslastigkeit der Shared Services bedient, erhöhen viele, wenn auch nicht alle der zusätzlichen Funktionalitäten, welche mit „Innovation" einhergehen, die Leistungsoptionen der Business-Partner, vor allem wenn diese die Wahl haben, damit differenzierte und maßgeschneiderte Bedürfnisse im Interesse ihrer Kunden abzudecken. Sobald diese Anwendungen dagegen standardisiert und für alle Dienstleistungsempfänger in identischer Form angeboten werden, können sie auch durch ein Service-Center erbracht werden. Nicht selten führt dies zu einer Aufwertung der Shared Services, weil sie sich über Kostenreduktionen und Effizienzgewinne hinaus zusätzliche fachliche Expertise aneignen können. Dies entspricht einer Annäherung an das Center of Expertise, was sich im Übrigen auch durch eine

Verschiebung der Demarkationslinie manifestiert. Eine ausgeprägte Innovation kann deshalb sowohl eine dezentralisierende Kräfteverschiebung in Richtung Business-Partner wie auch eine zentralisierende in Richtung Service-Center auslösen, je nachdem, welche Instrumente differenziert respektive standardisiert werden. Abbildung 47 zeigt neben der automationsbedingten organisationalen Auswirkung der Digitalisierung zusätzlich diejenige, welche durch eine intensive Innovation im HRM ausgelöst werden kann.

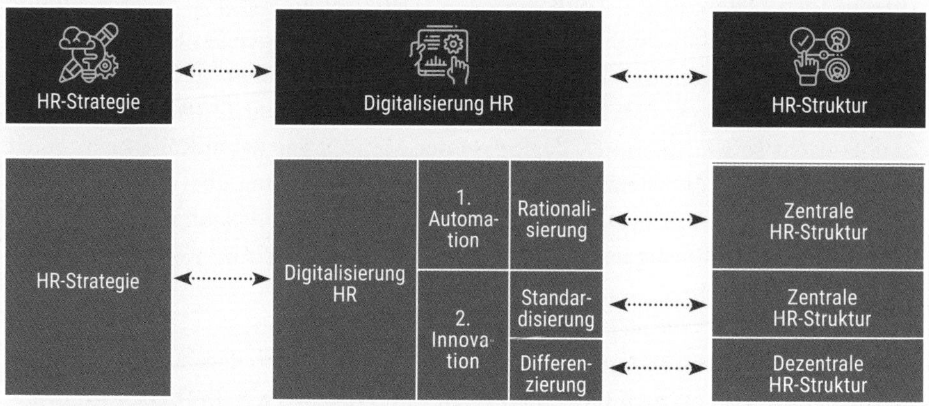

Abbildung 47: Automations- und innovationsbedingte Strukturauswirkung der HR-Digitalisierung

Wenn demzufolge eine digitale Innovationsstrategie analog einer Automationsstrategie zu Standardisierungen führt, dann begünstigt dies in jedem Fall die Zentralisierung der HR-Organisation, während nur differenzierende Innovationsstrategien einer dezentralen HR-Organisation förderlich sind.

So oder so sind jedoch zusätzliche Kompetenzen erforderlich, welche die neuen Spezialgebiete abdecken können, sei es im Rahmen des Service-Centers oder innerhalb der kundenorientierten Business-Partner-Welt. Als zwei Beispiele unter einigen, die infrage kommen, können genannt werden:

- technische Fähigkeiten, um mit den neuen Möglichkeiten im Bereich Big Data und HR-Analytics zurechtzukommen;
- Erweiterung der Kompetenzen in der Personalgewinnung, um digitale Rekrutierungsbereiche wie „Social Media Recruiting“ und „Active Sourcing“ abdecken zu können.

Entweder entlang einer ausgeweiteten Standardisierung oder entlang einer intensiven Differenzierung können beide Beispiele sowohl innerhalb einer Shared Service-Einheit wie auch als Zusatzaufgabe der Business-Partner umgesetzt und etabliert werden. Die strukturellen Auswirkungen von Innovationsstrategien können entsprechend unterschiedlich sein.

Genau wie bei der Automation können aufgrund der Wirkungszusammenhänge in Abbildung 47 auch bei übertriebener Innovation, das heißt beim „unkontrollierten" Einsatz von innovativen Zusatzfunktionalitäten, welche ja in einer riesigen Anzahl auf dem Markt zur Verfügung stehen, Risiken entstehen:

- Es werden Tools/Apps mit Funktionalitäten eingeführt, welche nicht dem digitalen Reifegrad der Organisation entsprechen und so gar nicht optimal ausgenutzt werden können.

Beispiel: Es wird ein CV-Parser implementiert, obwohl die Organisation eine fundamentale Skepsis gegenüber dem Einsatz eines solchen Instruments hegt.

- Umgekehrt wird den eingesetzten Instrumenten eine zu hohe Glaubwürdigkeit attestiert, was zu falschen und ethisch fragwürdigen Resultaten führen kann.

Beispiel: Es wird nicht erkannt, dass Algorithmen „Entscheidungen" fällen, die entgegen der allgemeinen Erwartung Verzerrungen und Bevorzugungen infolge unausgewogener Programmierung enthalten und damit unfair sind.

- Digitalisierte Screening-Verfahren können mit Datenschutzproblemen verknüpft sein.

Beispiel: Die unter Umständen unkontrollierte Übermittlung von Bewerbungs-Videos erzeugt Negativreaktionen bei Bewerbern.

- Es werden Tools/Apps mit Funktionalitäten eingeführt, die durch das HR wegen fehlender Kompetenzen nicht gehandhabt werden können.

Beispiel: Es werden Spezialfunktionen von beruflichen Plattformen abonniert, ohne dass im HR Active Sourcing Kompetenzen vorhanden wären.

- Durch den Einsatz von künstlicher Intelligenz kommt es zu unethischem Gebrauch von individuellen Profilen in den sozialen Netzwerken.

Beispiel: Es werden „Interpretationen" von Kandidaten gemacht, zu deren Persönlichkeit, Werthaltungen, Überzeugungen und Intellekt.

- Es werden Tools/Apps mit Funktionalitäten eingeführt, die für die Organisation nur von geringer Bedeutung oder sogar unnötig sind.

Beispiel: Es wird ein Instrument zur Optimierung von Inseratetexten gekauft, obwohl praktisch kaum mehr Anzeigen geschaltet werden.

- Es werden Tools/Apps mit Funktionalitäten eingeführt, welche nicht den Kundenbedürfnissen (Management, Mitarbeiter etc.) entsprechen.

Beispiel: Es werden MOOCs propagiert, deren Stoff nicht den gewünschten Inhalten des Managements entspricht.

- Es werden so viele Tools/Apps mit neuen Funktionalitäten eingeführt, dass die Übersicht verloren geht und die HR-Organisation überfordert ist.

Beispiel: Es werden disproportional viele „Best-of-Breed"-Lösungen, also Einzellösungen, ans HRIS angedockt, wodurch sich eine Unzahl von schwer zu handhabenden Schnittstellen ergibt.

Disproportional hohe Innovation ist deshalb genauso wenig zielführend für eine HR-Organisation wie disproportional hohe Automation. Sie führt zwar nur selten wie Letztere zu einem Menschen ausschließenden „automatisierten Management" (vgl. Kapitel 3.6.3.), aber die anderen negativen Folgen von übertriebener Automation können durch ebenso überrissene Innovation repliziert werden: eine HR-Organisation mit ungenügender Kundenorientierung, unpassenden Ressourcen, fehlender Kompetenz und womöglich unethischem Verhalten. Es zeigt sich, dass gerade im HR der (übermäßige) Gebrauch von Tools, welche auf künstlicher Intelligenz und damit dem Einsatz von Algorithmen basieren, grundsätzlich heikel ist. Dies begründet sich mit der Komplexität von HR-Phänomenen, den Einschränkungen von manchmal zu kleinen Datensätzen, ethischen Fragestellungen, aber auch Widerständen aus der Unternehmung (Tambe et al. 2019).

Für eine HR-Organisation ist es daher eminent wichtig, einen Ausgleich zwischen Automation und Innovation herzustellen. Dadurch können die Risiken eines übertriebenen Ausschlags in die eine oder andere Richtung gemildert werden. Gleichzeitig kann die personalstrategische Ausrichtung zwischen Kosten- und Qualitätsfokus und damit die Positionierung auf der HR-Kernstrategiematrix stabil gehalten werden. Dies ist vor allem relevant, wenn die Unternehmensstrategie keine wesentliche Veränderung erfährt und die HR-Kernstrategie mit ihr konsistent sein soll. Darüber hinaus halten sich bei einem Ausgleich von Automation und Innovation die Substitutions- und Komplementäreffekte einigermaßen die Waage, auch wenn unternehmensweite Standardisierungen von innovativen Instrumenten zusätzliche Substitution und damit Kosteneinsparungen auslösen können.

Dass das Komplementaritätsprinzip eine herausragende Stellung in der HR-Digitalisierung behält, ist nicht nur wegen des Ausbalancierens von Automation und Innovation wichtig, sondern auch, weil das Zusammengehen von Mensch und Maschine Mehrwert generiert, der denjenigen einer reinen Substitution in der Regel übersteigt. Beispielsweise liefert die Verbindung eines KI-basierten integrierten Rekrutierungssystems, das eine valide Vorauswahl trifft (hard facts), mit einem erfahrenen Rekrutierer, der die passenden Kandidaten im Einzelsprung durchprüft (Empathie), die beste Leistung: viel effizienter als der Mensch allein, viel effektiver als die Maschine allein.

Es ist deshalb positiv festzustellen, dass in der betrieblichen Digitalisierungspraxis die Realisierung von Prozesseffizienz (Automation) und die Schaffung von Produkteeffektivität (Innovation) oft gleichzeitig stattfinden. Nicht von ungefähr verlangen viele „HR-Transformationen", die von Personalabteilungen angegangen werden, qualitative Verbesserungen bei gleichzeitiger Kostensenkung (Bruederlin, 2020/2, S. 62). Dieser Sachverhalt zeigt sich auch in wissenschaftlichen Untersuchungen – und zwar in der Form einer positiven Korrelation zwischen erwarteter Qualitätssteigerung und Kostenreduktion (Konrad et al. 2018).

Im Hinblick auf die Organisation des HR wiederum wird der Ausgleich von kostengetriebener, substituierender Automation und qualitätssteigernder, komplementaritätsschaffender Innovation dafür sorgen, dass es höchstens eine geringfügige Veränderung auf der Achse zwischen Zentralisierung und Dezentralisierung gibt. Findet dieser Ausgleich jedoch nicht statt und überwiegt das eine gegenüber dem anderen, dann hat das strukturelle Folgen – wie in Abbildung 47 angezeigt.

3.6.6. Dritte Strukturrelevanz der Digitalisierung: „Flexibilisierung" und Agilitätsorientierung

„Flexibilisierung" stellt den dritten Entwicklungsvektor dar, welcher durch technologische Entwicklungen getrieben wird und sowohl HR-Strategie wie auch HR-Struktur substanziell beeinflusst. Zwei Arten von Flexibilisierung sind im HR-Kontext relevant: die Flexibilisierung von Arbeitsverhältnissen und die Flexibilisierung von Arbeitsinhalten. Auf Letztere wird im Kapitel 3.6.8. noch weiter einzugehen sein. Erstere soll jetzt unmittelbar thematisiert werden.

Erste Flexibilisierung: Arbeitsverhältnisse

Bei der ersten Flexibilisierung „geht es darum, dass die Digitalisierung erlaubt, räumliche und zeitliche Grenzen mühelos zu überwinden. Damit wird die Schaffung von weitergehenden flexiblen Arbeitszeit- und Arbeitsplatzregelungen bis hin zu virtueller Arbeit ermöglicht, und es ergeben sich ganz neue Optionen, ein Arbeitsverhältnis zu gestalten: Auf der einen Seite können individuelle Arbeitsmarktteilnehmer bestimmen, ob sie bei einer Unternehmung fest oder nur temporär für ein Projekt angestellt, in Vollzeit oder Teilzeit beschäftigt sein oder ob sie sich als Selbstständigerwerbende respektive als unabhängige Freelancer bewegen wollen, sei es auf längerfristiger Basis als externer Mitarbeitender oder eher kurzfristig als ‚Gig Worker'. Auf der anderen Seite werden sich Unternehmungen gut überlegen, wie sie mit dieser Diversität von Sourcing-Möglichkeiten umgehen, um sich sowohl der veränderlichen Marktsituation anzupassen als auch um die eigenen Personalkosten zu optimieren.

Unter dem Strich zeigt sich deshalb heute schon eine stärker werdende Trennung von Funktionen (inklusiv den dazu notwendigen Kompetenzen) und der für die Leistungserbringung notwendigen Organisation. Mit anderen Worten: Ein Job ist immer weniger an eine Unternehmung gebunden." (Bruederlin 2020/2, S. 80). Mit dieser kontinuierlichen Entwicklung verändern sich die Rollen für Mitarbeiter und Führungskräfte. Im Besonderen übernimmt der Mitarbeiter im Kontext flexibler Arbeitsverhältnisse eine größere Verantwortung einerseits für den Umfang des zu erfüllenden Auftrags wie auch für seine persönliche Leistungserbringung, was auf eine höhere Selbstführung hinausläuft. Die Vorgesetzten leben die neuen Werte und die sich verändernde Kultur vor, indem sie sich immer nah am Markt organisieren und ihren Mitarbeitern innerhalb des Systems Freiheiten lassen, kundenfokussiert und zielorientiert zu handeln. Wenn dies funktioniert, dann sind ausgeprägte Hierarchien immer weniger notwendig, und es verbleibt eine agile Organisation. Eine solche Entwicklung trifft analog auch für das HRM zu, welches diese Strategie nicht nur mitträgt, sondern sich auch flexibel aufstellt, um auf die wechselnden Bedürfnisse der einzelnen Kundensegmente optimal eingehen zu können.

Eine einfache sequenzielle Logik, die – ausgelöst durch technologische Entwicklungen – zu einer agilen Organisation führt, sieht demzufolge so aus:

Abbildung 48: Von der Digitalisierung zur agilen Organisation

Wenn die Digitalisierung stark von Flexibilisierungsaktivitäten geprägt ist, dann geht es demzufolge nicht um Effizienz wie bei Automationsstrategien und nicht um Effektivität wie bei Innovationsstrategien, sondern um Agilität, also marktbedingte Anpassung und dynamische Entscheidungsfähigkeit. „Entsprechende Forderungen werden auf das HRM übertragen, das seine Leistungserbringung der neuen Unternehmensdynamik anzupassen hat“ (Bruederlin 2020/1 S. 71). In Analogie zu einer Business-Organisation treffen für eine „agile“ HR-Organisation demzufolge folgende Attribute zu: flexibel, kundenorientiert, innovativ, technologiegetrieben, Marktentwicklungen erkennend, kollaborativ, vernetzt, selbstgesteuert, hierarchiearm, partizipativ (vgl. Kapitel 2.1.5.). Damit eine solche agile HR-Organisation funktionieren kann, muss entlang dem Konzept der digitalen Reife sichergestellt sein, dass der Digitalisierungsgrad konsistent ist mit den relevanten Einflussfaktoren wie z.B. der strategischen Absicht, der Unternehmenskultur, den Kundenerwartungen. (vgl. Kapitel 3.6.1.).

Flexibilisierung auf der HR-Kernstrategiematrix

Es ist naheliegend, dass Flexibilisierungsstrategien auf der HR-Strategiematrix einen Vektor von rechts nach links implizieren, unabhängig davon, ob sich die aktuelle Kernstrategie eher im Kosten- oder eher im Qualitätsfokus befindet.

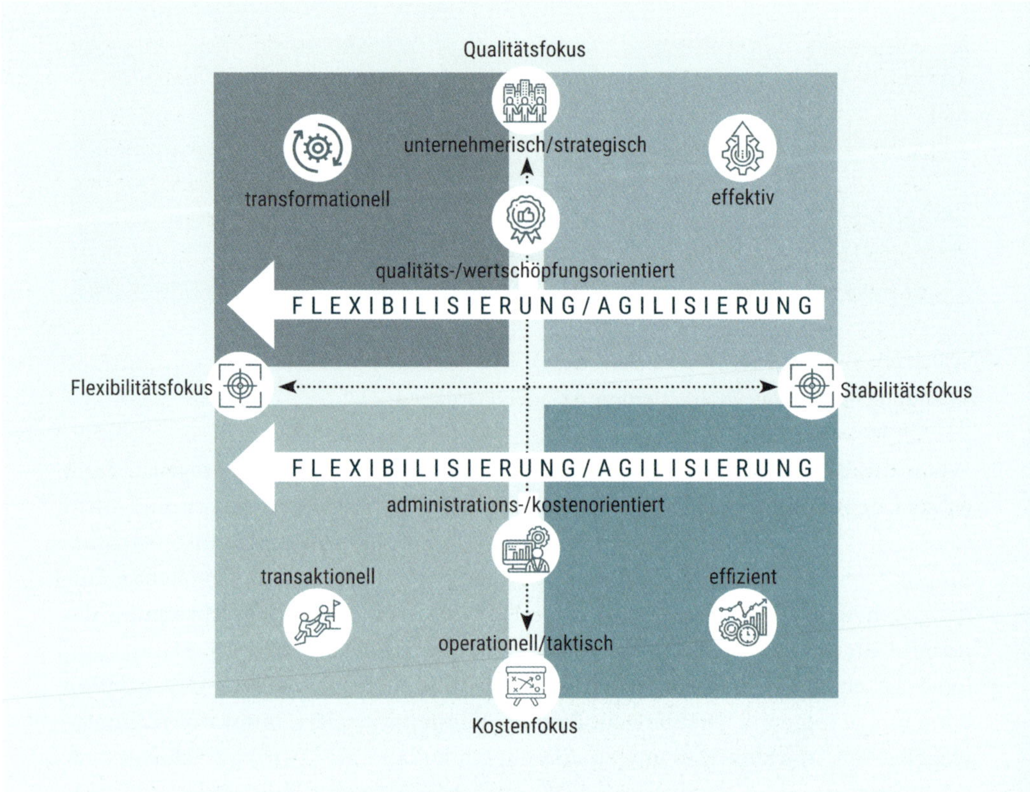

Abbildung 49: Flexibilisierung und HR-Kernstrategie

Mit einer solchen Entwicklung können verschiedene Schwerpunktverlagerungen der HR-Wertschöpfungsinhalte einhergehen (Bruederlin 2020/1, S. 71–72):

- Personalplanung: von einem längerfristigen zu einem eher taktisch ausgerichteten kurz- bis mittelfristigen Fokus, damit Anpassungen unmittelbar erfolgen können, und zwar sowohl quantitativ wie auch qualitativ;
- Rekrutierung: von einer Priorisierung der stabilisierenden internen Entwicklung zu einer Übergewichtung des flexibilisierenden externen Sourcings, das schnell bewerkstelligt wird und somit einen hohen Grad an Innovation und Kulturveränderung möglich macht;
- Performance Management: von statischen beurteilungs- bzw. ratingorientierten Prozessen zu dynamischen Ansätzen, die permanentes und spontanes Feedback ermöglichen, um etwaige Probleme frühzeitig zu adressieren (Interaktions- und Innovationsfokus); dies kommt dem in agilen Organisationen verbreiteten Projektmodus mit kurzfristigen Deadlines entgegen;

- Compensation Management: von vorwiegend fixen zum zusätzlichen Einbau von verstärkt variablen Ansätzen, die einerseits auf kurzfristigen und individuellen Leistungen basieren („Spot Awards"), andererseits aber auch auf Beiträgen von ganzen Organisationseinheiten beruhen (vom Team bis zur gesamten Firma);
- Talent-Management: von flächendeckenden Talente-Entwicklungsprogrammen zur einerseits vermehrt opportunistischen Forderung von erfolgskritischen Rollen bzw. Rolleninhabern und andererseits zur Entwicklung von Hochleistungsteams, die Veränderungen gestalten können.

Verbindet sich eine Flexibilisierungs- mit einer Automationsstrategie, dann kann aus einer investmentorientierten HR-Kernstrategie schnell eine HR-Low Cost-Strategie werden. Und analog dann die Kombination von Flexibilisierungs- und Innovationsstrategien eine Flex Value-HR-Kernstrategie ergeben (Bruederlin 2020/1, S. 84–86):

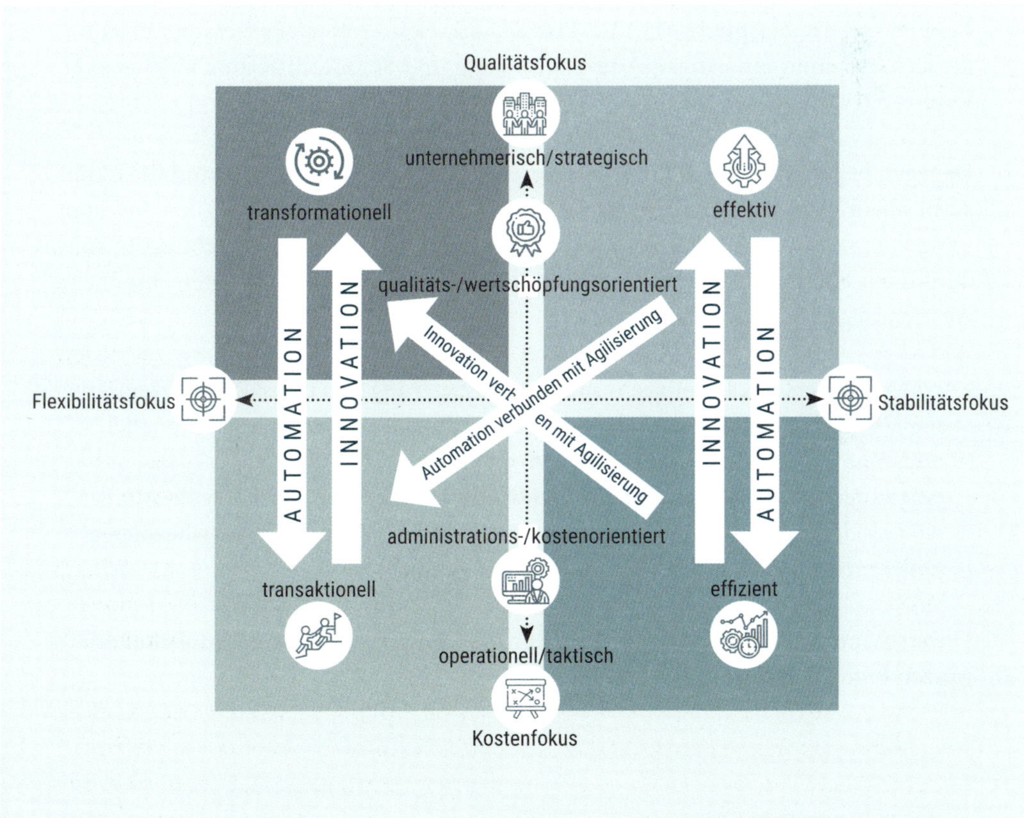

Abbildung 50: Kombinierte digitalisierungsbedingte HR-Kernstrategie-Entwicklungstrends

Strukturelle Auswirkungen

Wie weiter oben erläutert wurde, können digitalisierungsbezogene Maßnahmen über die beiden strategischen Vektoren der Automation und der Innovation (vgl. Abbildungen 42 und 46) eine HR-Organisation in Richtung einer höheren Zentralisierung (Stärkung der Service-Center), aber auch in Richtung einer höheren Dezentralisierung (Stärkung der Business-Partner) treiben (vgl. Abbildungen 43 und 47). Da sich aber Automation mit dem Fokus Kostensenkung und Innovation mit dem Fokus Qualitätsverbesserung bei digitalen Transformationen von Personalabteilungen oft und auch richtigerweise die Waage halten, bleiben die unmittelbaren Auswirkungen der inhaltlichen Digitalisierung auf die HR-Struktur limitiert. Dies ändert sich auch nicht wesentlich dadurch, dass die HR-Digitalisierung von Verschiebungen der benötigten Anzahl FTE wie auch veränderten Anforderungen bezüglich relevanter Kompetenzen begleitet wird. Nur wenn eine der beiden strategischen Ausrichtungen maßgeblich priorisiert wird, ist auch mit substanziellen Anpassungen der Organisationsstruktur im HRM zu rechnen. Eine Möglichkeit ist beispielsweise die Etablierung einer reinen Prozessorganisation, die sich aus einer einseitigen Automatisierung und Standardisierung ableitet (vgl. Kapitel 3.6.4.).

Dagegen begünstigt eine digitalisierungsgetriebene Flexibilisierung und die damit verbundene Fähigkeit, agil zu sein und sich neuen Situationen in allen Märkten schnell anpassen zu können, nicht nur massive HR-Strategieverschiebungen, sondern auch ebensolche Strukturveränderungen. Dabei sind zwei unterschiedliche Ausrichtungen festzustellen:

- eine radikale Zentralisierung respektive Auslagerung von transaktionsorientierten HR-Dienstleistungen, wo keine kundenbezogene Differenzierung möglich oder sinnvoll ist (► „Commoditization“);
- eine radikale Dezentralisierung respektive Integration von HR-Dienstleistungen, wo dies den Kundenbedürfnissen entspricht und durch eine leistungsbezogene Differenzierung gefordert wird (► „Customization“).

Die strukturellen Auswirkungen der Digitalisierung lassen sich dadurch weiter ergänzen (vgl. Abbildung 51).

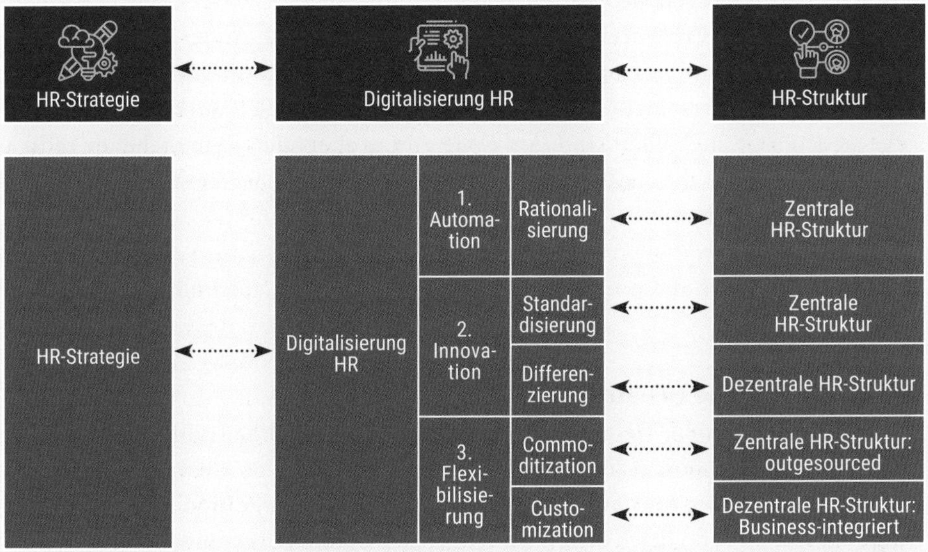

Abbildung 51: Automations-, innovations- und flexibilisierungsbedingte Strukturauswirkungen der HR-Digitalisierung

Eine ausgeprägte Flexibilisierung und Agilisierung führt dementsprechend die polarisierenden Bewegungen von Automations- und Innovationsstrategien weiter, kann sie geradezu potenzieren. Einerseits setzt sich die Zentralisierung von IT-gestützten Standardprozessen fort, was wegen der Transaktionsorientierung und dem entsprechenden Warencharakter ohne jeglichen strategischen Differenzierungswert letztendlich in einer Auslagerung resultiert. Andererseits verlangt die von einer umfassenden Agilität geforderte Anpassungsfähigkeit eine solch maßgeschneiderte und kundennahe Dienstleistung seitens der Business-Partner, dass deren Integration in das Business immer öfters gefordert wird. Es können sich also sehr radikale organisatorische Auswirkungen ergeben, wenn die Digitalisierung sich mit der strategischen Absicht einer ausgeprägten Agilität verbindet. Das nächste Kapitel befasst mit solchen Entwicklungen und zeigt anhand kürzlich publizierter agiler HR-Modelle auf, dass unterschiedliche Phasen von „Commoditization" und „Customization" propagiert werden.

3.6.7. Agile HR-Organisationsstrukturen

In den letzten Jahren haben sich unter der Bezeichnung einer „agilen" HR-Struktur verschiedene Modelle mit unterschiedlichsten Agilisierungsgraden herauskristallisiert. Dabei bewegen sich einzelne sogenannte „neue" Entwicklungen sehr nahe an traditionellen Strukturen wie dem Drei-Säulen-Modell. Andere führen – durch Digitalisierung und Flexibilisierung befeuert – die Prozessorientierung weiter in der Form von unterschiedlichen Arten von Projekt- und Netzwerkstrukturen, welche so neu aber auch nicht sind. Am Ende gibt es aber auch weitergehende radikale Ansätze, welche die Agilität im HRM so weit treiben, dass sie strukturauflösenden Charakter haben.

In der Folge sollen diese neuen Modelle ohne Anspruch auf Vollständigkeit kurz erläutert werden.

Neo-traditionelle HR-Strukturen

Einige Publikationen, welche sich in jüngerer Vergangenheit mit Organisationsmodellen des HR auseinandergesetzt haben, monieren vor allem, dass mit einer weitergehenden Digitalisierung und Flexibilisierung das traditionelle Drei-Säulen-Modell, wie es von Ulrich schon im letzten Jahrhundert „erfunden" wurde, nicht mehr zeitgemäß sei (Häusling & Fischer 2018; Trost 2020). Dem wurde weiter oben (vgl. Kapitel 3.5.4.) entgegenhalten, dass es eine der Stärken des Drei-Säulen-Modells ist, sich neuen Umständen immer wieder anpassen zu können. So kann dieses bis zu einem gewissen Grad auch die Flexibilisierung und „Agilisierung" einer Organisation absorbieren. Erst die vollständige Auflösung des HR in virtuellen Strukturen und seine Integration in die Business-Organisation bedeuten auch das Ende des Drei-Säulen-Modells. So darf man dieses respektive seine Weiterentwicklung als die erste Variante einer neo-traditionellen „agilen" HR-Struktur sehen.

Weitere Modelle, welche traditionellen HR-Strukturansätzen wie der Matrixorganisation oder dem Drei-Säulen-Ansatz sehr nahe sind, finden sich in dieser Kategorie:

- „Helix-Modell"
  Silberg und Manyika (2019) von McKinsey präsentieren eine neuartige Organisationsform, die komplexe Matrixstrukturen durch eine Ausbalancierung von Zentralisierung und Dezentralisierung überwinden soll. Dabei werden die beiden Führungsrollen in einer Matrixorganisation, nämlich der funktionale Manager und der lokale Manager, welche unterschiedliche Entscheidungsverantwortungen besitzen, neu definiert und andersartig differenziert: Die Führung wird in zwei getrennte, parallele und gleichberechtigte Verantwortungsbereiche aufgespalten – versehen mit gleichwertiger Autorität, aber fundamental

verschieden. Der erste Bereich hilft bei der Entwicklung von Mitarbeitern und Fähigkeiten, setzt Standards für die Art und Weise, wie die Arbeit erledigt wird, und treibt die funktionale Exzellenz voran. Der zweite fokussiert diese Mitarbeiter und Fähigkeiten auf die Prioritäten für das Unternehmen (einschließlich der Überwachung ihrer täglichen Arbeit), schafft Werte und hilft, ein umfassendes und zufriedenstellendes Kundenerlebnis zu ermöglichen. Mit anderen Worten, die Leadership-Rolle des Managers wird aufgeteilt in eine People Management-Rolle („Capability Manager"). und eine Business Management-Rolle („Value Creation Manager"). Obwohl die beiden Führungsrollen unterschiedliche Zuständigkeiten verantworten und gleichberechtigt sind, haben sie einige Dinge zu koordinieren, z.B. wer wird in welche Geschäftsprojekte abgestellt und wieviel diese Ressourcen kosten dürfen. Besagte Aufteilung in einen mitarbeiterorientierten Capability Manager und einen geschäftsorientierten Value Creation Manager soll der Organisation eine besondere Agilität verleihen, weil Mitarbeiter zwar ein funktionales Heim haben, ansonsten aber zwischen verschiedenen Projekten und Initiativen oszillieren. Die Helix-Organisation erlaubt so, dass sich „value creation" (z.B. betreffend Produktentwicklung) und „capability development" (z.B. betreffend Qualifizierung) mit unterschiedlicher Geschwindigkeit bewegen. Die Umsetzung dieser neuartigen Verteilung von Führungsaufgaben scheint allerdings in der Realität nicht unbedingt einfacher als diejenige einer funktional-lokalen Matrix.

McKinsey nimmt keine Stellung dazu, was die Helix-Organisation für das HRM bedeutet. Offensichtlich ist aber, dass eine Spiegelung der Helix-Struktur durch das HR nicht viel Sinn ergibt. Die Implikationen für HR liegen beim Helix demzufolge weniger darin, sich in der eigenen Organisation direkt der Business-Organisation anzupassen, sondern dass sie – und das ist ein Vorteil – nur mit einem Linienmanager, nämlich dem People-fokussierten Capability Manager kommunizieren muss. In diesem Sinn ist es für das HR nichts mehr als eine Weiterentwicklung, sprich Vereinfachung, der Matrixorganisation. Dies könnte der möglicherweise erhöhten Spezialisierung im HR der Zukunft entgegenkommen (vgl. Kapitel 3.6.8.).

- „Zwei-Dimensionen-Modell"
  Trost (2020) bemängelt, dass das Business in Ulrichs Modell als aktiver Faktor nicht erscheint. Dies stimmt allerdings nur bedingt, da es das wichtigste Attribut der Business-Partner ist, sich auf das Business auszurichten, und dies eine aktive Rolle des Business als Kunde erfordert. Die Notwendigkeit dieser (inter-) aktiven Rolle von Mitarbeitern und Managern führt Trost zum Konzept der „Social Dynamics", die zusammen mit der zweiten Dimension der „Factual

Complexity“ eine Matrix bilden, welche die vier HR-Rollen entsprechend ihrer Ausprägung in den beiden Dimensionen beinhaltet: „HR Factory“, „HR network of experts“, „Interdisciplinary teams“ und „Business line“. Obwohl Trost differenzierte Definitionen für die vier HR-Rollen beschreibt, ist die Verbindung zu den drei Säulen von Ulrich doch offensichtlich. Neu ist nur die explizit aktive Rolle des Business, welches sich um Fragen mit hoher sozialer Wichtigkeit kümmert, die aber nur wenig HR-Expertise erfordern. Der Ansatz von Trost ermöglicht eine Reduktion des HRM auf die administrativ-orientierte und technologiegestützte „Fabrik“ sowie einige wenige „Fachexperten“. Die restlichen Aktivitäten gehen in der Linienorganisation auf. Gerade durch diese Integration besteht bei Trost die Option, sich ausgeprägt agilen und virtuellen HR-Strukturen anzunähern (vgl. S. 293–297).

- „Run-and-Change-Modell“/Ambidextrisches Modell
  Jochmann (2017) und Kaiser & Kozica (2018) u. v. a. betonen die Gleichzeitigkeit von Stabilität und Agilität, die von HR geleistet werden muss. Einerseits muss sich die HR-Abteilung kundenzentriert aufstellen und dadurch in der Lage sein, Marktanpassungen jederzeit flexibel mitmachen zu können (Change). Andererseits sind stabile Strukturen nötig, um die primär immer wiederkehrenden transaktionsorientierten Tätigkeiten im Tagesgeschäft in der bestmöglichen Qualität zu liefern (Run). Kaiser & Kozica sehen diese Beidhändigkeit von HR (Ambidextrie) als „Exploration“ und „Exploitation“. Jochmann (2017) fügt mit „Front End“ und „Back End“ noch eine Dimension hinzu. Somit gibt es nicht nur die einfache Aufteilung zwischen Business-Partner/Experte (Change) und den geteilten Services (Run), sondern die kundenorientierte Front End-Rolle des HR-Business-Partners wird noch selber in einen „HR-Partner“ (Run) und einen „HR-Berater“ (Change) unterteilt. Das Back End unterscheidet analog einen „HR-Experten“ (Run) und einen „HR-Digitalisten“ (Change). Es handelt sich hier also um eine differenzierte Ambidextrie. In der betrieblichen Praxis werden die Run- und die Change-Organisationen oft organisatorisch getrennt und sogar unterschiedlichen Einheiten unterstellt. Dies birgt entsprechend Probleme in der Form von Abstimmungsschwierigkeiten (vgl. Kapitel 3.5.3.).

Aber auch diese ambidextrischen Ansätze können ihre Wurzeln im Drei-Säulen-Modell nicht verbergen. Sie machen nur die Unterteilung in Business-Partner und Shared Services klarer, differenzieren diese und benennen sie anders.

- „High-Impact HR Operating Model“
  Beim von Deloitte entwickelten Modell (Deloitte 2014) erfolgt die Leistungserbringung nach wie vor durch die drei Einheiten von „Business HR“, „Communities of Expertise“ und „HR Operational Services“, die den bekannten drei Säulen entsprechen, deren Rollen aber mit Fokus auf die verschiedenen Bedürfnisse der im Zentrum und über allen stehenden „HR Customers“ neu interpretiert werden: Das „Business HR“ ist seinen Kunden am nächsten und in die Linie integriert. Es gilt demzufolge das Prinzip einer hohen Dezentralität, welche eine wirkungsvolle und effektive HR-Arbeit ermöglicht. Damit hebt sich das „High-Impact HR Operating Model“ von vielen HR-Transformationen ab, die primär auf Effizienzsteigerung durch moderne Technologie setzen. Analog lässt sich folgern, dass dieses Modell mit der Priorisierung von Effektivität, Qualität und ausgeprägter Kundennähe (mit entsprechend hoher Anzahl von Business-Partnern) primär für die Verfolgung von zwei HR-Kernstrategien geeignet ist: „Investment“ und „Flex Value“.

Auch in diesem innovativen Modell bilden zentral verankerte „HR Operational Services“ die erste Ansprechstelle für ehemalige und aktuelle Mitarbeitende sowie Bewerbende. Der Unterschied zu einem traditionellen HR-Service-Center liegt darin, dass der Umfang des operativen Tätigkeitsbereiches tendenziell erweitert wird, um den Bewegungsraum und die Flexibilität anderer HR-Rollen zu erhöhen. Auch das „Center of Expertise“ erfährt eine jobspezifische Bereicherung, indem Mitarbeitende aus diversen Fachbereichen, das heißt über die HR-Abteilung hinaus, an HR-Themen mitarbeiten sollen. Deshalb handelt es sich neu um eine Expertengemeinschaft. Damit soll sichergestellt werden, dass auch die Kompetenz-Center Richtlinien und Leistungen ausrollen, die geschäftsgerecht sind.

Drei weitere Dimensionen spielen eine wichtige Rolle im Deloitte-Modell: „Policies and Processes“, „Enabling HR-Technology“ und „Metrics“. Die erste Dimension sorgt dafür, dass Zuständigkeiten und Verantwortlichkeiten effektiv aufeinander abgestimmt sind. Die Technologie erlaubt Prozessautomatisierung und die Verfügbarkeit von aussagekräftigen HR-Daten, welche personalrelevanten Entscheidungssupport sicherstellen. „Metrics“ bringen Leistungsindikatoren wie Service Level Agreements (SLAs) und Key Performance Indicators (KPIs) ins Spiel, welche dazu dienen, die HR-Leistungen und damit deren Effektivität messbar zu machen. Darüber hinaus fungieren „Senior Business Leaders“ und das „HR-Leadership Team“ als Führungsdach über dem ganzen Modell und sorgen dafür, dass Geschäfts- und Personalstrategien koordiniert sind. Damit soll eine nachhaltige

„Governance“, welche eine überdurchschnittliche Zusammenarbeit fördert, die Effektivität des Modells sicherstellen.

Das HR High-Impact-Modell beschränkt sich demzufolge nicht nur auf die organisatorische Aufstellung des HRM, sondern ergänzt dieses durch für die Leistungserbringung wichtige Kontext- und Kompetenzfaktoren.

Die Überarbeitung des Modells (Deloitte 2017) konzentriert sich auf inhaltliche Elemente, ohne dass sich die um die zentralen „HR Customers“ herum positionierten „Business HR“, „Communities of Expertise“ und „HR Operational Services“ verändern respektive infrage gestellt würden. Neu sind die verstärkte Einbindung in den digitalen Kontext („digital workplace“) und die nähere Anbindung der externen Netzwerke und Partner („service providers“, „cloud platform solution partners“ und „social networks“). Zusätzlich verfolgen die „Operational Services“ nicht nur Effizienzen wie in Ulrichs ursprünglichem Modell, sondern entwickeln auch mehr Nähe zum Geschäft.

- „Agile HR-Edgellence Model“
  Häusling & Fischer (2018) fordern zwecks „VUCA-Fähigkeit“ einer Unternehmung eine agile Ausprägung in sechs Dimensionen, nämlich Struktur, Prozesse, Strategie, Kultur, Führung und HR. Für Letzteres, in Analogie zur Gesamtorganisation, ist eine Anpassung an den „agilen Reifegrad“ der Unternehmung in allen sechs Bereichen erforderlich. In Bezug auf die Organisation sehen die Autoren das Netzwerk als dominantes Prinzip, wobei die Personalfunktion einen Teil dieses Netzwerks bildet, bis zu einem gewissen Grad sogar im agilen Netzwerk der Gesamtorganisation aufgeht. Dies betrifft vor allem die Business-Partner, welche kundenfokussiert und dezentralisiert Teil der Geschäftseinheiten werden („business enabler“), während effiziente Shared Services als Zentraleinheit bestehen bleiben („service deliverer“). Dazu kommt eine crossfunktionale Organisationseinheit, welche die Unternehmenstransformation steuert. Diesem Bereich gehören die strategisch orientierten HR-Funktionen an, welche die Organisations- und Unternehmensentwicklung im Sinne von Kunden- und Mitarbeiterzentrierung unterstützen („transformation enabler“ und „cultural enabler“). Ein solches HR-Modell beinhaltet demzufolge sowohl „puristische“ Elemente des Drei-Säulen-Modells (Shared Services), neo-traditionelle Konzepte (geschäftsintegrierte Business-Partner) wie auch radikalere Ideen („Auflösung“ von HR in einem dominanten Netzwerk). Das HR-Edgellence-Modell befindet sich deshalb im Grenzbereich zwischen den „neo-traditionellen“ und den „traditionell agilen“ Strukturen.

Traditionell-agile HR-Strukturen

Agile Strukturen innerhalb einer Unternehmung zeichnen sich dadurch aus, dass einzelne Funktionen mit definierter Verantwortung nicht in fixe z.B. hierarchische Strukturen eingebettet werden, sondern sich flexibel an wechselnde Markt- und Kundenbedürfnisse anpassen können und sich so immer wieder neu formieren (vgl. Kapitel 2.1.5.). Der klassische Vertreter dieses Gedankens ist die Projektstruktur, welche traditionellerweise die Realisierung von Ideen, die Neuentwicklung von Produkten und die Veränderung von Systemen ermöglicht und begleitet hat. Eine etwas neuere Ausprägung agiler Strukturen bildet die Netzwerkorganisation, welche einerseits die Prozessorientierung weiterentwickelt und andererseits den Projektgedanken auf die Gesamtorganisation ausdehnt und damit die Flexibilisierung permanent macht. Weder das Konzept des Projekts noch dasjenige des Netzwerks sind grundsätzlich neu. Die Novität dieser Ansätze besteht demzufolge darin, die damit verbundene Flexibilität zu institutionalisieren. Die HR-Funktion kann in solche Konzepte eingebaut werden. Dies führt zu den folgenden „traditionell-agilen" HR-Strukturen.

- HR als (permanente) Projektorganisation
  Bis dato hat sich die Projektorganisation im HR als befristete Struktur manifestiert, welche als Sekundär- oder Paralleleinheit für spezifische Aufgaben, Initiativen und im Besonderen für zeitlich und auch inhaltlich klar abgrenzbare Probleme genutzt wird, die sich meistens vor dem Hintergrund eines Veränderungsbedarfs abspielen. Eine wesentliche Eigenschaft ist dabei die Integration von professionellem Wissen und weitergehender Erfahrung aus verschiedenen Bereichen der Unternehmung. Die langfristige projektorientierte „Agilisierung" einer Personalabteilung bedeutet entsprechend den Übergang in eine dynamische, sich neuen Herausforderungen ständig anpassende Organisation, deren Funktionsträger ebenso permanent ihre Aufgaben wechseln und in regelmäßig wechselnder Besetzung zusammengestellt werden. Dieser Ansatz muss nicht über die ganze HR-Organisation umgesetzt werden, es könnte sich auch eine Aufteilung in einen flexiblen und einen stabilen Bereich aufdrängen, der einem „Run-and-Change-Modell" nicht unähnlich ist. Es geht also auch bei einer permanenten Projektorganisation um die Erkenntnis, dass aufgrund der von technologischen Entwicklungen getriebenen raschen Veränderungen starre Strukturen in der Zukunft auch im HR weniger gefragt sind. In einer entsprechend beweglichen Einheit werden Rollendiversität, Multifunktionalität, Zusammenarbeitsvarietät und damit ständiger Wissenstransfer und Weiterqualifizierung der HR-Fachleute zum entscheidenden Thema. Da im Zeichen der Flexibilisierung von Arbeitsverhältnissen in solche Projektstrukturen immer

mehr auch externe Mitarbeiter und Freelancer einbezogen werden, ist der Weg zu einer Netzwerkorganisation nicht weit.

- HR als Netzwerkorganisation
Netzwerke sind Organisationen mit relativ autonomen Mitgliedern, deren gemeinsames Ziel ihre Verbindung definiert und welche daher längerfristig koordiniert zusammenarbeiten. In einer intraorganisationalen Netzwerkorganisation machen Einzelpersonen, eventuell Gruppen, die im gleichen Unternehmen tätig sind, die Mitglieder aus. Dazu können, wie oben angedeutet, auch externe Freelancer oder Crowdworker gehören, welche zu Projekt- und anderen Arbeiten hinzugezogen werden. Besonders anspruchsvoll in einer Netzwerkorganisation ist die Führung, welche aufgrund der wechselnden Verhältnisse indirekt – mittels Vermittlung von Werten und der Überlassung von Entscheidungsrechten innerhalb einer koordinierten Vorstellung der zu erreichenden Ziele – erfolgt.

  Im Fall von interorganisationalen Netzwerken handelt es sich dagegen um den Zusammenschluss von mehreren rechtlich selbstständigen Unternehmen, welche durch gegenseitige Zurverfügungstellung von Kompetenzen Wettbewerbsvorteile, z.B. in der Form von Skalen- oder Flexibilitätsgewinnen, erzielen. Obwohl diese Form eines unternehmensübergreifenden Netzwerks für jede Funktion denkbar wäre, hat sie im Personalbereich nur sehr beschränkt Fuß fassen können, z.B. in Holding-Strukturen oder wenn sich mehrere kleine Unternehmungen der gleichen Branche zusammenschließen zwecks Personalaustausch oder Teilen von Rekrutierungsaktivitäten. Die strategische Relevanz und die Vertraulichkeit von HR-Inhalten setzen dieser Art von Kooperation aber schnell einmal Grenzen. Wenn also beim HR von Netzwerken gesprochen wird, dann sind diese in der Regel auf ein Unternehmen beschränkt.

- Das „Transformational-HRM-Modell" von Bösch und Mölleney (2018) zeichnet sich dadurch aus, dass es relevante HR-Aktivitäten in die Linienorganisation einbaut, um damit Geschäftsnähe sicherzustellen. Mit dieser hohen Dezentralität wird die Auflösung des HR in der Linie, welche in radikalen und virtuellen Ansätzen zu beobachten sein wird, bis zu einem gewissen Grad vorweggenommen. Gleichzeitig gleichen sich die Autoren mit dieser Ambition der Business-Orientierung neo-traditionellen Modellen („Zwei-Dimensionen-Modell", „Agile HR-Edgellence Model") an. Der HR-Organisation soll erlaubt werden, sich noch mehr mit den Herausforderungen des Kerngeschäfts identifizieren zu können, indem HR-spezifisches Wissen und Kompetenzen in die Linienorganisation verlagert werden. Für diese HR-Verantwortlichen in der Linie („Netzwerkexperten“) bedeutet dies eine Aufgabenerweiterung und Funktionsaufwertung. Eine effektive, schlanke und zentrale HR-Organisation mit „HR-Netzwerkpartnern“, welche ein spezialisiertes HR-Team umfasst, bleibt bestehen und enthält auch das HR-Governance Board als Steuerungsorgan aller HR-Aktivitäten. Über ein „Solution Center“ werden operative Aufgaben mit den HR-Verantwortlichen in der Linie aufgenommen und via „Business Relationship Management“ strategische Themen wie Personalplanung und Personalentwicklung mit den Geschäftsbereichen behandelt. Für Innovationen und Change Management steht ein „Entwicklungscenter“, während das „HR-Servicecenter“ in bekannter Weise als zentraler (interner oder outgesourcter) Administrationsdienstleister fungiert. Das „Transformational-HR-Modell“ erweist sich insgesamt als komplexes System, das eine hohe Anzahl von Schnittstellen umfasst. Dazu kommt eine gewisse Unklarheit, was die konkrete Aufgabentrennung zwischen den Netzwerkpartnern von HR und der Linie betrifft.

Neo-agile HR-Strukturen

Wenn die Integration des HRM in die Linienorganisation nicht nur ansatzweise oder nur für bestimmte Teile erfolgt wie in einigen Netzwerkmodellen, sondern vollumfänglich durchgezogen wird, dann bedeutet dies nicht nur das Ende des Drei-Säulen-Modells wie weiter oben festgehalten, sondern auch das Ende der Human Resources als Organisationseinheit an sich. HR löst sich im Business auf und wird zu einer virtuellen Funktion. Man könnte bei dieser Art von „operating model“ von einer „ultimativen“ Dezentralisierung sprechen. Zwei Modelle stechen heraus:

- „Holacracy-HR-Modell“
  Die in den Publikationen von Brian Robertson, Frédéric Laloux und anderen propagierten neuen Organisationsansätze stellen die Verwandlung traditioneller hierarchischer Strukturen in demokratische unternehmerische Netzwerke in den Vordergrund. Dabei gilt das Prinzip, dass alle führen und Entscheidungen dezentral auf konsultativer Basis von denjenigen getroffen werden, die für das jeweilige Thema als kompetent anerkannt sind und damit den Zweck der Unternehmung am besten verfolgen können. Im täglichen „Betrieb“ arbeiten selbstgesteuerte Teameinheiten – Kreise genannt – zusammen, welche intensiv und transparent untereinander kommunizieren und so befähigt sind, eine bereichsübergreifende Zusammenarbeit zu forcieren. Einzelne Rollen bilden die zentralen Bausteine dieser Teams. Es existiert keine fixe Hierarchie und es gibt praktisch keine Stabsfunktionen. Holakratische Systeme lassen aber viele Freiheiten, welche Rollen in der Organisation überhaupt existieren sollen. Am Ende des Tages geht es darum, dass die Mitarbeiter in einem strukturierten Prozess an der

Unternehmung arbeiten und gemeinsam Lösungen für anstehende Fragen und Probleme finden. Das gilt auch für das HRM. Entsprechend impliziert der Holacracy-Ansatz, dass die Art und Weise, wie HR-Prozesse geführt und Personalentscheidungen gefällt werden, umfassend verändert wird. Die Weiterführung von personalbezogenen Aktivitäten ist zwar gewährleistet, sofern damit der Geschäftszweck sinnvoll unterstützt und das Unternehmen weitergebracht werden kann – und die dazu notwendigen Kompetenzen vorhanden sind. In der Praxis führt dies zur Verlagerung der wertschöpfenden Elemente des HRM in die selbstorganisierten Teams:

- **HR-Strategie**: organische Entstehung aus kollektiver Intelligenz der sich selbst führenden Mitarbeiter;
- **Rekrutierung**: keine Job-Titel und Stellenbeschreibungen, Interviews durch zukünftige Kollegen, Fokus auf Passung mit der Organisation;
- **Performance Management**: Peer-basierte Beurteilungen;
- **Kompensation**: selbst festgesetzte Gehälter mit Abstimmung durch Peers, kein individueller Bonus, gemeinsames Teilen des Gewinns;
- **Talent-Management**: persönliche Freiheit für Training, Fokus auf Kulturaufbau, persönliche Befragung zur eigenen Lernreise und zur Berufung;
- **Beförderung**: (Neu-)Verteilung von Rollen, basierend auf Übereinkunft zwischen Kollegen.

Diese Entwicklung geht erheblich weiter als die Integration der HR-Business-Partner in die Linienorganisation: HR-Profile verschwinden als eigenverantwortliche Funktionen und lösen sich auf in den Rollen einzelner Teammitglieder, welche über entsprechende Kompetenzen verfügen – oder auch nicht.

Zur umfassend „ultimativen“ HR-Dezentralisierung kommt es aber auch unter Holacracy nicht unbedingt. Eine personaladministrative Einheit bleibt als zentrale Querschnittsfunktion bestehen. Damit wird beispielsweise sichergestellt, dass rechtliche Rahmenbedingungen eingehalten werden, da dazu das Fachwissen in den Teams fehlt. Wie oben erwähnt, lassen sich diese Tätigkeiten aber auch outsourcen, womit die letzten Reste eines eigenständigen HR aus der Unternehmung verbannt wären.

- „Resourceful Humans-Modell“
  Fischer (2016/2017) plädiert mit seinem Modell „Resourceful Humans“ für eine konsequente Verlagerung der HR-Verantwortung an Führungskräfte und Mitarbeitende. Er übernimmt damit die Grundgedanken des Holacracy-Ansatzes: Unter

dem Motto „Kill HR“ wird die zentrale Personalfunktion komplett abgeschafft, indem das Unternehmen als Ganzes mit HR-Kompetenzen befähigt wird. Dadurch werden demokratische Ansätze in den Vordergrund gestellt, Hierarchien und Bürokratie beseitigt und die Fähigkeit zur Selbstorganisation gestärkt. Die Entwicklung von Human Resources zu „Resourceful Humans“ beschreibt demzufolge einen (holakratischen) Managementansatz, der Führungskräften und Mitarbeitenden unter der Maxime „Jeder ist HR“ erlaubt, direkten Einfluss auf wertsteigernde und strategische HR-Tätigkeiten wie beispielsweise Personalrekrutierung oder Talent-Management zu nehmen, ja diese direkt als „Unternehmer“ selbststeuernd zu verantworten. Administrationslastige Dienstleistungen (HR Services) werden ausgelagert, womit die holakratische Vorlage zu Ende gedacht wird und keine HR-FTE mehr im Unternehmen existieren.

Die radikale Polarisierung des HRM in eine ultimative Dezentralisierung einerseits (Auflösung der beratenden kundennahen HR-Einheiten in der Linie) und eine ultimative Zentralisierung andererseits (Auslagerung der administrativen Personaltransaktionen) ist aus der Historie nachvollziehbar. Es ist nichts anderes als die Weiterentwicklung der bereits existierenden Aufteilung zwischen einem „effizient-operationellen“ und einem „effektiv-strategischen“ HRM, eine Aufteilung, welche durch die massiven Technologiesprünge in den letzten Jahren und die Flexibilisierung der Arbeitsverhältnisse erst ermöglicht und dann weiterbefeuert wurde (vgl. auch Kapitel 3.1.7.). Dass diese Polarisierung aber zur Auflösung von HR als Funktion führen muss, wofür die Vertreter von radikalen HR-Agilitätsansätzen plädieren, dazu brauchte es auch die vielerorts erfahrene ungenügende Fähigkeit der Personalabteilungen, das Business adäquat zu unterstützen. Bekannte Publikationen wie diejenige von Fast Company (2005) legen den Finger auf diesen wunden Punkt und üben sehr harsche, in einiger Hinsicht aber auch nicht ganz unberechtigte Kritik an HR: nicht strategisch, nicht kundenorientiert, dafür bürokratisch und konzeptlos.

Auf der anderen Seite bedeuten die radikalen neo-agilen Theorien wie „Resourceful Humans“ einen Rückfall in die 60er-Jahre, als HR-Aktivitäten auch schon in die Linie eingebettet waren und zusätzlich in den meisten Fällen kein großes Ansehen genossen. Weil die zunehmende Menge und wachsende Komplexität der personalbezogenen Fragestellungen damals die Entwicklung eines eigenständigen HR und damit dessen Emanzipation von der Linie nicht nur ermöglichten, sondern auch erforderten, darf auch heute wieder bezweifelt werden, ob die Linienorganisation in der Lage, geschweige denn dazu befähigt ist, das für eine Unternehmung relevante Portfolio an Handlungsfeldern quantitativ und qualitativ zielführend abzudecken. So muss mangelnde Qualität und Verantwortungsbewusstsein in HR-Aktivitäten als das Hauptrisiko bei neo-agilen HR-Strukturen bezeichnet werden. Natürlich sind diese Risiken auch für traditionell strukturierte Personalfunktionen gegeben, sie treten aber bei einer Auflösung des HR unvermeidlich ein.

Die Erfahrung in der betrieblichen Realität zeigt immer wieder, dass die Linie, seien es Manager oder Mitarbeiter, weder die Zeit noch den Wunsch hat, sich intensiv mit HR-Konzepten, -Prozessen und -Instrumenten zu beschäftigen. Genau wie bei anderen betriebswirtschaftlichen Funktionen, sei es Marketing, Controlling oder Beschaffung, erwarten sie die nötige Unterstützung durch ausgewiesene Spezialisten. Diese Haltung hat sich noch dadurch akzentuiert, dass die Problemstellungen im HR in einer VUCA-Welt schwieriger geworden sind. Es ist in der Tat schwer vorstellbar, dass Mitarbeiter aller Stufen getreu dem Motto „Jeder ist HR“ sich selbst als Active Sourcer in der Rekrutierung oder im Talent-Management als Entwickler von nicht linearen Laufbahnkonzepten, die sich nicht entlang der Hierarchie bewegen, betätigen. Dazu fehlt nicht nur die Zeit, sondern häufig auch die Kompetenz. Deshalb werden neo-agile Radikalansätze mit an Sicherheit grenzender Wahrscheinlichkeit zwar kurzfristig zur Schaffung von business-integrierten HR-Spezialisten, aber mittelfristig wieder zur Etablierung von kleineren oder größeren HR-Organisationen führen.

Die vollständige Auflösung von HR als Funktion und die Übernahme dessen Tätigkeiten durch einzelne Rollen innerhalb des Teams ist deshalb realitätsfremd und nicht zielführend. Es gibt nur zwei Unternehmenskonstellationen, wo ein solcher Ansatz Sinn machen könnte. Und diese sind identisch mit denjenigen, welche traditionell die Existenz einer eigenständigen Personalabteilung infrage stellen:

- Die Unternehmung besitzt keine kritische Größe beziehungsweise ist (noch) so klein, dass sich die Schaffung eines HR nicht rechnet und die wenigen Führungsverantwortlichen sich informell über personalrelevante Entscheidungen verständigen können. Dies ist bei Unternehmensgrößen mit weniger als 60 bis 100 Mitarbeitern der Fall und entspricht damit der klassischen Situation in einer Start-up-Firma, wo die Kombination von Agilität und mangelnder Größe die Supportfunktionen wenigstens vorübergehend unbedeutend bleiben lässt. Eine solche Konstellation steht auch für eine Flex Value HR-Kernstrategie und reflektiert eine Unternehmenskultur, welche sich auf engen Kundenkontakt, hohes gegenseitiges Vertrauen und intensive Entscheidungsdelegation stützt.

- Die Unternehmung verfolgt eine ultimative HR-Low Cost-Strategie, das heißt, die bereits für die Start-up-Konstellation typische hohe Flexibilität verbindet sich mit einem ausgeprägten Kostenfokus. Entsprechend folgt die Auflösung von HR einer stringenten strategischen Logik (Bruederlin 2020/1, S. 55–56), die spezialisierte HR-Kompetenzen nicht benötigt und die noch vorhandenen administrativen Einheiten zu Drittlieferanten auslagert. Bei Unternehmungen mit einer HR-Investment- oder auch einer HR-Balance-Strategie, welche auf längerfristige Stabilität ausgerichtet sind, sollte ein holakratischer oder „Resourceful Humans"-Ansatz dagegen kein Thema sein.

In neo-agilen HR-Strukturen verbinden sich demzufolge die polarisierenden Ziele von ultimativer Zentralisierung und ultimativer Dezentralisierung: Die Auflösung der beratenden HR-Funktion in der Linienorganisation zusammen mit der Auslagerung der transaktionellen HR-Funktion an einen externen Lieferanten führt zur Abschaffung der Personalfunktion als Organisationseinheit.

Damit eine solche Konstellation möglich wird, beispielsweise wenn eine holakratische HR-Organisation überhaupt zum Tragen kommen soll, müssen begünstigende Voraussetzungen erfüllt sein:

- Die Mitarbeiter besitzen ausgeprägte fachliche, methodische und soziale Kompetenzen.
- Die Unternehmung besitzt einen homogenen Leistungskatalog, welcher sich primär im direkten Kundenkontakt äußert.
- Die Unternehmenskultur ist konsistent ausgebildet und hat eine schwache Hierarchieprägung.

Auch diese Punkte sind gerade bei größeren Unternehmungen nicht flächendeckend vorhanden. Will ein Unternehmen trotzdem radikal „agilisieren" und beispielsweise Holacracy einführen, stellt dies die HR-Abteilung vor praktisch unüberwindbare Hindernisse. Gerade für personalrelevante Inhalte, welche für die Gesamtorganisation Gültigkeit haben und entsprechend stark verankert sind, zeigen sich erhebliche Widersprüche, und es stellen sich einige Fragen. So haben beispielsweise Robertson und Laloux als flexible Vergütungen primär konsistente Gewinnbeteiligungen im Auge. Wie kann dann aber eine andere Art variabler Kompensation, welche für die gesamte Belegschaft vorgesehen, an bestimmte Standards gebunden und vertraglich vereinbart ist, gehandhabt werden? Und wie lässt sich Markt- und Positionssicherheit gewinnen, wenn ein Team eigenständige Vergütungsentscheidungen trifft, welche in erster Linie auf Meinungen basieren?

Obwohl Volken (2017) in ihrer Studie zeigt, dass die verschiedenen Elemente eines klassischen Vergütungssystems auch mit Holacracy kompatibel gemacht werden können, so resultieren doch erhebliche Spannungen, welche das Unterfangen als sehr schwierig erscheinen lassen. Weitergehende Veränderungen und Anpassungen sind idealerweise erforderlich.

Aus diesem Grund haben einzelne größere Unternehmen versucht, Holacracy in Teilbereichen, auf welche die relevanten Faktoren eher zutreffen, einzuführen. Aber auch hier ergeben sich komplexe Schnittstellen: In wie viele Ressourcen will man wegen der Notwendigkeit zweier diametral unterschiedlicher Entscheidungsprozesse zusätzlich investieren? Oft geht dies nur, wenn bestehende Prozesse zwar neu aufgesetzt, aber nicht vollständig umgekrempelt werden. Mit anderen Worten, die Veränderung funktioniert nur, wenn sie nicht umfassend, sondern abgeschwächt implementiert wird. Beispielsweise kann die individuelle Bezugsebene puncto variabler Vergütung beibehalten werden. Dies widerspricht aber der geforderten Radikalität des holakratischen Systems. Es bleibt damit das Fazit, dass zur Umsetzung neo-agiler Organisationsansätze die weiter oben aufgeführten wesentlichen Bedingungen erfüllt sein müssen.

Die in diesem Buch geäußerte Forderung, dass radikale neo-agile Strukturen höchstens für eine verschwindend kleine Anzahl von (kleinen und agilen) Unternehmen effektiv geeignet sind, bedeutet nicht, dass diese Ansätze nicht auch interessantes Gedankengut enthalten, das von vielen Firmen im Zuge der Digitalisierung für Veränderungen genutzt werden könnte. So gehören Feedbacks und Beurteilungen von Kollegen zum Standard moderner Performance Management-Systeme. Und die Priorisierung von Gewinnbeteiligungen gegenüber individuellen Boni oder die Abkehr von standardisierten Laufbahnmodellen zugunsten der Diskussion flexibler Entwicklungsmöglichkeiten sind Überlegungen, die viele Personalabteilungen auch im Kontext traditioneller HR-Organisationen anstellen.

Obwohl in den letzten Jahren einige Publikationen zur Neukonzipierung von HR-Strukturen und HR-Geschäftsmodellen erschienen sind, bleibt als Fazit, dass diese nicht viel mehr als Weiterentwicklungen von traditionellen Organisationsformen darstellen. Es kann deshalb kein Zufall sein, dass die meisten neuen Ansätze den neo-traditionellen zugeordnet werden können. Traditionell-agile und schon gar neo-agile sind in der Minderzahl und haben sich in der betrieblichen Praxis bis jetzt kaum durchsetzen können. Sollten sich „Agilität" und „Flexibilisierung" als leitende Prinzipien strategischer Veränderungen nachhaltig bewähren, dann ist allerdings damit zu rechnen, dass dies auch auf die HR-Organisation eine längerfristige und massivere Wirkung ausüben wird.

3.6.8. Vierte Strukturrelevanz der Digitalisierung: „Digitalisierungsgetriebener Business-Fokus" und Transformationsorientierung

„Automation“ und „Innovation“, wie sie weiter oben ausführlich erläutert wurden, beziehen sich auf die Digitalisierung der HR-Funktion selbst. Dies bedeutet, dass das HRM sich mit den Möglichkeiten der intensiven Digitalisierung einer großen Anzahl eigener Aktivitäten auseinandersetzen muss. Dies begründet die sogenannten „agierenden“ HR-Handlungsfelder. „Flexibilisierung“ als weitere technologiegetriebene Strategie, wie sie weiter oben eingeführt wurde, markiert dagegen den Übergang zur Digitalisierung des Business, also der Geschäftsbereiche einer Unternehmung. Dies gilt weniger für die Flexibilisierung der Arbeitsverhältnisse als vor allem für die zweite Flexibilisierung, diejenige der Arbeitsinhalte.

Zweite Flexibilisierung: Arbeitsinhalte

„Bei der zweiten Flexibilisierung, welche verglichen mit der ersten eine größere Tragweite hat, geht es darum, dass sich einzelne Funktionen wie auch ganze Berufsfelder aufgrund der Digitalisierung kontinuierlich oder auch abrupt verändern. Einzelne Kompetenzen werden obsolet, andere müssen neu erarbeitet werden, Fähigkeitenprofile werden ständig neu zusammengestellt, um eine Arbeit zu leisten. Weiterqualifizierungen, Umschulungen, Kompetenzverbesserungen sind deshalb in der betrieblichen Realität nicht mehr nur wichtig, sondern zwingend notwendig – und zwar aus der Perspektive sowohl des Mitarbeitenden wie auch des Unternehmens. Unter dem Strich wird sich so mit der Zeit eine stärker werdende Trennung ergeben zwischen Funktionen und den traditionell damit verbundenen Kompetenzen. Mit anderen Worten: Kompetenzen sind immer weniger an bestimmte Jobs gebunden“ (Bruederlin 2020/2, S. 80–81).

Es sind also die Technologieschübe in den Geschäftsfeldern, welche die Flexibilisierung der Arbeitsinhalte treiben. Obwohl diese oft radikale Entwicklung das Personal als Funktion nicht direkt zu betreffen scheint, so kann die Auswirkung auf die HR-Organisation doch massiv sein: HR wird durch die Digitalisierung anderer Bereiche einer Firma mit den Auswirkungen auf die Mitarbeitenden konfrontiert und hat daraus resultierende Verantwortlichkeiten zu übernehmen. Es handelt sich deshalb um sogenannte „reagierende“ Handlungsfelder: „HR reagiert auf und beschäftigt sich mit der Digitalisierung des Geschäfts und damit mit betrieblichen Transformationen und deren Folgen“ (Bruederlin 2020/2, S. 71–72). Die entsprechenden Aktivitäten umfassen ein sehr breites Feld, wovon die Involvierung in die oben erwähnte zweite Flexibilisierung, nämlich die Mithilfe bei der zukunftsträchtigen Entwicklung neuer Berufsbilder, nur eines von mehreren darstellt. Gerade bei Schlüsselfunktionen ist es aber eines der wichtigsten.

Insgesamt können die folgenden Handlungsfelder im HR durch technologische Entwicklungen in den Unternehmen angestoßen werden (Bruederlin 2020/2, S. 72):

- **Aufbau einer digitalen Kultur** (z.B. durch Priorisierung der kulturellen Eignung von Bewerbenden im Rekrutierungsprozess);
- **Wegbereitung für ein digitales Führungsverständnis** (z.B. durch Konzeptionierung eines neu ausgerichteten Nachwuchsprogramms);
- **Analyse alter und neuer Berufsfelder** (z.B. durch Durchführung von umfassenden Berufsfeldanalysen);
- **Entdeckung geeigneter Talente** (z.B. durch Implementierung einer systematisch Kompetenzen-orientierten Personalsuche);
- **Umgang mit der Flexibilisierung von Arbeitsverhältnissen und Arbeitsinhalten** (z.B. durch Verknüpfung der Personalplanung mit einem systematischen Sourcing von unterschiedlichen Arbeitsmarkt-Segmenten);
- **Zusammenstellung und Interpretation von Daten** (z.B. durch bewusstes Ausweiten der Daten auf Quellen außerhalb von HR);
- **Entwicklung von „digitalen" HR-Kompetenzen** (z.B. durch auf die HR-Kernstrategie ausgerichtete Weiterqualifizierung);
- **Beratung in Sachen Digitalisierung** (z.B. durch klare Differenzierung zwischen agierenden und reagierenden Handlungsfeldern).

Alle diese Handlungsfelder beschreiben also wichtige Tätigkeiten der Personalabteilungen, Tätigkeiten, die ohne die Digitalisierung des Business gar nicht existieren würden. Mit anderen Worten, die Digitalisierung des Business erfordert auch eine Transformation des HRM. Es ist allerdings unwahrscheinlich, dass sich das HR all dieser Optionen gleichzeitig annimmt. Eine gewisse Fokussierung wird notwendig sein, und diese richtet sich nach den jeweiligen Priorisierungen der Entscheidungsträger, sprich der Geschäftsleitung.

Digitalisierungsgetriebener Business-Fokus auf der HR-Kernstrategiematrix

Die zukunftsgerichtete Digitalisierung eines Unternehmens erfordert also eine ausgeprägte Business-Orientierung des HRM, die sich in den oben aufgeführten Handlungsfeldern äußert. Diese „digitalisierungsgetriebene Business-Orientierung" bildet nach „Automation", „Innovation" und „Flexibilisierung" den vierten strategie- und strukturrelevanten Entwicklungsvektor für das HRM. Je nachdem, welche der oben aufgeführten Handlungsfelder und HR-Aktivitäten in welcher Tiefe angegangen werden, erfährt die HR-Kernstrategie eine Anpassung. Im Besonderen werden Maßnahmen in Bezug auf die Verstärkung bestehender Fähigkeiten oder die Beschaffung neuer Ressourcen erforderlich, welche oben stehende Herausforderungen adressieren können. Dadurch dass Unternehmensstrategien verstärkt mitentwickelt und HR- und Business-Strategien miteinander verzahnt werden, muss auch die Zusammenarbeit mit den Linieninstanzen nochmals intensiviert werden. Dies kann unter Umständen zu höheren quantitativen und qualitativen Bedürfnissen führen. Ähnlich wie bei der Innovation geht es daher um Qualitätsorientierung, Differenzierung und Individualisierung. Nur erfolgen allfällige Investitionen diesmal nicht in Funktionalitäten und Instrumente, sondern in die Kompetenzen der involvierten Menschen im Personalbereich. Diese Entwicklung wird auf der HR-Kernstrategiematrix analog der Innovationsstrategien durch eine

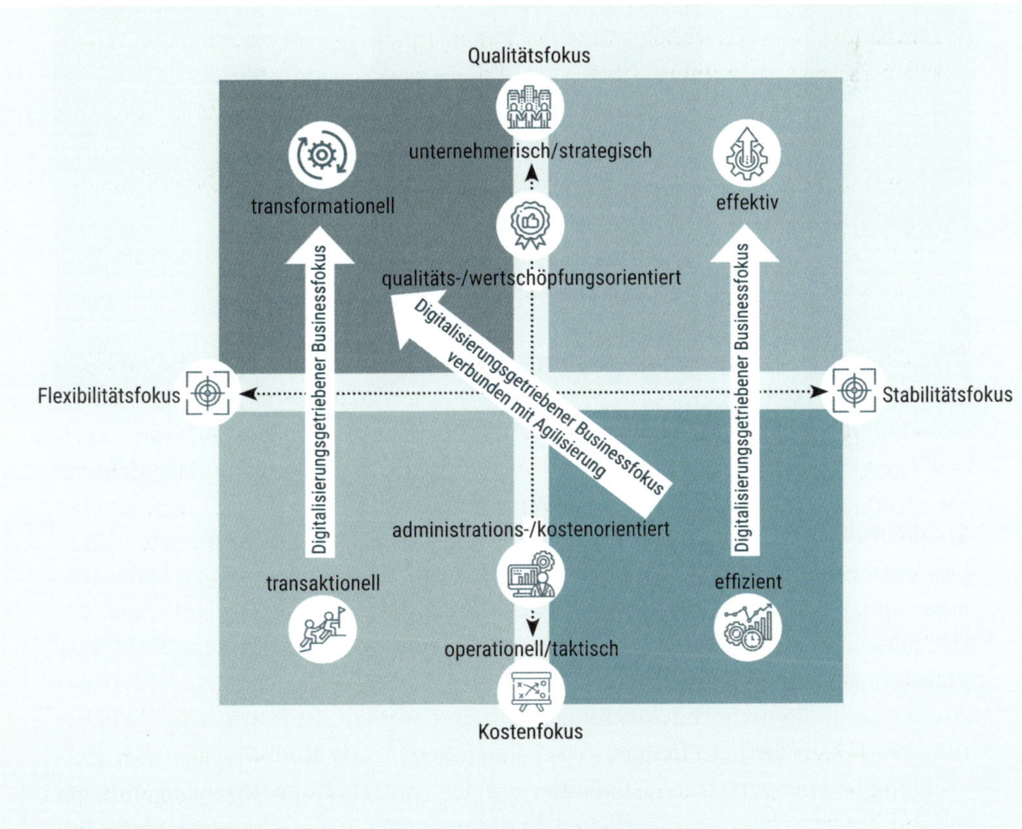

Abbildung 52: Business-Digitalisierung und HR-Kernstrategie

vertikale Bewegung nach oben reflektiert. Da eine solche Verschiebung in der Regel durch eine erhöhte und schnellere Anpassungsfähigkeit der HR-Funktion an die Bedürfnisse des Business begleitet wird, ist eine zusätzliche Bewegung in Richtung Flexibilitätsfokus denkbar (vgl. Abbildung 52).

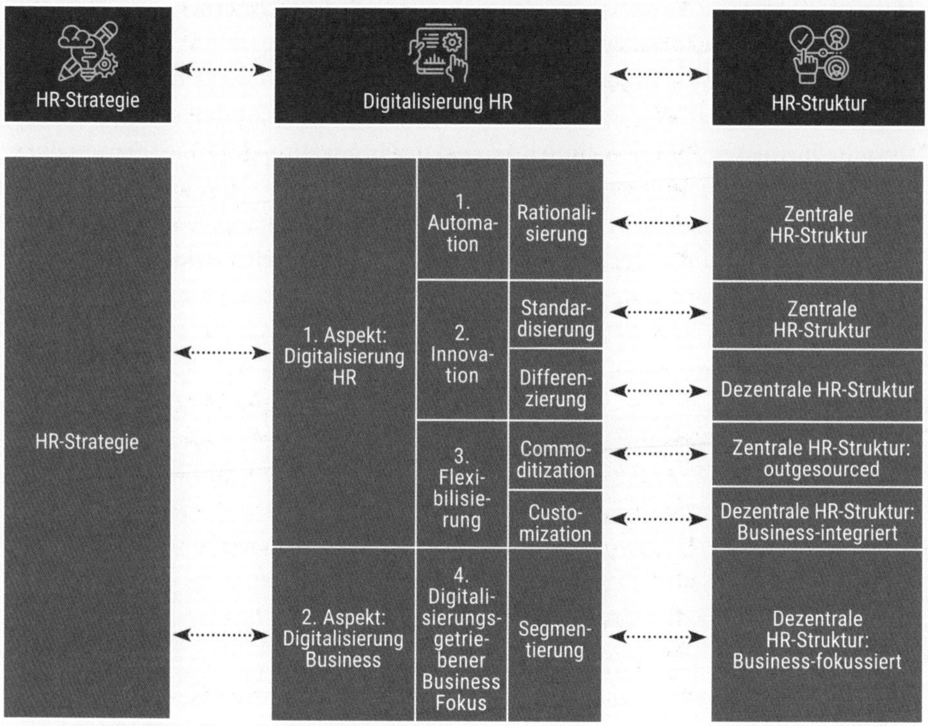

Abbildung 53: Umfassende digitalisierungsbedingte Strukturauswirkungen auf das HRM

Strukturelle Auswirkungen

Das entscheidende personalstrategische Element einer ausgeprägten Unternehmensdigitalisierung ist die substanzielle Erhöhung der Geschäftsorientierung des HR und damit in organisatorischer Hinsicht eine verstärkte Dezentralisierung. Praktisch alle oben aufgeführten HR-Handlungsfelder, welche durch geschäftsspezifische technologische Entwicklungen aktiviert werden, bedingen eine Annäherung des HR an die betreffenden Geschäftseinheiten. Die Konsequenz dieser Entwicklung ist eine verstärkte Segmentierung der von HR zu bedienenden Kunden, um auf deren sich in veränderlichen Märkten immer mehr differenzierende Bedürfnisse gezielt eingehen zu können. Kurz und bündig könnte das folgendermaßen ausgedrückt werden: je agiler die Linie, je segmentierter HR. Unter einem expliziten Digitalisierungsregime ist demzufolge gerade in größeren Unternehmungen eine Weiterführung und Intensivierung des Mehrfach-HR-Kernstrategie-Ansatzes zu erwarten (Bruederlin 2020/1, S. 64–65). Dies muss sich auf die Art und Weise, wie HR sich aufstellt, auswirken und zu einer verstärkten Etablierung dezentraler Einheiten führen. Eine weitergehende Koordination ist nur noch über wenige Themenfelder nötig, beispielsweise wenn es darum geht, die digitale Kultur oder das technologiebezogene Führungsverständnis zu definieren und zu entwickeln. Die Folge davon ist, dass bei einer digitalisierungsgetriebenen Business-Orientierung zentrale Personaleinheiten zwar immer noch benötigt werden, aber der vierte Entwicklungsvektor bewirkt vor allem eine weitergehende Dezentralisierung des HRM. Abbildung 53 vervollständigt entsprechend das Bild der strukturellen Auswirkungen der Digitalisierung, also des dritten organisationsrelevanten Bereichs.

Zusammenfassend kann festgehalten werden, dass mit den personalrelevanten Auswirkungen einer Unternehmensdigitalisierung ein neuer Aspekt ins Spiel kommt, der HR-Strategie und HR-Struktur im Kontext technologischer Entwicklungen prägt: Es ist nicht nur die Digitalisierung des HR, die mittels Automations-, Innovations- und Flexibilisierungsstrategien („agierende“ Aktionsfelder) die Organisationsform der Personalfunktion mitbestimmt, sondern es ist auch die Digitalisierung und Flexibilisierung des Unternehmens und seiner maßgeblichen Geschäftsfelder, welche die geschäftsspezifische Ausrichtung der HR-Funktion inhaltlich determiniert („reagierende“ Aktionsfelder) und so strukturelle Verschiebungen in Richtung business-fokussierte HR-Organisationen auslösen können. Daraus folgt, dass es zwei verschiedene HR-Strategien im Kontext „Digitalisierung“ braucht:

- eine Digitalisierungsstrategie für das HRM
- eine HR-Strategie für das digitale Unternehmen

Wenn man die Annahme trifft, dass zentralisierende HR-Organisationen primär einem Kostenprimat unterworfen sind (Effizienzfokus) und umgekehrt dezentralisierende HR-Strukturen eine kundenorientierte Wertschöpfung unterstützen (Effektivitätsfokus), dann lassen sich unterschiedliche Ableitungen für die beiden aufgeführten HR-Strategien machen.

Eine Digitalisierungsstrategie für das HRM offeriert mit den Faktoren „Rationalisierung“, „Standardisierung“ und „Commoditization“ ein Übergewicht an Zentralisierungstreibern. Zwar kann mit den Faktoren „Differenzierung“ und „Customization" auch die Dezentralisierung gefördert werden – und der Ausgleich zwischen den beiden entgegengesetzten Ausrichtungen repräsentiert ein wichtiges Indiz für eine optimale Nutzung der Digitalisierung im HRM. Trotzdem bleibt das Risiko einer priorisierten Zentralisierung, was sich in der betrieblichen Praxis auch immer wieder aufzeigen lässt. Dagegen wird eine HR-Strategie, die sich mit der Digitalisierung des Unternehmens beschäftigt und sich an dieser und deren differenzierenden Bedürfnissen orientiert, immer eine dezentralisierende Wirkung auf die HR-Struktur ausüben.

In diesem Buch wird die These vertreten, dass die personalrelevanten Folgen der Digitalisierung des Business für die hierarchische und reputationsbezogene Positionierung der HR-Funktion relevanter sind als die Digitalisierung des HR selbst. Es ist nämlich die konsequente Ausrichtung an der (digitalen) Entwicklung der Geschäftsfelder, welche es der HR-Funktion erlaubt, längerfristig als strategischer Mitentscheider im Unternehmen zu wirken. Dagegen steuert die Digitalisierung der HR-Funktion oft auf eine möglicherweise radikale Zentralisierung zu, was zuerst zu einer Beschränkung auf Transaktionelles mit dazugehörigem Personalabbau führt, dann zur Auslagerung der verbliebenen HR-Tätigkeiten und damit zur Eliminierung der HR-Funktion im Unternehmen. Bei einer radikalen Dezentralisierung kann durch ein vollständiges Aufgehen in den Linienrollen die HR-Funktion im schlimmsten Fall zwar auch verschwinden. Dies ergibt aber primär bei HR-Low Cost-Strategien Sinn und sollte deshalb ausschließlich in Ausnahmefällen zu erwarten sein (vgl. „Neo-agile HR-Strukturen, Kapitel 3.6.7.). Deshalb kann kurz und prägnant formuliert werden: Die Digitalisierung der Geschäftsfelder bedeutet für das HRM eine Chance – in der Form eines verstärkten Business-Fokus. Die Digitalisierung der eigenen Funktion hingegen steht für ein Risiko – in der Form einer offensichtlichen Marginalisierung.

Nachdem die Erläuterungen zu allen für die HR-Struktur relevanten Digitalisierungsaspekten abgeschlossen sind, lassen sich diese in der dritten Entscheidungssystematik in Bezug auf die für ein Unternehmen passende HR-Organisation zusammenfassen.

3.6.9. Entwicklung der passenden HR-Struktur: Dritte Entscheidungssystematik

Die Dimension von Zentralisierung und Dezentralisierung spielt bei den einer Digitalisierung geschuldeten Strukturoptionen ebenso die maßgebende Rolle, wie sie das beim zweiten Strukturierungsbereich tut, der sich explizit mit diesem Spektrum auseinandersetzt (vgl. Kapitel 3.5.). Die dritte Entscheidungssystematik besagt nämlich, dass sechs verschiedene Digitalisierungsstrategien, welche das HR einschlagen kann, sechs unterschiedliche Ausprägungen auf dem Zentralisierungs- und Dezentralisierungsspektrum ermöglichen (vgl. Abbildung 54). Dabei können Zentralisierung und Dezentralisierung durch technologische Möglichkeiten „radikalisiert“ werden. Mit anderen Worten, die Digitalisierung respektive die übermäßige Gewichtung einzelner personalrelevanter Digitalisierungsstrategien polarisiert dergestalt zwi-

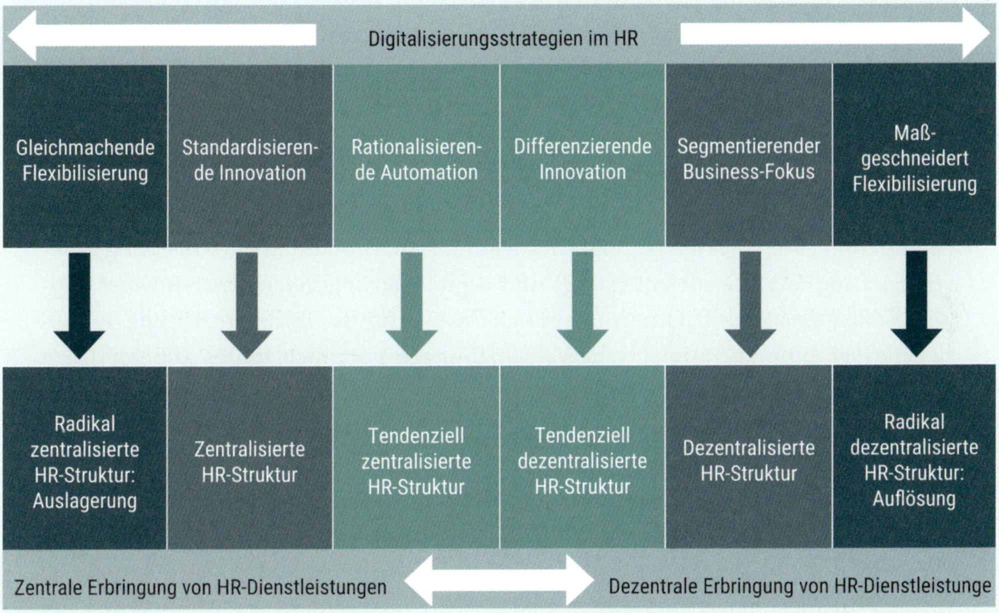

Abbildung 54: Strukturrelevante HR-Digitalisierungsstrategien

schen zentral-standardisierten HR-Commodities und dezentral-maßgeschneiderten HR-Dienstleistungen, bis die für beide zuständige HR-Funktion in diesem Spannungsfeld aufgerieben und ausgelöscht wird: die Administration wird ausgelagert, die Business-Partner in der Linie aufgelöst. Wenn aber HR als eigenständige Organisation verschwindet, wenn die strukturelle Verbindung zwischen HR-Front- und HR-Backoffice gekappt wird, dann gibt es auch keine Demarkationslinie mehr, welche zwischen zentralen und dezentralen HR-Aktivitäten differenzieren könnte. Die Digitalisierung hat also einen entscheidenden Einfluss nicht nur darauf, wie sich die HR-Organisation im Spektrum zentral–dezentral aufstellt, sondern ob es sie überhaupt noch gibt.

Abbildung 54 zeigt demzufolge die Gesamtheit der strukturrelevanten Wirkungen im Kontext möglicher personalrelevanter technologischer Entwicklungen. Die vier mittleren Strukturpositionen des HRM auf dem Kontinuum zwischen zentral und dezentral zu erbringenden Dienstleistungen verlangen im Gegensatz zu den beiden extremen Außenpositionen nach einer Demarkationslinie. Das heißt, solange die HR-Funktion existiert, wird sie sich zwischen zentralen und dezentralen Aufgaben aufteilen können und dies auch tun. Im dritten Strukturierungsbereich sind diese Positionen aber nicht mehr bestimmt durch die Konsistenz mit dem (De-)Zentralisierungsgrad der Unternehmung, wie es das Spiegelungsprinzip vorgibt (vgl. Abbildungen 37, 38 und 39 im Kapitel 3.5.6.), sondern jetzt geht es um die Konsistenz der HR-Struktur mit ausgeprägten personalbezogenen Digitalisierungsstrategien. Letztere bilden entsprechend die Treiber des dritten Strukturierungsbereiches.

Automation (Systemorientierung), Innovation (Funktionalitätenorientierung), Flexibilisierung (Agilitätsorientierung) und digitalisierungsgetriebener Business-Fokus (Transformationsorientierung) bilden die vier für das HRM wichtigen Digitalisierungsvektoren, die strategische Verschiebungen nach sich ziehen können. Ganz im Sinne der geforderten „dritten Konsistenz“ zwischen HR-Strategie und HR-Struktur nehmen die Digitalisierungsvektoren deshalb auch Einfluss auf die organisatorische Ausprägung des HRM und dessen Geschäftsmodell, im Wesentlichen auf den Grad der Zentralisierung oder Dezentralisierung. Dabei darf zusammenfassend festgehalten werden, dass die Digitalisierung eine radikale Zentralisierung wie auch eine radikale Dezentralisierung erst möglich macht. Dies birgt einiges an Risiken für die Zukunft des HRM: Erstere führt am Schluss zur Auslagerung der Personalaktivitäten, Letztere zur Auflösung im Business unter Eliminierung der eigentlichen HR-Profile. Beides ist längerfristig nicht zielführend, weil die Minimalqualität personalbezogener Aktivitäten wegen fehlender Governance, vor allem aber wegen zu erwartender Kompetenzdefizite nicht gewährleistet ist. Deshalb muss es das Ziel von HR sein, die Zentralisierung und Dezentralisierung nur so weit zu treiben, dass Business-Fokus und Transaktionsqualität konsequent optimiert, aber nicht maximiert werden. Dabei soll die Zentralisierung als tendenziell traditionelle Sichtweise gelten, die alles dem Kostenprimat unterordnet und damit neueren Organisationsentwicklungen entgegenläuft. Dezentralisierende Strategien können dagegen eher als innovative Ansätze angesehen werden, welche moderne und agile Strukturen unterstützen. Deshalb ist eine höhere quantitative und qualitative Gewichtung der kundenorientierten HR-Profile, wie beispielsweise Business-Partner, gegenüber einer Fokussierung auf standardisierende Shared Services nicht nur ein Zeichen für eine unterschiedliche HR-Kernstrategie (vgl. Abbildung 33), sondern auch für eine agilere Unternehmensstruktur, die ein entsprechend geschaltetes HRM erfordert.

Von der Digitalisierung im Personalkontext ist es ein kleiner Schritt zur hierarchischen Positionierung der HR-Funktion. Wie ausführlich erläutert wurde, können sich personalrelevante Digitalisierungsstrategien umfassend auf die HR-Organisation auswirken, was auch deren hierarchische Stellung beeinflussen wird – von prominent, anerkannt und wichtig bis irrelevant, missachtet und inexistent.

3.7. Der vierte Strukturierungsbereich: Positionierung und Hierarchie

Die organisatorische Verankerung und reputationsbezogene Stellung des HR bildet den dritten Konsistenzfaktor und damit den vierten und letzten Bereich, der mit der Art der Organisation des HRM einer Unternehmung in Beziehung steht und diese beeinflussen kann, aber auch von ihr beeinflusst wird. Die Fragen, welche durch diesen beantwortet werden sollen, sind folgende: Wie wichtig ist die HR-Funktion und wie schlägt sich das in der Hierarchie nieder? Es können vier verschiedene Bedeutungsgrade – man könnte auch sagen Konsistenzebenen – für diese Fragestellung definiert werden. Diese werden in Abbildung 55 dargestellt.

Die vier organisatorischen Bedeutungsstufen lassen sich in aufsteigender Reihenfolge entsprechend beschreiben:

1. HR, respektive der HR-Leiter, berichtet an jemanden unterhalb der Geschäftsleitung (GL-1) und ist deshalb in einer hierarchisch unbedeutenden Position mit ausführendem und unselbstständigem Charakter. Die Funktion ist weder innovativ noch strategisch oder kompetitiv. Diese Stellung lässt auch kaum eine unabhängige Meinung zu.
2. HR, respektive der HR-Leiter, ist auf der zweiten Führungsebene und berichtet an ein Mitglied der Geschäftsleitung. Mit wenigen Ausnahmen handelt es sich dabei um den CFO oder den COO. Die Einbettung bei den Finanzen indiziert einen hohen Kostenfokus, diejenige bei der Logistik eine ausgeprägte Prozessorientierung. Diese Ausrichtung kann, muss aber nicht zwingend der passenden HR-Kernstrategie entsprechen.
3. HR, respektive der HR-Leiter, befindet sich auch auf der zweiten Führungsebene, hat aber eine direkte Berichtslinie zum CEO und vertritt in der Regel die HR-Anliegen in der Geschäftsleitung, ohne dort Mitglied zu sein. Trotzdem erlaubt diese Stellung eine direkte Einflussnahme im obersten Führungsgremium.

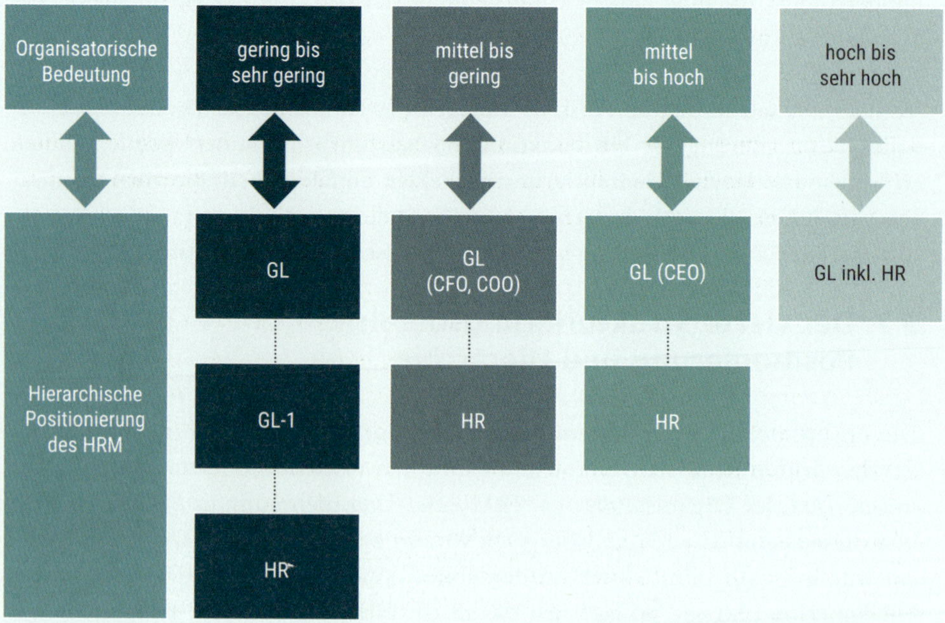

Abbildung 55: Bedeutung und Positionierung des HRM

Außerdem indiziert die direkte Unterstellung beim CEO einen engen Bezug und erlaubt ein gutes Vertrauensverhältnis: Der HR-Leiter hat zwar keinen „Sitz“ am Tisch, aber eine „Stimme“.

4. HR, respektive der HR-Leiter, ist gleichberechtigtes Mitglied des obersten Leitungsorgans der Unternehmung, berichtet direkt an den CEO und hat so „Sitz und Stimme am Tisch“. Entsprechend operiert der CHRO auf Augenhöhe mit CFO, COO, CMO etc. Gerade die gleichberechtigte Zusammenarbeit mit dem Finanzchef ist für den Erfolg der HR-Funktion entscheidend, da die beiden Bereiche sehr viele Schnittstellen aufweisen, welche nicht durch eine hierarchische Unterstellung gelöst werden sollten. So kann sich die HR-Funktion erfolgreich innerhalb des Unternehmens behaupten und demonstriert eine hohe Eigenständigkeit. Damit verbinden sich in der Regel Attribute wie Strategie- und Innovationsfähigkeit.

Wie im Kapitel 3.1. über die historische Entwicklung der Personalorganisation erläutert wurde, haben sich bezüglich der Positionierung des HRM verschiedene Phasen manifestiert. Ab Mitte des 20. Jahrhunderts hatte die Funktion erstmals eine gewisse Bedeutung erlangt, als sie sich als eigenständige Einheit mit wachsenden

Aufgaben und Verantwortung von der „kaufmännischen" Abteilung zu emanzipieren und vom Bild des unwichtigen Administrators zu lösen begann. Obwohl sich diese positive Entwicklung bis zu Beginn des neuen Jahrtausends fortsetzte und in der Erkenntnis gipfelte, dass das HRM als strategischer Partner einen substanziellen Beitrag zum Unternehmenserfolg zu leisten habe, kann zum heutigen Zeitpunkt keinesfalls von einer flächendeckend hohen Relevanz des HR gesprochen werden. Ganz im Gegenteil, das Ausmaß, wie die Personalabteilung in ein Unternehmen eingebunden ist und welche Bedeutung sie hat, variiert entlang den vier aufgelisteten Möglichkeiten sehr stark und spiegelt damit unterschiedliche Schwerpunkte im mehrmals thematisierten Spannungsfeld zwischen Effektivität und Effizienz.

Die Bedeutung des Personals als „wichtigstes Asset" einer Unternehmung wird zwar kaum je bestritten. Gleichzeitig wird aber das Postulat, dass die HR-Abteilung entsprechend prominent zu positionieren sei, nicht umfassend geteilt. Die Aussage „Unser Personal ist unser wertvollstes Gut" führt also nicht automatisch zum Schluss „Unsere HR-Leitung muss einen Sitz in der Geschäftsleitung haben". Die für die Mitarbeiter der Personaleinheiten benutzten Bezeichnungen helfen bei einer objektiven Verortung auch nicht weiter. Sie sagen oft nichts aus im Hinblick auf die effektiv wahrgenommene Funktion und sind in keiner Weise konsistent, manchmal beschönigend (z.B. „Human Capital Spezialist"), manchmal abwertend (z.B. „Mitarbeiter Personalbüro"), eine Konstellation, wie sie schon bei den Bezeichnungen für den „Business-Partner" angetroffen wurde (vgl. Kapitel 3.5.3.). Als Fazit bleibt, dass es immer unterschiedliche organisatorische Positionierungen des HRM geben wird, und zwar als Folge des Zusammenhangs mit den anderen Strukturierungsbereichen. Mit anderen Worten, dadurch dass jede Unternehmung die verschiedenen Strukturtreiber anders gewichtet und entsprechend umsetzt, resultieren für die HR-Funktion unterschiedliche Bedeutungen und unterschiedliche hierarchische Positionen im Unternehmen, die auch völlig unterschiedlich benannt werden.

Um diesen Punkt klarer werden zu lassen, sollen einzelne Bezüge zwischen der hierarchischen Stellung des HR und den anderen Strukturierungsbereichen HR-Kernstrategie, Unternehmensstruktur, Zentralisierung/Dezentralisierung und Digitalisierung/Flexibilisierung hervorgehoben werden:

- Konsistenz zwischen HR-Positionierung und HR-Kernstrategie:
  Beispielsweise reduziert eine HR-Low Cost-Strategie die Personalabteilung auf eine kurzfristig ausgelegte Kostenorientierung und damit auf administrative Transaktionen, welche keine besondere Stellung in der Hierarchie erfordern,

sondern rein ausführenden Charakter haben. Bei einer HR-Investment-Strategie verhält es sich genau umgekehrt (vgl. Kapitel 3.4.4.).

- Konsistenz zwischen HR-Positionierung und Unternehmensstruktur:
  Es hat sich gezeigt, dass die Reputation und Glaubwürdigkeit von Business-Partnern in dezentralen Unternehmenseinheiten viel eher gegeben ist als diejenige für HR-Profis, welche aus einer zentralen Headquarter-Organisation heraus operieren (vgl. Kapitel 3.5; Lawler 2003).
- Konsistenz zwischen HR-Positionierung und (De-)Zentralisierungsgrad:
  Konsequente Zentralisierungen der Personalabteilung führen zu einer Stärkung der administrationslastigen Shared Services, was sich wiederum negativ auf die Bedeutung des HR insgesamt auswirkt. Es ist deshalb eine logische Folge, dass die extreme Form der Zentralisierung, nämlich das Outsourcing von HR-Aktivitäten, zur Abschaffung des Personals als eigenständige Einheit führt. Eine solche Entwicklung erfolgt zulasten von kundennahen Business-Partner-Einheiten, welche in der Regel für eine hohe Glaubwürdigkeit des HR stehen. Umgekehrt stärkt eine hohe Dezentralisierung die Bedeutung von HR, und die für einzelne Organisationseinheiten zuständigen Personalprofis nehmen in der Regel Einsitz in den entsprechenden Leitungsorganen ihrer Geschäftsfelder (vgl. Kapitel 3.5.4.).
- Konsistenz zwischen HR-Positionierung und Digitalisierung:
  Die Automation von HR-Prozessen dient primär einer kostensparenden Effizienz und bewirkt bei einer starken Übergewichtung eine intensive Substitution von Personalressourcen. Dies steht für eine Fokussierung des HR auf Standardisierung und Zentralisierung, die sich mit einer Betrachtungsweise des HRM als reine Commodity verbindet. Die Folge sind eine geringe Bedeutung der Funktion und eine irrelevante organisatorische Stellung (vgl. Kapitel 3.6.3.). Umgekehrt steht der Einsatz von innovativen digitalen Instrumenten für eine qualitätssteigernde Effektivität in der Form einer zielführenden Zusammenarbeit mit den personellen Ressourcen (Komplementarität). Eine solche Entwicklung reflektiert eine Fokussierung des HR auf Differenzierung und Dezentralisierung. Es soll die Linie mit einem breiter aufgestellten Kompetenzportfolio optimal unterstützen und damit zu einer besseren Leistung der Gesamtorganisation beitragen. Die Funktion des Personals erfährt dadurch eine maßgebliche Aufwertung, welche sie organisatorisch auf die gleiche Ebene wie Finanz oder Marketing stellt. Dies zeigt sich analog bei der digitalisierungsbedingten Strategie des „segmentierenden Business-Fokus“ (vgl. Kapitel 3.6.5.).
- Konsistenz zwischen HR-Positionierung und Flexibilisierung:
  Wie weiter oben erläutert, erhöhen Flexibilisierungsstrategien, sei es in Bezug auf Arbeitsverhältnisse wie auch Arbeitsinhalte, die Anpassungsfähigkeit und damit die Agilität von Unternehmen. Begleitet werden solche Entwicklungen von radika-

len Zentralisierungen oder ebenso radikalen Dezentralisierungen. Für das HR, welches diese Dynamik übernimmt, ergeben sich massive Konsequenzen sowohl auf der Strategie- wie auch auf der Strukturseite. Einerseits werden HR-Dienstleistungen zu reinen Commodities reduziert. Dies passiert bei Tätigkeiten, welche keiner erfolgversprechenden Differenzierung bedürfen und bei denen deshalb eine permanente Marktanpassung wenig bringt. Die strukturellen Folgen sind Zentralisierung und im Extremfall Outsourcing – die ultimative Bedeutungslosigkeit für die Personalfunktion. Andererseits kann eine ausgeprägte Anpassung an Kundenbedürfnisse (Customization) zu einer gewinnbringenden Differenzierung der HR-Dienstleistungen führen. Die strukturelle Folge ist eine starke Dezentralisierung, welche mit einer hohen Bedeutung und Gewichtung des HR für die entsprechende Geschäftseinheit einhergeht. Allerdings besteht das Risiko einer weitergehenden radikalen Dezentralisierung bis zur Auflösung des HR in der Business-Organisation (vgl. Kapitel 3.6.8.).

Auch der vierte Strukturierungsbereich darf also nicht isoliert betrachtet werden, sondern weist Überschneidungen mit den anderen drei Bereichen auf. Ein wesentlicher Faktor unterscheidet ihn allerdings: Die hierarchische Positionierung ist weniger ein Strukturtreiber, sondern die logische Konsequenz des systematischen Strukturfindungsprozesses. Während die ersten drei Strukturierungsbereiche „HR-Strategie und Unternehmensstruktur", „Zentralisierung und Dezentralisierung" und „Digitalisierung" am Anfang einer systematischen Entscheidungsfindung in Bezug auf die Organisation der Personalfunktion stehen, bildet der vierte Strukturierungsbereich „Positionierung und Hierarchie" in der betrieblichen Realität eher das Ende des Prozesses: Er ist weniger ein Strukturindikator denn eine Strukturfolge. Mit anderen Worten, wenn sich das HRM ausgeprägt funktional und/oder standardisiert zentral ausrichtet, dann deutet dies darauf hin, dass dieses HRM im Unternehmen keine wesentliche Rolle spielt und entsprechend keine organisatorische Bedeutung hat. Führt die systematische Analyse der strukturrelevanten Faktoren dagegen zur Etablierung einer eher dezentralen kundennahen HR-Struktur, welche sowohl strategische wie auch marktdifferenzierende Rollen übernehmen kann, dann wird diese Personalfunktion sowohl hierarchisch wie auch reputationsmäßig an vorderster Front mitspielen. Natürlich verfügt ein solches HR auch über bestimmte zentralisierte Funktionen, aber nur wo dies sinnvoll ist, weil mit den entsprechenden Aktivitäten im Markt kein Mehrwert erreicht werden kann.

Die Konsistenz mit den anderen Strukturierungsbereichen bildet demzufolge den analytischen Weg zur hierarchischen Verortung der Personalfunktion. Oft hängt diese Positionierung allerdings von Beginn an nicht an einem solchen systematischen Entscheidungsprozess, sondern an der (vorgefassten) Meinung der Entscheidungsträger, im Wesentlichen des CEO. Es ist seine Entscheidung, wie bedeutend das HRM eingestuft und wo es in der Unternehmenshierarchie angesiedelt wird. Auf Basis welcher Kriterien eine solche Meinung zustande kommt, ist unterschiedlich. Da können Vorurteile im Spiel sein („HR ist Liniensache"), bisherige Erfahrungen mit der Personalfunktion mitspielen („HR ist für die Firma und für mich immer/nie wichtig gewesen"), genauso wie Kostenüberlegungen („Wie viel soll für HR maximal ausgegeben werden?"). Im Guten bedeutet dies, dass die Unternehmensführung im HR einen wichtigen und kompetenten Vertrauten sieht, der sie in jeder Situation unterstützt und berät. Im Schlechten trifft sich eine solche „Spontanpositionierung" mit der Ansicht, dass HR vor allem die Administration zu erledigen und die Löhne richtig zu bezahlen habe. Ob eine auf diesem Weg definierte organisatorische Stellung des HRM konsistent ist mit der HR-Strategie, der Unternehmensstruktur, deren Zentralisierungsgrad sowie den gewählten Digitalisierungsstrategien, also den wesentlichen Strukturtreibern, ist eine andere Frage. Es wäre wichtig, dies genau zu klären. Nicht selten ist nämlich eine fundamentale strukturelle Inkonsistenz gerade darin begründet, dass sich die HR-Funktion auf einer bedeutungslosen hierarchischen Ebene findet, welche nicht zu den Inhalten passt, die sie im Rahmen der passenden Strategie zu vertreten hätte. Umgekehrt kommt es aber auch vor, dass die Personalabteilung hierarchisch besser positioniert ist, als es ihre HR-Kernstrategie und andere Strukturindikatoren vermuten ließen.

3.7.1. Zusammenarbeitsprinzipien

Eng verbunden mit der Bedeutung und der Stellung des HRM in einer Unternehmung ist die Art und Weise, wie personalrelevante Entscheidungen gefällt werden. Dies lässt sich anhand der vier HR-Kernprozesse Talente-Akquisition (Rekrutierung), Compensation (Vergütung), Talent-Management (Entwicklung) und Release Management (Freisetzung) gut überprüfen. Aus den zahlreichen Entscheidungen, welche bei diesen vier Prozessen anfallen, werden jeweils zwei ausgewählt. Diese sind für die Interaktion des HR mit dem Linienmanagement maßgebend und stellen deshalb die im HRM wesentlichen Kernentscheidungen dar (vgl. Abbildung 56).

Es sei an dieser Stelle erwähnt, dass administrative und transaktionsorientierte Prozesse in der Regel keine weitergehenden Entscheidungen erfordern, weshalb sie exklusiv beim HR angelagert werden können. Mit anderen Worten, sie spielen für die entscheidungsbezogene Interaktion zwischen Linie und HR kaum eine Rolle. Umso skeptischer werden die im Kontext von Self Service-Strategien vorkommenden Versuche des HR, administrative Aktivitäten an die Linie zu delegieren, betrachtet (vgl. Kapitel 3.5.1., 3.5.2. und 3.6.3.). Dies funktioniert nur reibungslos, wenn auf beiden Seiten ein ökonomischer Gewinn offensichtlich ist: Kostengewinn beim HRM, Zeitgewinn beim Anwender. Bei den nachfolgenden HR-Kernentscheiden ist hingegen eine klar definierte Verteilung der Verantwortung zwischen Linie und HR notwendig.

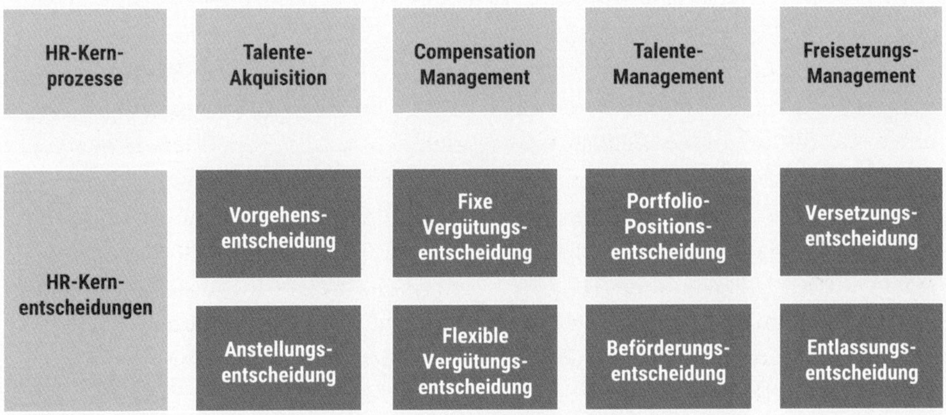

Abbildung 56: Die acht personalrelevanten Kernentscheidungen

Wer in welcher Weise für diese acht Entscheidungen verantwortlich ist, wird je nach Unternehmung unterschiedlich gehandhabt. In Analogie zu den vier hierarchiebezogenen Bedeutungsstufen der Personalabteilung lassen sich vier Ansätze bezüglich der Verteilung der Entscheidungsrechte definieren. Die Grenzen zwischen den Stufen sind dabei fließend.

1. HR hat keine Entscheidungsbefugnisse. Sämtliche in Abbildung 56 aufgeführten Kernentscheidungen werden vom zuständigen Linienmanager gefällt. HR spielt die Rolle eines administrativen Prozessgehilfen.
2. HR hat limitierte Entscheidungsbefugnisse. Dies bedeutet, dass HR auf Basis vorbereitender Aktivitäten für alle Kernentscheidungen Vorschläge machen kann. Die abschließende Wahl wird wiederum vom zuständigen Linienmanager getroffen, ohne dass das HR intervenieren könnte. HR spielt die Rolle eines unterstützenden Beraters.

3. HR hat weitergehende Entscheidungsbefugnisse. Alle relevanten Kernentscheidungen werden zwischen HR und Linie offen diskutiert. Ein Konsens wird angestrebt. Wird dieser nicht erzielt, entscheidet der zuständige Linienmanager. HR spielt die Rolle eines entscheidungsunterstützenden Partners.
4. HR-Manager und Linienmanager haben identische Entscheidungsbefugnisse. Wie bei der dritten Stufe ist es das Ziel, für jeden Beschluss einen Konsens zu erzielen. Beide Parteien haben in jeder Situation ein Vetorecht. Im Notfall muss eine Entscheidung auf die nächsthöheren Hierarchiestufen (Linie und HR) delegiert werden. HR spielt die Rolle eines gleichberechtigten Entscheiders.

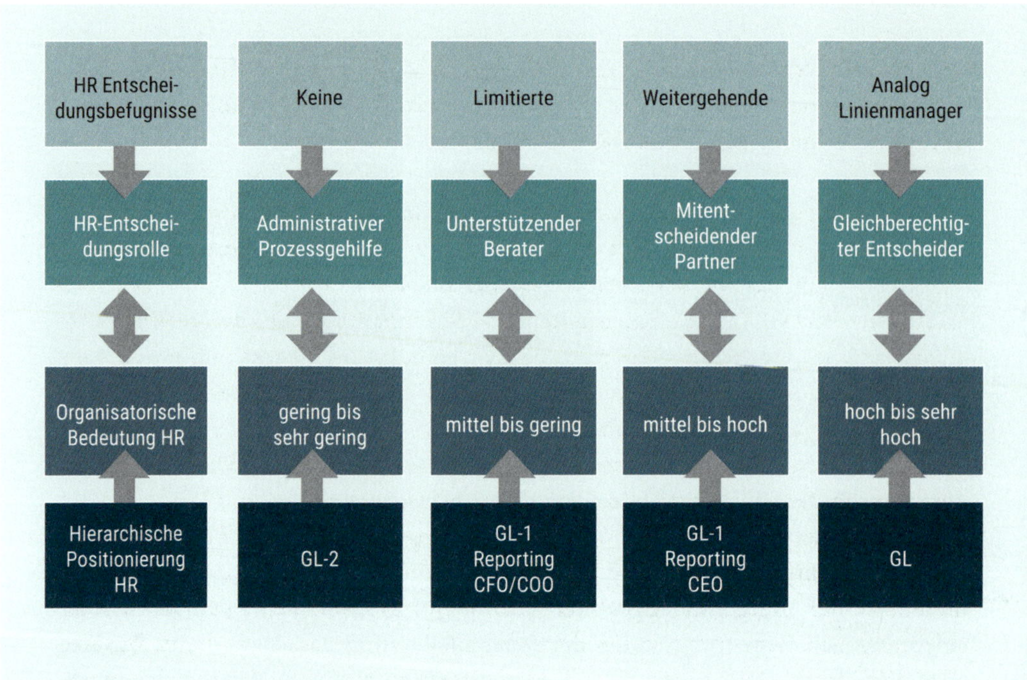

Abbildung 57: Korrelation zwischen Entscheidungsrechten/-rollen und Bedeutung/Hierarchie von HR

Diese vier Stufen korrelieren mit der Wichtigkeit der HR-Funktion: Was in der Hierarchie unbedeutend ist, dürfte kaum viele Entscheidungsbefugnisse haben. Und umgekehrt wird eher mitreden, wer in der Hierarchie weiter oben steht. Somit lassen sich Bedeutung/Hierarchie bezüglich der Positionierung der HR-Funktion und Befugnisse/Rollen bezüglich der Entscheidungsrechte in den HR-Prozessen parallel betrachten (vgl. Abbildung 57).

Als konzises Fazit lässt sich festhalten: Je unwichtiger HR ist, desto mehr personalrelevante Aktivitäten werden von der Linie wahrgenommen. Dabei spielt es keine Rolle, ob die Linienmanager diese Rolle selber übernehmen oder ob dies durch eine bei ihnen angehängte Stabsfunktion geschieht. Letztere spielt nicht selten die Rolle einer „Schatten-HR-Abteilung", die in Konkurrenz zur effektiven Personalfunktion operiert. Die Begründung für eine solch dysfunktionale Verteilung von HR-Ressourcen entspringt einer latenten Unzufriedenheit der Linienkunden, welche von HR nicht die Leistung bekommen, die sie gerne haben möchten (vgl. auch Kapitel 3.5.3.). Eine solche Konstellation entsteht nicht selten, wenn von der Personalabteilung eine intensive Kostenorientierung gefordert wird, entsprechend Ressourcen abgebaut werden und damit ein Ansatz verfolgt wird, der mit einer durch die Business-Strategie stipulierten HR-Kernstrategie nicht übereinstimmt. Mit anderen Worten, mangelnde Konsistenz steht auch hier am Anfang einer als ungenügend wahrgenommenen HR-Funktion.

Wenn ein Bedeutungsverlust von HR damit einher geht, Verantwortlichkeiten an die Linie zu verlieren, dann gilt umgekehrt das analoge Fazit: Je mehr Bedeutung HR in einem Unternehmen besitzt, desto eher kann es die Rolle eines gleichberechtigten Partners übernehmen und einen wesentlichen Beitrag zum Unternehmenserfolg leisten. Dabei muss einmal mehr betont werden, dass es hier nicht um gut oder schlecht, richtig oder falsch geht. Jeder Ansatz ist zielführend – solange er konsistent gehandhabt wird. Gibt es dagegen Abweichungen von den vertikal dargestellten Korrelationen, dann resultieren Inkonsistenzen, welche früher oder später mit gröberen Kommunikations- und Umsetzungsschwierigkeiten enden. Wenn beispielsweise die Personalverantwortlichen bei wesentlichen Entscheidungen maßgeblich mitreden sollen, dann kann die HR-Abteilung nicht in den untersten Bereichen der Hierarchie angesiedelt sein. Kein HR-Profi, der etwas auf sich hält und auch die Fähigkeiten hat, mit der Geschäftsleitung auf Augenhöhe zu diskutieren, wird dies akzeptieren. Umgekehrt kann man den CHRO nicht in die Geschäftsleitung befördern und ihm gleichzeitig wesentliche Entscheidungsbefugnisse in den Kernprozessen verweigern. Auch eine solche Inkonsistenz ist für einen kompetenten HR-Manager keine Option.

Hier kommt der Zeitpunkt, auf eine recht weitverbreitete Praxis einzugehen, nämlich Leitungsrollen im HR an Linienmanager zu übergeben. Die wesentliche Begründung liegt darin, in der HR-Funktion eine größere Nähe zum Geschäft zu erzielen. Während es oft stimmt, dass die Personalabteilung und ihre Repräsentanten zu wenig vom Business verstehen und es wichtig ist, diese Lücke zu adressieren, so entspringt die Linienübernahme des HR der grundsätzlich falschen Vorstellung, dass jeder Manager auch ein HR-Manager ist und deshalb diese Funktion eigentlich problemlos sollte wahrnehmen können. Der erste Teil der Erklärung hat durchaus seine Richtigkeit, weil sich Linienmanager tatsächlich mit personalrelevanten Entscheidungen auseinandersetzen müssen. Daraus aber abzuleiten, dass ein Linienmanager die HR-Funktion leiten und mit all ihren Facetten kompetent führen könnte, ist gerade in größeren Organisationen ein fataler Irrtum, um nicht zu sagen ein naiver Fehlschluss. Selbstverständlich sind Wechsel aus der Linie ins HR (und umgekehrt) möglich und sinnvoll – aber nicht in der zweiten Hälfte einer Linienkarriere und wenn es um die CHRO-Funktion geht. Es ist ja auch nicht Usus, dass ein Linienmanager die Rolle des Chefjuristen oder des CFO übernimmt, ohne entsprechende fachliche Kenntnisse mitzubringen. Das Gleiche gilt für das HR. HRM ist eine betriebswirtschaftliche Funktion, welche nicht nur umfassende theoretische Kenntnisse verlangt, die z.B. im Rahmen eines universitären Studiums gelehrt werden, sondern auch sehr viel operative und strategische Erfahrung im Fachgebiet. Zudem kommen gerade mit der Digitalisierung permanent neue Inhalte hinzu, welche auch abgedeckt werden müssen. Dass es reicht, ein guter Manager zu sein, um „HR zu können", stimmt deshalb nicht im Entferntesten. Ein wirklich guter Manager wird im Übrigen schnell realisieren, dass er einen versierten HR-Business-Partner an seiner Seite braucht, um einen noch besseren Job zu machen, und er wird ebenso schnell verstehen, dass er den HR-Beruf selber nicht stemmen kann. Viele Linienmanager, welche in eine solche Situation kamen, haben dies auf die harte Tour lernen müssen. Einige erfolgreiche Ausnahmen, die es auch gibt, bestätigen diese Regel.

Wenn es deshalb heute immer noch vorkommt, dass Linienmanager in Top-HR-Positionen wechseln, ohne einen entsprechenden fachlichen oder erfahrungsmäßigen Hintergrund zu haben, so ist dies ein Indiz dafür, dass die Personalfunktion in dieser Unternehmung keine Bedeutung hat und nicht als mehr angesehen wird als ein „administrativer Prozessgehilfe" wie in Abbildung 57 dargestellt. Wird dieses Vorgehen in einem Unternehmen gewählt, das auf ein schlagkräftiges HR angewiesen wäre, dann ist ein Scheitern in der Regel vorprogrammiert.

3.7.2. Steuerungsprinzipien

Unter Steuerungsprinzip ist im HR-Kontext zu verstehen, ob sich die Personalfunktion als Cost-, Service- oder Profit-Center aufstellt. Dabei handelt es sich um abgeschlossene organisatorische Teilbereiche eines Unternehmens, die sich in wesentlichen Punkten unterscheiden.

- Ein **Cost-Center** erbringt Leistungen für die eigene Firma, welche den internen „Kunden" oft mit hohem Abnahmezwang zur Verfügung gestellt werden. Da kein Zugang zu einem externen Markt besteht, können keine Erlöse oder Gewinne anfallen. Im Vordergrund stehen die Effizienz der Leistungserstellung und damit Ausgaben- und Wirtschaftlichkeitsziele. Wie andere Supportfunktionen wird die HR-Funktion mehrheitlich als Cost-Center etabliert. Die HR-Leitung übernimmt entsprechend die Verantwortung für Kosten und Budget, welches sie zur weisungskonformen Erfüllung von Linienaufträgen einsetzt.
- Ein **Service- oder Dienstleistungscenter** (nicht zu verwechseln mit dem Shared Service-Center im Kontext des Drei-Säulen-Modells! Vgl. Kapitel 3.5.1.) ist eine spezielle Form eines Cost-Centers. Zwar werden auch unternehmensinterne Leistungen erbracht, die aber gemäß Vereinbarungen und gegen Verrechnung an andere Kostenstellen abgegeben werden. Dadurch, dass das Angebot nach der innerbetrieblichen Nachfrage ausgerichtet wird und die Preise mit äquivalenten Marktleistungen verglichen werden, soll ein unternehmerisches Moment verankert werden. Es können nur Produkte „überleben", für die eine Nachfrage besteht und deren Transferpreise von den internen Kunden akzeptiert werden. Bestimmte zwingend erforderliche Dienstleistungen können einem Abnahmezwang unterstellt werden, damit die Eigenversorgung aus strategischen Gründen beibehalten werden kann. Dies sollen aber Ausnahmen bleiben. Im Vordergrund stehen deshalb Effizienz und Effektivität der Leistungserstellung und damit sowohl Kosten- wie auch Qualitätsziele. Die HR-Leitung übernimmt entsprechend die Verantwortung für Kosten, marktgerechte Transferpreise und ein kundenorientiertes Produktportfolio. Die Etablierung der HR-Funktion als Service-Center ist gebräuchlich, aber erheblich seltener als ein Cost-Center.
- In einem **Profit-Center** existieren viel größere marktbezogene Freiheiten. Es gibt einen Zugang zu allen Märkten, weshalb das Leistungsangebot nicht nur an der internen, sondern auch an der externen Nachfrage ausgerichtet wird. Es besteht Eigenverantwortung für Gewinne, Kosten und Erträge. Ein Profit-Center muss sich demzufolge mit seinen Produkten, für deren Herstellung und Vertrieb es zuständig ist, auf einem kompetitiven Markt durchsetzen können. Entsprechend sind die internen Dienstleistungen bezüglich Inhalt und Preisgestaltung auch zu verhandeln. Die HR-Funktion wird kaum je als Profit-Center konzipiert, obwohl der Ansatz der Wertschöpfung, die durch ein gutes Personalmanagement erzielt werden kann, diesen Gedanken immer wieder aufkommen lässt. Es hat sich aber gezeigt, dass vor allem die Zurverfügungstellung von firmenspezifischen HR-Produkten im externen Markt nicht viel bringt. Einerseits muss sich diese aus strategischen Gründen auf transaktionsorientierte Standardprodukte limitieren, da marktdifferenzierende Inhalte kaum der

Konkurrenz angeboten werden sollen. Andererseits gibt es gerade auf dem Commodity-Markt eine große Anzahl von Anbietern, die mit erheblichen Skalenvorteilen operieren können. Damit sind die unternehmerischen Möglichkeiten substanziell eingeschränkt. Demzufolge ist es zwar nicht unmöglich, aber auch sehr ambitioniert und nur unter wenigen strategischen Voraussetzungen sinnvoll, HR als Profit-Center aufzustellen.

- Im betrieblichen Kontext kommen auch Revenue Center vor. Diese sind mit einem Profit-Center vergleichbar, indem Zugang zu allen Märkten besteht. Allerdings besteht ein klarer Fokus auf Umsatz und Erlöse, während die Kosten nicht im Vordergrund stehen. Aus diesem Grund kommt es für die HR-Funktion als Steuerungsprinzip nicht infrage.

Zwischen dem für das HRM gültigen Steuerungsprinzip und seiner hierarchischen Positionierung im Unternehmen lässt sich ein Zusammenhang herstellen. Dieser muss jedoch als weniger schlüssig und auch weniger bedeutsam als der Bezug zu den Zusammenarbeitsprinzipien gesehen werden. Da die Frage aber immer wieder gestellt wird, welches Steuerungsprinzip für das HRM das richtige ist, soll darauf eingegangen werden.

Wie erwähnt bildet das Cost-Center den vorherrschenden Ansatz für die Personalfunktion. Dies hat viel damit zu tun, dass er einfach, übersichtlich und verständlich ist. Auch kommt er regelmäßig für alle Supportfunktionen, aber auch für Einheiten wie Forschung und Entwicklung oder den Kundendienst zur Anwendung, ist also breit abgestützt. Es liegt deshalb nahe, das HR auch als Cost-Center zu konzipieren. Allerdings stört an dieser Sichtweise, dass der offensichtliche Fokus auf Kosteneffizienz eine strategische Eindimensionalität suggeriert, welche der differenzierten HR-Kernstrategie einer Unternehmung nicht unbedingt gerecht wird. Während das Cost-Center für eine „Low Cost-“ oder auch eine „Balance“-Strategie durchaus passt, ergibt sich bei HR-Kernstrategien wie „Investment“ oder „Flex Value“, welche keine Kostenorientierung aufweisen, automatisch ein Widerspruch und damit Inkonsistenz.

Bekanntlich erfordern wertschöpfungsorientierte Kernstrategien höhere Investitionen in die HR-Funktion, um die für die Unternehmung match-entscheidenden Best-Fit-Handlungsfelder abdecken zu können (vgl. Bruederlin 2020/1, Kapitel 3.6.). Die puristische Effizienzorientierung des Cost-Center-Prinzips funktioniert deshalb in diesen Fällen nicht. Service-Center-Ansätze passen viel besser für qualitäts- und effektivitätsorientierte HR-Kernstrategien, was wiederum eine höhere organisatorische Bedeutung und Positionierung nach sich zieht. Die Mitwirkung des CHRO im obersten Leitungsorgan des Unternehmens ist grundsätzlich in jeder HR-Kernstrategie außer Low Cost denkbar, ergibt aber in erster Linie bei einer Flex Value oder vor allem bei einer Investment-Strategie Sinn. Schließlich ist ein Profit-Center, dessen Produkte sich im internen und externen Markt verkaufen und deshalb Top-Qualität aufweisen müssen, höchstens in einem ausgeprägten HR-Investment-Strategie-Kontext vorstellbar. Abbildung 58 visualisiert den Zusammenhang zwischen den drei Steuerungsprinzipien, dem personalstrategischen Fundament mit den vier HR-Kernstrategien und den vier Stufen der organisatorischen Bedeutung respektive der hierarchischen Positionierung des HR.

Der in Abbildung 58 aufgeführte vertikale Balken zeigt auf, was für eine Kombination an einem bestimmten Punkt des Spektrums Konsistenz erzeugt (Konsistenzbalken oder Konsistenzlinie). In diesem Fall wäre die Verbindung einer bestimmten HR-Balance-Kernstrategie mit einer Cost-Center-Steuerung (evtl.

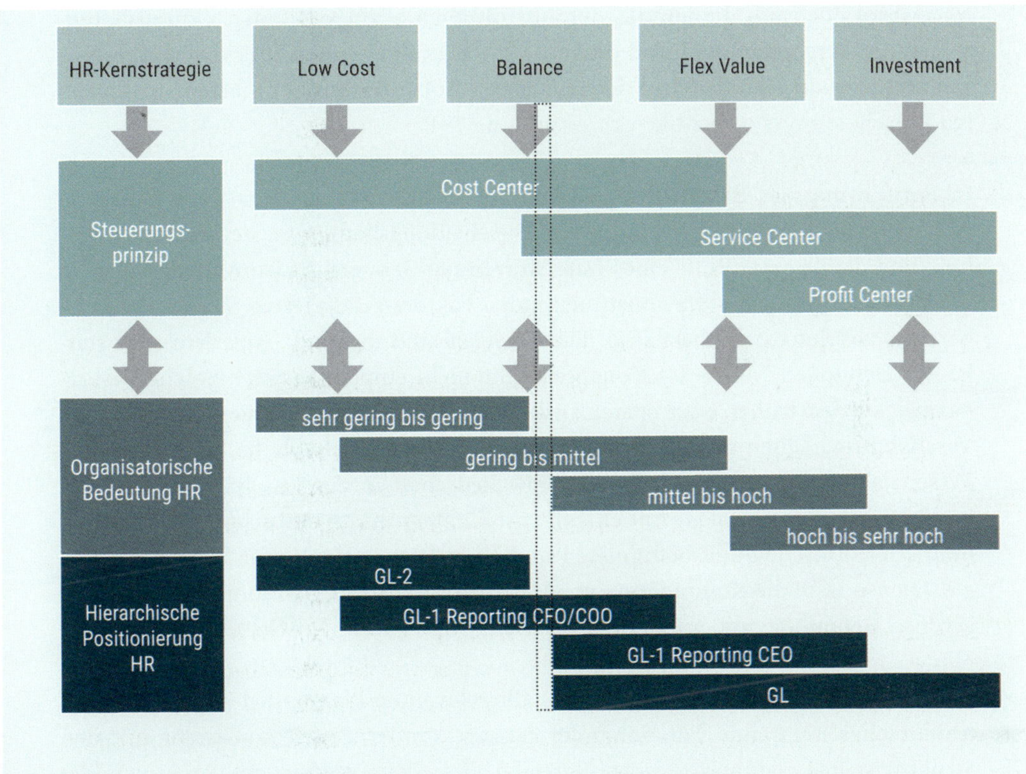

Abbildung 58: Korrelationen zwischen Steuerungsprinzipien, Wichtigkeit des HR und HR-Kernstrategien

Service-Center) und einer Unterstellung des HR beim CFO oder COO konsistent und zielführend und damit gleichbedeutend mit einer geringen bis mittleren Bedeutung der HR-Funktion.

3.7.3. Entwicklung der passenden HR-Struktur: Vierte Entscheidungssystematik

Wie schon weiter oben erwähnt führt der vierte Strukturierungsbereich im Gegensatz zu den anderen drei weniger zu einer Entscheidung bezüglich der HR-Struktur, sondern unterstreicht vielmehr das Ergebnis der vorangehenden Analyse. Die vierte Entscheidungssystematik ist also nicht entscheidungsbringend, sondern entscheidungsbestätigend. Die Bedeutung des HR, manifestiert durch seine Stellung in der Unternehmenshierarchie, sollte konsistent sein mit seiner Struktur, manifestiert durch die Passung mit den HR-Kernstrategien sowie den verschiedenen Optionen bezüglich der Steuerungs- und Zusammenarbeitsprinzipien. Abbildung 58 muss dazu noch um die jeweils vier Abstufungen bezüglich Entscheidungsbefugnissen der Personaleinheit und deren dazu passenden Rollen ergänzt werden. Damit komplettiert sich das Bild der relevanten Konsistenzen der vierten strukturellen Entscheidungssystematik (vgl. Abbildung 59).

In Fortführung des Beispiels aus Abbildung 58 indiziert der Konsistenzbalken in Abbildung 59 zusätzlich die limitierten Entscheidungsbefugnisse der Personalabteilung und die primäre Rolle eines unterstützenden Beraters. Es kann natürlich nicht behauptet werden, dass die konstituierenden Faktoren des vierten Strukturierungsbereichs absolut trennscharf sind. Die Grenzen sind fließend. Trotzdem sind starke Abweichungen von dieser Konsistenzlinie nicht empfehlenswert. Solche Diskrepanzen werden früher oder später Diskussionen über Kompetenzen, Stellung und Verantwortlichkeiten nach sich ziehen. Beispielsweise ist eine hohe Wichtigkeit der Personalabteilung verbunden mit der Mitgliedschaft in der Geschäftsleitung nicht hundertprozentig vereinbar mit einem Cost-Center-Ansatz und schon gar nicht mit limitierten Entscheidungsbefugnissen und einer kostenorientierten HR-Kernstrategie. Ebenso wäre die Kombination von tiefer hierarchischer Positionierung inklusive geringer Befugnisse mit einer HR-Investment-Strategie ein No-Go.

Entsprechend ist darauf zu achten, dass alle relevanten Elemente des vierten Strukturbereiches nicht nur untereinander passen, sondern auch konsistent mit den Strukturtreibern der anderen drei Bereiche sind. Diese umfassende Passung bildet den grundlegenden Gedanken des „konsistenten HR-Organisationsmodells“.

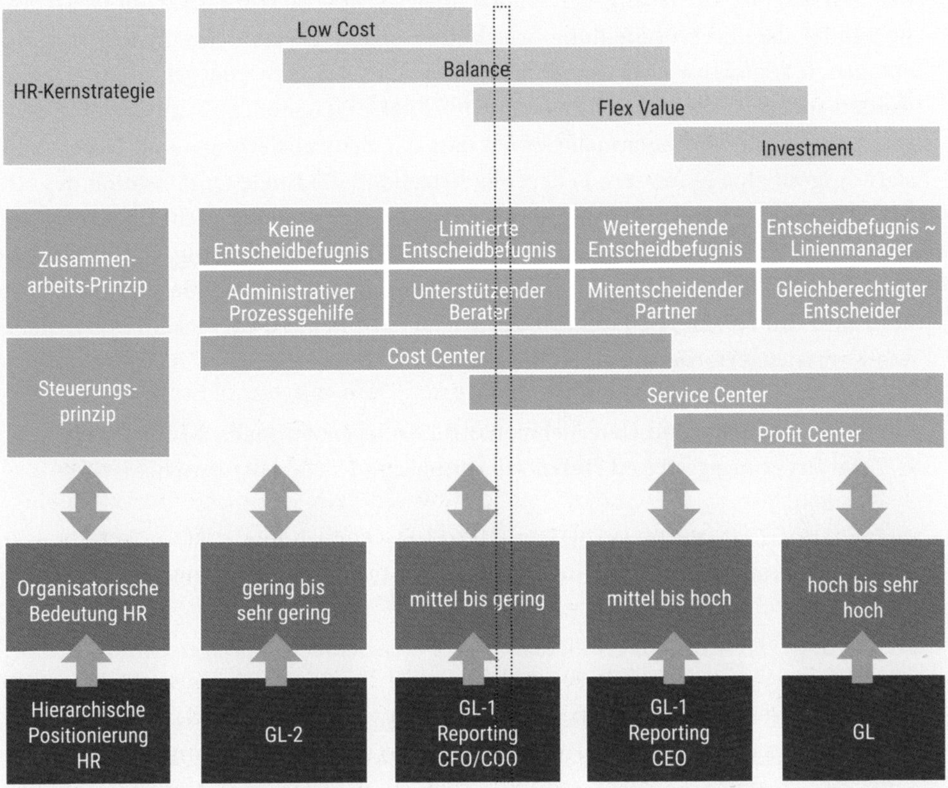

Abbildung 59: Korrelation aller Komponenten der vierten strukturellen Entscheidungssystematik mit den HR-Kernstrategien

3.8. Das konsistente HR-Organisationsmodell

Die für ein bestimmtes Unternehmen am besten geeignete HR-Struktur weist einen maximalen Grad an Konsistenz auf. Dies bedeutet, dass die personalstrategische Ausrichtung, die Unternehmensstruktur respektive der daraus resultierende Grad an Zentralität und Dezentralität, mögliche Digitalisierungsstrategien, Zusammenarbeits- und Steuerungsprinzipien wie auch die daraus abgeleitete hierarchische Stellung und Bedeutung der HR-Funktion aufeinander abgestimmt sind. Kurz, die vier verschiedenen Strukturierungsbereiche sind optimal synchronisiert.

Wie weiter oben bereits angedeutet (vgl. Kapitel 3.5.6.), dürfte das Ergebnis aus dem zweiten Strukturierungsbereich, nämlich die präzise Festlegung der Demarkationslinie, also die Entscheidung, welche Personalaktivitäten eher zentral und für alle gleich respektive eher dezentral und auf den Kunden zugeschnitten erledigt werden sollen, das wohl wichtigste Ergebnis der umfassenden Strukturtreiberanalyse sein. Damit wird nochmals betont, dass der Zentralisierungs- und Dezentralisierungsgrad eine besondere Bedeutung betreffend die finale Organisation des HR hat. Die anderen Strukturierungsbereiche sind deswegen aber nicht unwichtig. Jeder hat seinen Einfluss auf Zentralisierung und Dezentralisierung und spielt deshalb eine entscheidende Rolle, wenn es darum geht, die passende und damit die beste Struktur für die HR-Funktion eines Unternehmens zu entwickeln und entlang den Konsistenzerfordernissen zu definieren.

- HR-Kernstrategie und Unternehmensstruktur legen das maßgebende Fundament.
- Zentralisierungsgrad und Dezentralisierungsgrad stellen die entscheidenden Weichen.
- Digitalisierungsstrategien verfeinern die finale Ausrichtung.
- Positionierung und Hierarchie bestätigen das vorangehende Ergebnis.

Die „richtige" HR-Struktur erfüllt demzufolge unterschiedlich gelagerte Erfordernisse:

- Sie baut auf der Kernstrategie auf und schafft so die organisatorischen Voraussetzungen, die wesentlichen personalstrategischen Handlungsfelder abzudecken;
- sie spiegelt die Unternehmensstruktur und sorgt so dafür, dass Unternehmen und HR sich gleich und ohne gegenseitige Behinderungen ausrichten;
- sie berücksichtigt die passenden Digitalisierungsoptionen und nützt so die technologischen Möglichkeiten präzis entlang den eingeschlagenen Strategien sowohl für HR wie auch für das Unternehmen aus;
- sie weist der HR-Funktion den richtigen Platz zu und definiert so Entscheidungsrechte, organisatorische Bedeutung wie auch hierarchische Stellung;
- sie klärt, welches Steuerungsprinzip für die HR-Funktion geeignet ist und finalisiert so deren Positionierung.

Mit der umfassenden Darstellung aller Treiber aus den vier möglichen Bereichen lassen sich die strukturrelevanten Konsistenzen und deren Beziehungen untereinander visualisieren (vgl. Abbildung 60).

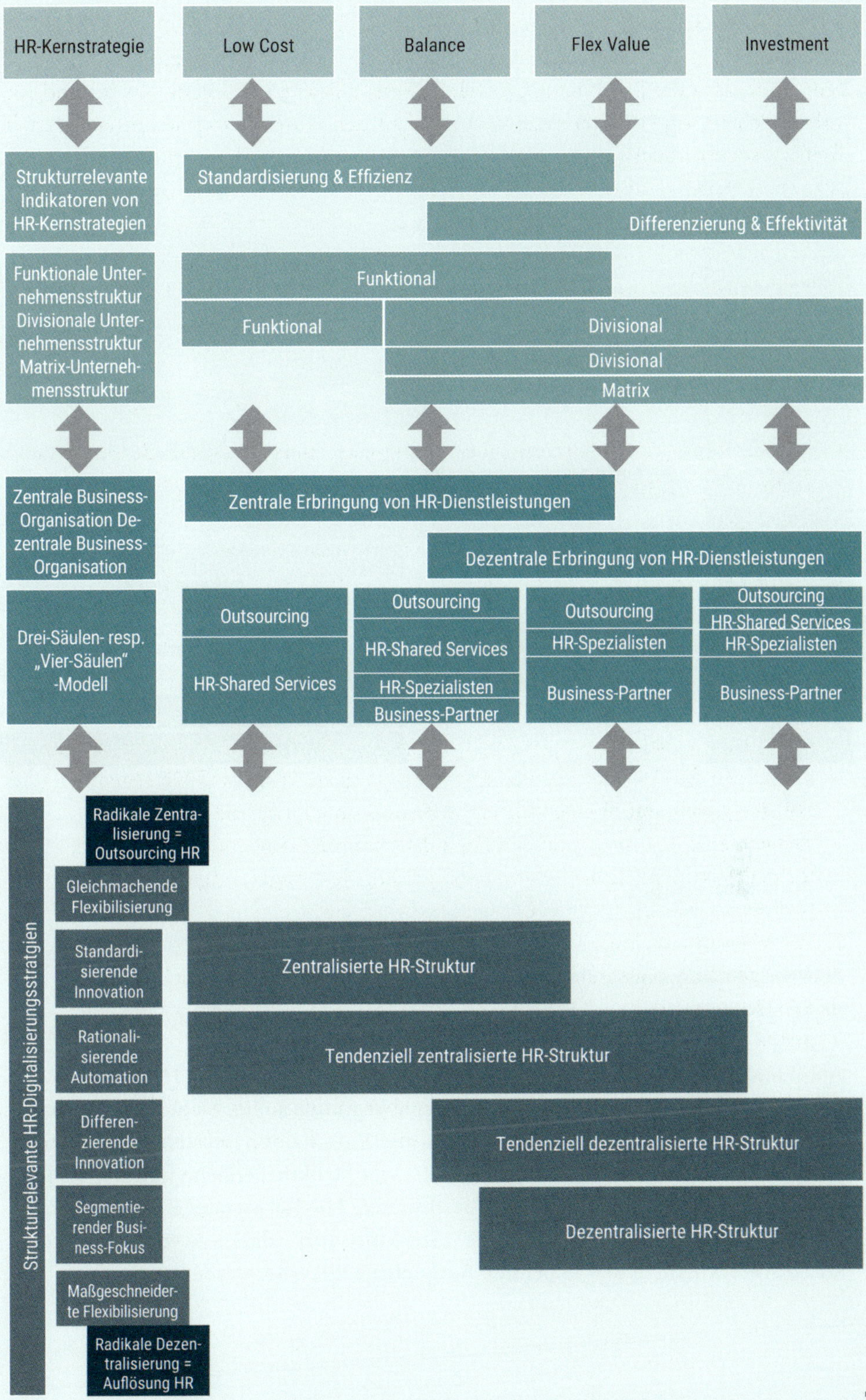
HR-Kernstrategie
Low Cost
Balance
Flex Value
Investment
Strukturrelevante Indikatoren von HR-Kernstrategien
Standardisierung & Effizienz
Differenzierung & Effektivität
Funktionale Unternehmensstruktur Divisionale Unternehmensstruktur Matrix-Unternehmensstruktur
Funktional
Funktional
Divisional
Divisional
Matrix
Zentrale Business-Organisation Dezentrale Business-Organisation
Zentrale Erbringung von HR-Dienstleistungen
Dezentrale Erbringung von HR-Dienstleistungen
Drei-Säulen- resp. „Vier-Säulen“ -Modell
Outsourcing
HR-Shared Services
Outsourcing
HR-Shared Services
HR-Spezialisten
Business-Partner
Outsourcing
HR-Spezialisten
Business-Partner
Outsourcing
HR-Shared Services
HR-Spezialisten
Business-Partner
Strukturrelevante HR-Digitalisierungsstratgien
Radikale Zentralisierung = Outsourcing HR
Gleichmachende Flexibilisierung
Standardisierende Innovation
Rationalisierende Automation
Differenzierende Innovation
Segmentierender Business-Fokus
Maßgeschneiderte Flexibilisierung
Radikale Dezentralisierung = Auflösung HR
Zentralisierte HR-Struktur
Tendenziell zentralisierte HR-Struktur
Tendenziell dezentralisierte HR-Struktur
Dezentralisierte HR-Struktur

→

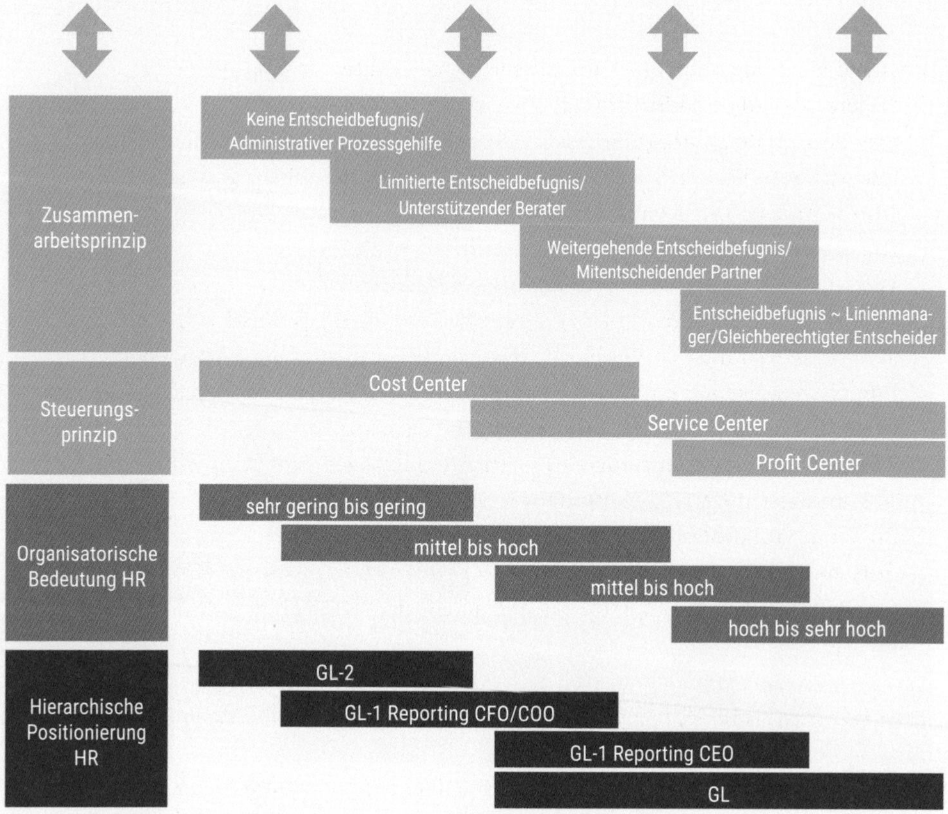

Abbildung 60: Ausprägungsdimensionen aller HR-Strukturtreiber in Korrelation zu den HR-Kernstrategien

Abbildung 60 demonstriert, dass die Definition der „richtigen" HR-Struktur mit der Entwicklung der passenden HR-Strategie beginnen sollte. Zieht man von dieser eine Linie senkrecht nach unten, werden die Entscheidungssystematiken zusammengeführt: Es lässt sich erkennen, wie die vier Strukturbereiche mit den dazugehörigen Strukturtreibern zu einer bestimmten HR-Kernstrategie passen. Somit ergeben sich vier strategiekonforme „Strukturtypen", deren jeweils konsistente Strukturmerkmale in den folgenden Beispielen aufgeführt werden:

Eine **HR-Investment-Strategie** indiziert folgende strukturelle Ausprägungen:

- eine divisionale oder alternativ eine Matrix-Struktur, welche auf Differenzierung und Effektivität ausgerichtet ist;
- eine dezentrale Erbringung der HR-Dienstleistungen, weshalb der Anteil an HR-Business-Partnern verhältnismäßig hoch ist und nur nicht strategische, administrative Tätigkeiten in Shared Services zentralisiert werden. Der Anteil an ausgelagerten „Commodities“ ist klein.
- Was die Digitalisierung betrifft, überwiegen differenzierende Innovationen gegenüber einer kleineren Anzahl rationalisierender Automationen und Standardisierungen. Ein hoher Businessfokus kann zu unterschiedlichen Vorgehensweisen in einzelnen Unternehmensteilen führen. All dies begünstigt wiederum ausgeprägt dezentrale Organisationsformen.
- Als Ergebnis dieser strukturrelevanten Ausrichtungen steht eine HR-Organisation mit hohen Entscheidungsbefugnissen, welche auf Augenhöhe mit den Business-Funktionen operiert. HR übernimmt die Rolle eines gleichberechtigten Entscheiders und wird als Mitglied des Leitungsgremiums der Firma etabliert.
- Als Steuerungsprinzip kommt sowohl ein Service- wie auch ein Profit-Center infrage.

Eine **HR-Flex Value-Strategie** indiziert folgende strukturelle Ausprägungen:

- eine funktionale, divisionale oder eventuell eine Matrix-Struktur, welche einerseits auf Effektivität und andererseits auf einen Ausgleich zwischen Standardisierung und Differenzierung ausgerichtet ist;
- eine tendenziell dezentrale Erbringung der HR-Dienstleistungen, weshalb die Anzahl der HR-Business-Partner verhältnismäßig hoch ist. Eine Zentralisierung in Form von Shared Services ist weniger gegeben als ein flexibilisierungsbedingt großer Anteil an ausgelagerten HR-Dienstleistungen.
- Differenzierende Innovation und rationalisierende Automation halten sich die Waage, was die Digitalisierung betrifft. Der dazukommende hoheBusiness-Fokus erhöht jedoch den Zug in Richtung Kundensegmentierung und Dezentralisierung;
- Als Ergebnis dieser strukturrelevanten Ausrichtungen steht eine HR-Organisation mit weitergehenden Entscheidungsbefugnissen, welche die Rolle eines wichtigen Partners übernimmt, der – wenn er nicht selber dem Leitungsgremium der Firma angehört – so doch dem Geschäftsleiter rapportieren sollte.
- Als Steuerungsprinzip kommt in erster Linie ein Service-Center, je nach Feinabstimmung evtl. aber auch ein Cost- oder Profit-Center infrage.

Eine **HR-Balance-Strategie** indiziert folgende strukturelle Ausprägungen:

- eine funktionale, eventuell eine divisionale oder in ganz seltenen Fällen eine Matrix-Struktur, welche einerseits auf Effizienz und andererseits auf einen Ausgleich zwischen Standardisierung und Differenzierung ausgerichtet ist;
- eine tendenziell zentrale Erbringung der HR-Dienstleistungen, weshalb Shared Services in der Regel eine verhältnismäßig wichtige Rolle spielen. Business-Partner und andere HR-Spezialisten werden so viele wie nötig beschäftigt. Wenn sich durch Outsourcing und Offshoring von HR-Dienstleistungen Kosten sparen lassen, dann wird dies ins Auge gefasst.
- Automation und Innovation dienen primär der Rationalisierung und bis zu einem gewissen Grad der Standardisierung, was die Digitalisierungsstrategien betrifft. Der Business-Fokus ist limitiert, wodurch die Zentralisierungstendenzen nochmals bestärkt werden.
- Als Ergebnis dieser strukturrelevanten Ausrichtungen steht eine HR-Organisation mit beschränkten Entscheidungsbefugnissen, welche die Rolle eines unterstützenden Beraters übernimmt, der oft einem Mitglied der Geschäftsleitung – beispielsweise dem Finanzchef – unterstellt wird.
- Als Steuerungsprinzip ergibt sich ein Cost-, unter Umständen auch ein Service-Center.

Eine **HR-Low Cost-Strategie** indiziert folgende strukturelle Ausprägungen:

- eine funktionale Struktur, welche auf Standardisierung und Effizienz ausgerichtet ist;
- eine zentrale Erbringung der HR-Dienstleistungen in Form von Shared Services oder durch die gezielte Auslagerung von Commodities. Business-Partner oder HR-Spezialisten gibt es nur, wenn sich die HR-Kernstrategie an eine Balance- oder Flex Value-Ausprägung annähert.
- Rationalisierende Automationen und standardisierende Innovationen machen die HR-Digitalisierung aus. Dadurch wird die ausgeprägt zentralisierte Organisationsform vorangetrieben.
- Als Ergebnis dieser strukturrelevanten Ausrichtungen steht eine HR-Organisation, die über keine Entscheidungsbefugnisse verfügt. HR übernimmt die Rolle eines administrativen Prozessgehilfen, was durch eine unbedeutende Stellung im Organigramm unterstrichen wird.
- Als Steuerungsprinzip steht in jedem Fall ein Cost-Center.

Obwohl jeder dieser vier Strukturprototypen bestimmte und jeweils unterschiedliche Ausprägungen aller Strukturindikatoren enthält, sind die Grenzen fließend und leichtere Abweichungen möglich, ohne die relevanten Konsistenzen zu verletzen. Je nach differenzierter Positionierung der HR-Kernstrategie kann es auch Mischformen geben, welche den Grenzbereich zwischen einzelnen HR-Kernstrategien reflektieren. Auch in diesen Fällen ist aber entscheidend, dass die Konsistenzlinie möglichst gut eingehalten wird.

Wenn jedoch durch die Abschaffung der HR-Funktion die personalrelevanten Tätigkeiten nurmehr durch eine Drittpartei oder durch die Linienorganisation ausgeführt werden, dann ist auch keine HR-Kernstrategie mehr gegeben. Dies ist – wie schon einige Male erwähnt – bei einer ultimativen Zentralisierung (Auslagerung) und bei einer ultimativen Dezentralisierung (Auflösung) der Fall (vgl. Kapitel 3.6.6., 3.6.7., 3.6.8. und 3.6.9.). Diese Situation wird in Abbildung 60 durch die beiden dunklen Bereiche im Kontext der HR-Digitalisierungsstrategien dargestellt. Dass diese unter Umständen knapp in eine Low Cost HR-Kernstrategie passen, hängt damit zusammen, dass Letztere die einzige Option ist, eine radikale Zentralisierung respektive Dezentralisierung im Rahmen einer HR-Kernstrategie mittels eigener interner HR-Ressourcen noch abzubilden. Einerseits kann nämlich gerade die Fähigkeit einer Unternehmung, ihre Prozesse umfassend zu automatisieren, die bessere Lösung sein, als diese vollumfänglich auszulagern (vgl. Kapitel 3.5.2.). In diesem Fall existiert die HR-Funktion weiter, wenn auch als vollautomatisierte Transaktionsmaschine. Und andererseits könnte die Integration der HR-Funktionen in die Linie auch unter Beibehaltung weniger spezialisierter Rollenprofile passieren, womit die HR-Funktion zwar nicht mehr eigenständig existiert, aber von den Aktivitäten und den Kompetenzen her von anderen Funktionen unterschieden werden kann. Man könnte demzufolge sagen, dass die beiden Pole der radikalen Zentralisierung und der radikalen Dezentralisierung im Rahmen einer drastischen Low Cost-Strategie zusammenfinden und sich als Extrempositionen quasi „berühren“. Mit anderen Worten, eine radikale Zentralisierung kann genauso wie eine radikale Dezentralisierung in eine ausgeprägte Low Cost-HR-Strategie führen.

Eine von umfassender Konsistenz geprägte HR-Struktur, wie sie in diesem Buch als „richtig“ propagiert wird, macht es zur Auflage, dass es für jede definierte HR-Kernstrategie auf der Matrix die richtige und passende HR-Organisation in Form einer bestimmten Kombination der relevanten Strukturindikatoren von Abbildung 60 gibt. Damit besteht ein Operating Model für das HR nicht nur aus Rollen in einer bestimmten Struktur, wie es das Drei-Säulen-Modell besagt, sondern auch in deren

Abhängigkeit von einer differenzierten HR-Strategie. Durch die Ergänzung dieser zusätzlichen strategischen Dimension erhält jede Diskussion einer HR-Struktur und der darin enthaltenen Rollen eine neue Qualität. Es ist die systematisch entwickelte HR-Kernstrategie eines Unternehmens, die bestimmte Strukturen bedingt, erfordert und auch ermöglicht.

Wenn die „richtige" HR-Organisation entlang aller Strukturtreiber definiert und damit festgelegt ist, welche Strukturform passt, welche HR-Dienstleistungen zentral und/oder dezentral abgedeckt werden und was dies für die Bedeutung der Personalabteilung heißt, ist die Basis dafür gelegt, wie sich das HR in weiteren Details aufstellt. Das heißt, die folgenden Fragen können analysiert werden:

Welche Inhalte sollen abgedeckt werden?	► Funktionen
Welche Kenntnisse und Erfahrungen sind dazu erforderlich?	► Kompetenzen
Wie können Inhalte und Kompetenzen zielführend verbunden werden?	► Rollen
Wie kann die aus Kompetenzen und Rollen resultierende Leistung von HR sinnvoll gemessen werden?	► Metrics
Wie sollen all diese Punkte gegen innen und außen kommuniziert werden?	► HR Brand
Welche Ressourcen stehen zur Verfügung?	► Humankapital und Finanzkapital
Wo sollen diese eingesetzt werden?	► Verortung

Mit diesen Fragen werden unter anderem der dritte Leistungsfaktor, nämlich die HR-Kompetenzen und die damit verbundenen Konsistenzfaktoren „HR-Rollen", „HR-Brand" und „HR-Leistungsparameter" angesprochen. Diese werden noch ausführlich zu behandeln sein.

3.9. Weitere strukturrelevante Faktoren

Neben den wesentlichen vier Strukturbereichen mit ihren für die Entwicklung einer konsistenten HR-Organisation entscheidenden Strukturtreibern gibt es noch wenige weitere Faktoren, welche die Ausprägung der HR-Struktur beeinflussen. Während Erstere einen inhaltlichen Fokus und ein strategisches Gewicht haben und damit auf den „Scope" der HR-Organisation zielen, haben Letztere eine operative und zahlenbezogene Orientierung und thematisieren damit den „Scale". Im Wesentlichen geht es dabei um die Frage, welche Ressourcen in welcher Zahl nötig sind, um die strategiebedingte Struktur zu erarbeiten und zu etablieren.

3.9.1. Kosten und Ressourcen

In Bruederlin 2020/1 wurde bereits ausführlich auf die Begründung unterschiedlicher Kosten je nach definierter HR-Kernstrategie eingegangen. Dabei haben sich zwei Kennzahlen als gute Indikatoren für diese Kostendimensionierungen erwiesen: der bekannte „HR FTE-Investment-Faktor" (= Gesamtkosten des HRM pro Vollzeitmitarbeitender) sowie das neu definierte Verhältnis von HR-Gesamtkosten und Gesamtumsatz der Unternehmung (vgl. Bruederlin 2020/1, S. 65–69). Die Begründung für die zum Teil massiv abweichenden Kosten von HR-Einheiten liegen vor allem in den quantitativ und qualitativ unterschiedlich ausgestatteten Ressourcen, welche zur Umsetzung der jeweiligen HR-Kernstrategie benötigt werden. Beispielsweise beschäftigt ein Unternehmen mit einer Low Cost-HR-Kernstrategie ausschließlich administrative Kräfte, während in qualitätsorientierten HR-Strategien der Anteil an besser ausgebildeten (und bezahlten) Business-Partnern und Spezialisten erheblich ist (vgl. Kapitel 3.5.4. Abbildung 33). Dies wiederum korreliert mit einem höheren Dezentralisierungsgrad, welcher durch ausgeprägte Kundennähe bedingt wird.

Zusammenfassend lässt sich festhalten, dass die überwiegende Mehrzahl der kostentreibenden Faktoren im HRM von der Strategie abhängt und auf diesem Weg auf die Struktur der Personaleinheit und deren Dimensionierung einwirkt. Dies gilt beispielsweise für Faktoren wie Art der Industrie, Komplexität der Branche, Stellenwert der Mitarbeiter, Qualifikationslevel der Mitarbeiter (in Business und HR!), Digitalisierung und digitaler Reifegrad, Internationalisierung und geografische Verteilung. Nicht überraschend sind dies genau die Faktoren, die im Wesentlichen auch die Größenordnung der Business-Partner-Population bestimmen (vgl. Kapitel 3.5.3.). Wenige weitere Kostentreiber im HR haben keinen direkten Bezug zur HR-Strategie. Dies betrifft beispielsweise die Unternehmensgröße oder aktuell geltende gesetzliche Bestimmungen. So können Bereiche, die stark von staatlichen Stellen reguliert werden (z.B. Elemente der flexiblen Kompensation für das Top-Management) oder auch die Existenz von einflussreichen internen Institutionen (z.B. Betriebsräte und andere Arbeitnehmervertretungen) die Anstellung von zusätzlichen Ressourcen im HR erfordern. Diese nicht strategischen Kostentreiber des HR dürfen aber unter dem Strich vernachlässigt werden. Die Basis für die Entwicklung jeder HR-Struktur und der dafür benötigten finanziellen Mittel ist und bleibt die HR-Kernstrategie. Umso störender ist das in der Personalpraxis öfters zu beobachtende Phänomen, dass die HR-Struktur festgelegt wird, bevor sich die verantwortlichen Stellen mit der HR-Strategie auseinandersetzen (wenn überhaupt). Damit sind Inkonsistenzen zwischen Strategie und Struktur vorprogrammiert (vgl. Kapitel 1.1.).

3.9.2. „Spezialfall" KMU

Kleinere und mittlere Unternehmen (KMU) unterscheiden sich von anderen Gesellschaften offensichtlich und in erster Linie durch ihre Größe. Offiziell gehören alle Betriebe bis zu einer Größe von 250 Mitarbeitern in diese Kategorie. Die Themen und Fragestellungen, mit denen sich KMU im HRM konfrontiert sehen, sind aber die gleichen wie bei großen Unternehmen: Auch sie müssen Mitarbeiter anstellen und binden, deren Leistung beurteilen, sie bezahlen, entwickeln und am Schluss auch wieder freisetzen. Es kommt nur darauf an, wie diese Prozesse der HR-Wertschöpfungskette aufgesetzt und organisiert werden und welche Mittel dafür zur Verfügung stehen. Daraus stellt sich die Frage, ob für KMU bezüglich HR-Strategie und HR-Struktur besondere Regeln gelten und wie allfällige Eigenheiten diesbezüglich aussehen.

Es kann nicht überraschen, dass viele KMU ihre Personalpraktiken aus der Welt der Großbetriebe ableiten und auf ihre Situation anpassen. Ob eine solche Vorgehensweise immer zum bestmöglichen Ergebnis führt, sei dahingestellt. Auf jeden Fall sind die besonderen Gegebenheiten von KMU nicht nur bei der Umsetzung der HR-Prozesse, sondern auch bei der Entwicklung einer HR-Strategie und bei der Aufstellung der Personalorganisation zu berücksichtigen.

Im Besonderen haben kleinere und mittlere Unternehmen in der Regel weder die finanziellen noch die personellen Ressourcen, um ein vielschichtiges und umfassendes HRM aufzuziehen. Sie müssen sich entsprechend einschränken und entwickeln deshalb typische personalbezogene Besonderheiten, was ihre Personalprozesse betrifft:

Personalplanung:
- reaktiver Planungsfokus auf Kurzfristvakanzen in Fachabteilungen

Rekrutierung:
- Fokus auf günstige und praktische Rekrutierungsmethoden sowie wenige, oft lokal ausgerichtete Kanäle
- Konzentration auf die kulturelle Passung beim Anstellungsprozess; eigene Mitarbeiter spielen deshalb eine wichtige Rolle als Botschafter

Performance Management:
- eher informelle oder auch fehlende Leistungsbeurteilungen

Compensation Management:
- fehlende Lohnsystematik, sodass externe und interne Lohngerechtigkeit vernachlässigt wird;
- Beschränkung auf traditionelle Ansätze wie reine Fixkompensation, obwohl ergänzende leistungsbasierte Vergütungen durchaus auch in etablierten KMU Sinn ergeben könnten.
- Unterschätzung von außergesetzlichen Lohnnebenleistungen (Fringe Benefits) als Motivator, da gerade in KMU immaterielle Anreize wichtiger als monetäre sein können.

Talent-Management:
- unsystematische Personalentwicklung
- Orientierung an unmittelbaren Job-Qualifikationen und entsprechendem Verhalten: kosteneffizientes On-the-job-Training

Freisetzungsmanagement:
- wenig beachtetes Thema, da Freisetzungen wenn immer möglich vermieden werden

Es ist aber nicht so, dass diese Vorgehensweisen bei allen KMU identisch wären. Ganz im Gegenteil, deren HR-Praktiken sollten nicht generalisiert werden. Erstens sind kleinere Unternehmen zwar gezwungen, ihre limitierten Mittel gezielt einzusetzen, sodass nur eine mehr oder weniger kleine Auswahl aus der riesigen Bandbreite von verfügbaren Produkten und Dienstleistungen zur Anwendung kommt. Aber gerade deshalb kann sich eine im Vergleich auch recht große Heterogenität entwickeln – genau wie bei größeren Unternehmen auch. Zweitens lassen sich zwischen älteren „etablierten" und jüngeren „aufstrebenden" KMU Unterschiede in der Handhabung und in der Priorisierung der HR-Prozesse erkennen. So kristallisiert sich für Start-ups, die der Definition eines jungen und aufstrebenden KMU entsprechen, eine differenzierte Liste von Besonderheiten puncto HR-Prozesse heraus:

Personalplanung:
- Aufgrund der hohen Volatilität in der Entwicklung gibt es in der Regel keine Personalplanung. Dies kann heikel sein, da sich Start-ups unter Umständen in Konkurrenz mit etablierten Firmen befinden.

Rekrutierung:
- Die Auslagerung der Rekrutierung ist ein der Flexibilität geschuldeter präferierter Ansatz.
- Die Auswahl neuer Mitarbeiter folgt der subjektiven und vielleicht auch erratischen Sicht des Firmengründers.

Performance Management:
- Die möglichen Konsequenzen aus einem Performance Management-Prozess (Bonus, Beförderung etc.) werden unmittelbarer umgesetzt und folgen keinem formellen Prozess.

Compensation Management:
- Kompensation ist auf das unternehmerische Moment, das heißt Wachstum, ausgerichtet, was flexible Kompensationsformate begünstigt.

Talent-Management:
- Es gibt kaum Aus- und Weiterbildung, die passenden Kompetenzen werden meistens über die Rekrutierung „eingekauft".

Freisetzungsmanagement:
- Freisetzungen erfolgen schnell und leistungsbezogen, um die Wachstumsagenda nicht zu behindern.

Die unterschiedlichen personalbezogenen Besonderheiten von etablierten und aufstrebenden KMU richten sich an der zeitlichen Dimension aus: Kurzfristigkeit und Flexibilität bei Start-ups stehen Langfristigkeit und Stabilität bei etablierten KMU gegenüber. Weil sich diese Differenzierung durch unterschiedliche HR-Kernstrategien begründet, wäre es wichtig, dass ein KMU die wesentlichen Parameter zur Entwicklung eines „Best Fit"-Personalportfolios ebenso systematisch durchspielt, wie das bei anderen und größeren Unternehmen der Fall ist (Bruederlin 2020/1, S. 153–210). Dies ist besonders wichtig zum Zeitpunkt, wenn die zunehmende Größe eines kleinen Unternehmens die Schaffung von professionellen HR-Ressourcen notwendig macht, das heißt, wenn erstmals dedizierte HR-Fachleute die Verantwortung für die Personalarbeit übernehmen. Somit ist die oft gehörte Aussage, dass die strategische Bedeutung des HR bei KMU generell kleiner ist als bei Großbetrieben, zu relativieren – umso mehr als die Mitarbeiter auch bei KMU einen wesentlichen Wettbewerbsfaktor darstellen

Die Erkenntnis, dass das HRM auch für KMU wichtig ist, stellt allerdings nichts Neues dar. Aber erst nach der Jahrtausendwende hat sich in verschiedenen Studien gezeigt, dass es auch bei KMU eine starke Beziehung gibt zwischen dem Wissen und den Kompetenzen des Personals auf der einen und Wettbewerbsvorteilen für das Geschäft auf der anderen Seite (Hargis et al. 2011, S. 106). Mit anderen Worten, das HRM von kleinen und mittleren Unternehmen hat ein beträchtliches Gewicht. Deshalb kann die Implementierung von strategisch fundierten Personalpraktiken zu besseren ökonomischen Resultaten und zu größerem Markterfolg führen – genau wie bei Großfirmen auch (Bruederlin 2020/1, S. 16–20).

Neu dagegen ist die in diesem Buch vertretene Ansicht, dass die strategische Bedeutung des HRM von KMU nicht nur eine Tatsache ist, sondern auch von der fundamentalen Stellung in der HR-Kernstrategiematrix abhängt. Es ist diese Positionierung, welche bestimmt, wie die strategische Wichtigkeit des HR eines KMU aussieht, und nicht – wie immer wieder festgehalten – eine aufgrund der geringeren verfügbaren Möglichkeiten gemachte Pauschalbeurteilung. Die Bestimmung einer HR-Kernstrategie ist demzufolge für ein KMU genauso wichtig wir für einen Großkonzern. Allerdings kann bei der systematischen Entwicklung pragmatischer vorgegangen und der zeitliche Aufwand entsprechend reduziert werden.

Grundsätzlich ist für ein KMU jede der vier HR-Kernstrategien möglich. Allerdings kann nicht bestritten werden, dass die in der Regel limitierten finanziellen Mittel tendenziell zu kostenorientierten HR-Kernstrategien führen – aber eben nicht zwingend. So sind beispielsweise Start-ups aufgrund ihrer personalspezifischen Charakteristika eher einer Flex Value HR-Kernstrategie zuzuordnen (vgl. oben und Bruederlin 2020/1, S. 63). Die bei KMU am häufigsten vorkommende HR-Kernstrategie dürfte „Balance" sein. Dies hängt unter anderem damit zusammen, dass die Kombination von Langfristausrichtung, Stabilität und Kostenbewirtschaftung typisch ist für Familienunternehmen, welche wiederum einen sehr großen Anteil von KMU ausmachen (Bruederlin 2020/1, S. 62). Das familiäre Umfeld eines KMU, das geprägt ist durch die Person des Eigentümers und seiner oft beschützenden, patronalen Haltung gegenüber den Mitarbeitern, beeinflusst nicht nur die Führungskultur und damit die Motivation, sondern kann sogar zu disproportional hohen Ausgaben im HR-Bereich führen, beispielsweise in der Aus- und Weiterbildung. Nicht selten wird das Unternehmen auf diese Weise näher an eine HR-Investment-Strategie geführt.

Wenn unterschiedliche Kernstrategien das HRM eines KMU prägen, so wird es dadurch auch zu unterschiedlichen strukturellen Ausrichtungen kommen, umso mehr als die diversen relevanten Strukturtreiber wie Spiegelung, Digitalisierung etc. alle auch bei KMU zum Tragen kommen. Dies kann über die verschiedenen Dimensionen von Abbildung 60 mit einem „Konsistenzbalken" visualisiert werden. Dieser umfasst approximativ den ganzen Balance-Bereich und Teile der Low Cost- und Flex Value-Strategien (vgl. Abbildung 61).

Es wird ersichtlich, dass aufgrund der strategischen Vielfalt von KMU zahlreiche Strukturierungsmöglichkeiten gegeben sind. Allerdings wird diese potenzielle Diversität durch die limitierte Größe wiederum eingeschränkt. Mit anderen Worten: Während die Unterschiede der HR-Organisation von KMU im Vergleich zu Großunternehmen wenigstens theoretisch nicht groß sind, so muss beachtet werden, dass in der Praxis die Größe eines KMU auf die organisatorische Ausgestaltung des HRM doch einen Einfluss hat. Aber dieser ist – wie oben betont – nicht allein entscheidend, wie das immer wieder dargestellt wird. Bevor die „typische" HR-Struktur eines KMU mit eigenständiger HR-Funktion näher beschrieben werden kann, muss deshalb der Weg der Entwicklung des HRM entlang der Größe des KMU (und darüber hinaus) aufgezeigt werden.

An anderer Stelle (Bruederlin 2020/1, S. 55) wurde bereits darauf hingewiesen, dass Unternehmen mit weniger als 100 Mitarbeitenden oft keine spezifische HR-Funktion haben und dass die notwendigen personalrelevanten Aufgaben anderweitig erledigt werden. Wo die kritische Größe liegt, ab welcher eine spezialisierte HR-Einheit die Verantwortung effektiv übernehmen soll, variiert je nach Firma und den Ansichten der Geschäftsführung. Letztere ist entscheidend in Bezug auf Professionalisierung und Positionierung des HR, weil – etwas plakativ ausgedrückt – jeder Manager andere Vorstellungen hat, was das „HRM" überhaupt sein soll und was es zu leisten hat. Die Folge sind divergierende Meinungen in Bezug auf Verantwortlichkeiten und erforderliche Kompetenzen von HR sowie deren Etablierung im Unternehmen. Entsprechend unterschiedlich liegt auch der Zeitpunkt der Einsicht der Führungsverantwortlichen, dass sie sowohl mengenmäßig wie auch inhaltlich durch personalbezogene Aufgaben an ihre Grenzen kommen und die Verantwortung an qualifizierte Fachleute übergeben sollten.

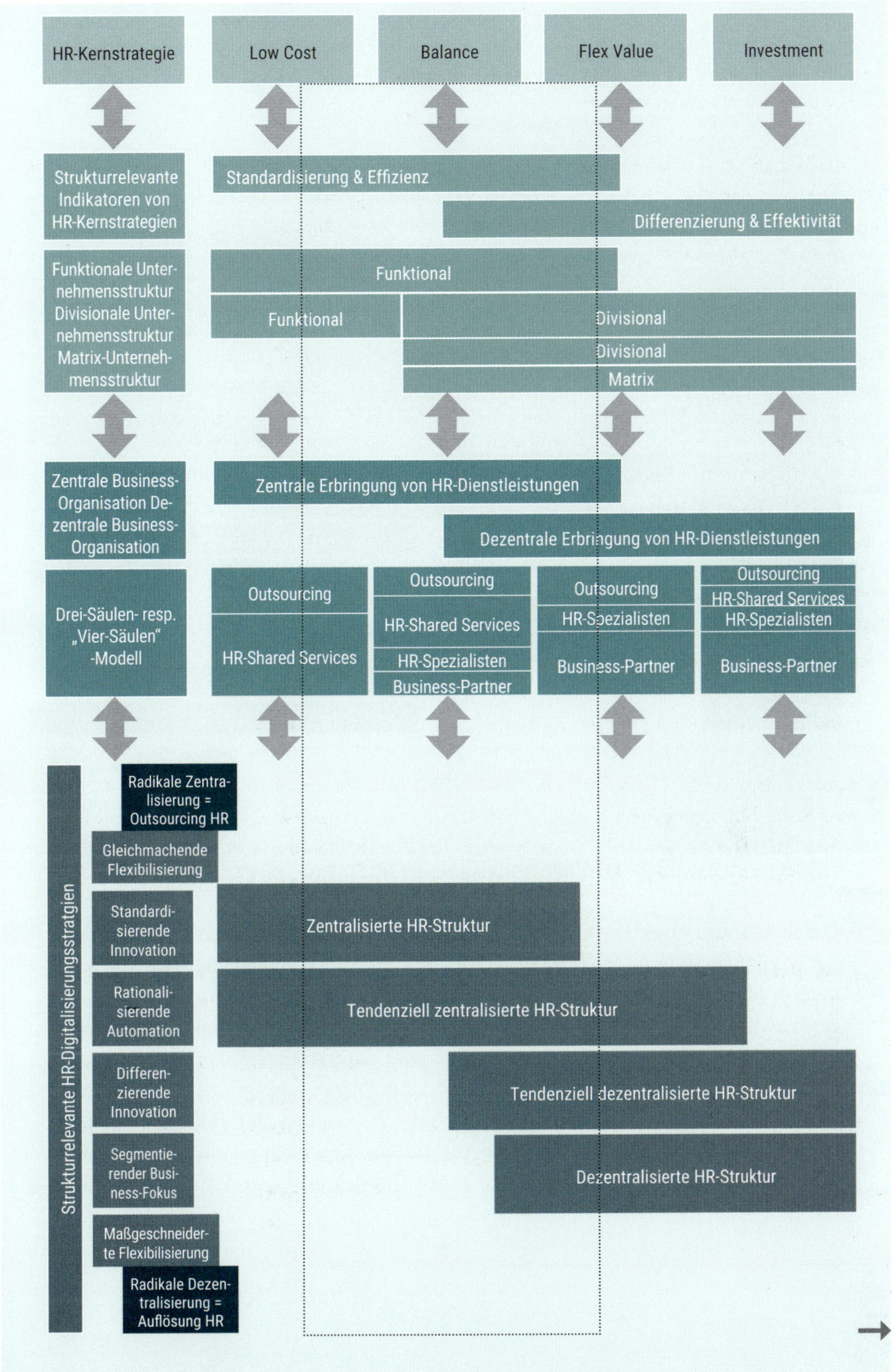
HR-Kernstrategie
Low Cost
Balance
Flex Value
Investment
Strukturrelevante Indikatoren von HR-Kernstrategien
Standardisierung & Effizienz
Differenzierung & Effektivität
Funktionale Unternehmensstruktur Divisionale Unternehmensstruktur Matrix-Unternehmensstruktur
Funktional
Funktional
Divisional
Divisional
Matrix
Zentrale Business-Organisation Dezentrale Business-Organisation
Zentrale Erbringung von HR-Dienstleistungen
Dezentrale Erbringung von HR-Dienstleistungen
Drei-Säulen- resp. „Vier-Säulen“ -Modell
Outsourcing
HR-Shared Services
Outsourcing
HR-Shared Services
HR-Spezialisten
Business-Partner
Outsourcing
HR-Spezialisten
Business-Partner
Outsourcing
HR-Shared Services
HR-Spezialisten
Business-Partner
Strukturrelevante HR-Digitalisierungsstratgien
Radikale Zentralisierung = Outsourcing HR
Gleichmachende Flexibilisierung
Standardisierende Innovation
Rationalisierende Automation
Differenzierende Innovation
Segmentierender Business-Fokus
Maßgeschneiderte Flexibilisierung
Radikale Dezentralisierung = Auflösung HR
Zentralisierte HR-Struktur
Tendenziell zentralisierte HR-Struktur
Tendenziell dezentralisierte HR-Struktur
Dezentralisierte HR-Struktur

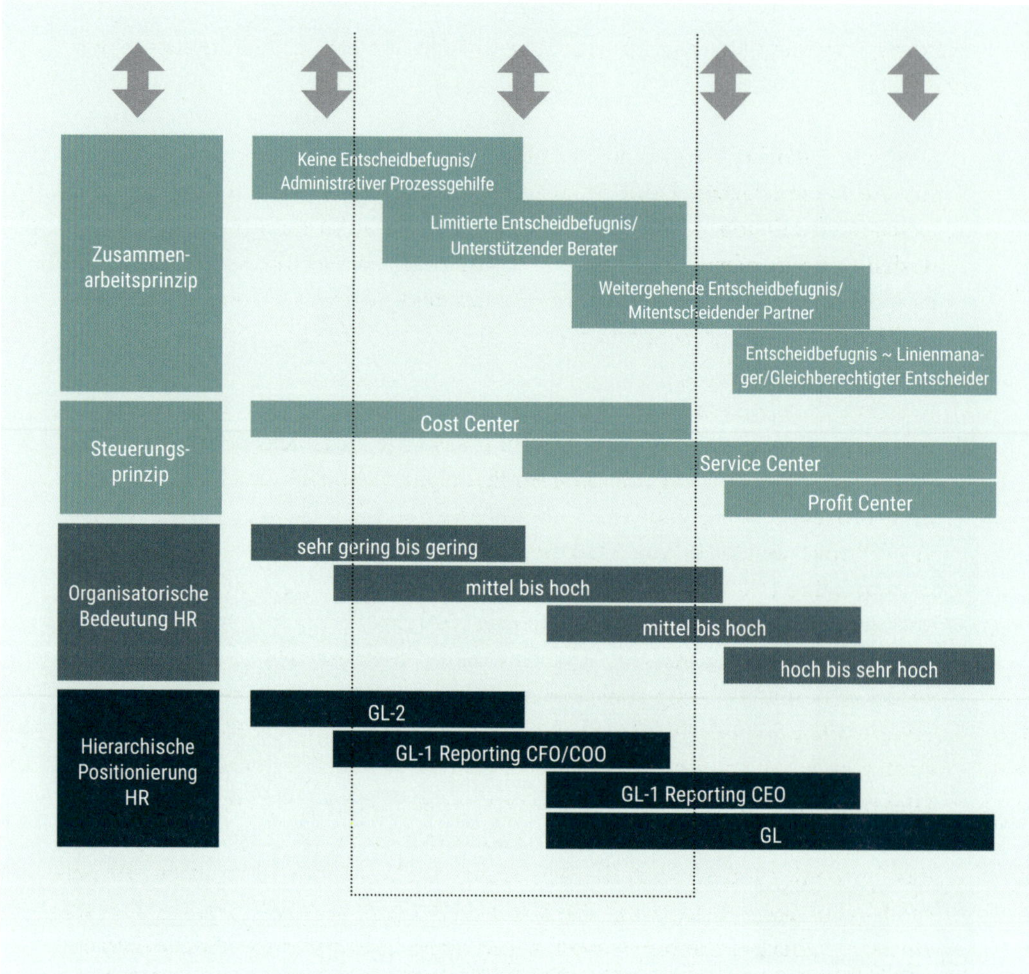

Abbildung 61: Potenzielle Konsistenzausprägung der HR-Struktur von KMU

Das Wachstum eines KMU bringt demzufolge eine kontinuierliche Verschiebung der Verantwortung in HR-Angelegenheiten vom Management über Stabsfunktionen im Management-Umfeld hin zu HR-Spezialisten, wobei sich unterschiedliche Ansätze herausgebildet haben. Drei wesentliche Differenzierungsfaktoren kommen dabei neben den beiden oben als entscheidend dargestellten Faktoren „HR-Kernstrategie“ und „Management-Einstellung“ zum Tragen: Größe des Unternehmens (Anzahl Mitarbeitender), verfügbare Mittel (als Ausfluss der HR-Kernstrategie) und Anzahl Mitarbeitender mit HR-Ausbildung. Die nachfolgende Stufeneinteilung orientiert sich in Ergänzung zu eigenen Überlegungen an der Aufstellung von

Pekruhl, Vogel und Strohm (2018, S. 174), welche als repräsentativ betrachtet werden kann.

- Bei einer Betriebsgröße bis zu 10 Mitarbeitenden liegt die Hauptverantwortung für die Personalarbeit beim Inhaber respektive der obersten Leitungsperson, welche den HR-Job „nebenbei" erledigt. Spezifische Mittel für das HR gibt es deshalb nur insofern, als externe Drittparteien z.B. bei der Rekrutierung berücksichtigt werden. Das Outsourcing kann demzufolge einen wesentlichen Anteil der HR-Aktivitäten ausmachen, auch und vor allem wegen der fehlenden internen Expertenkompetenz.
- Bei einer Betriebsgröße von 10–30 Mitarbeitenden kann sich die HR-Verantwortung auf das ganze Führungsgremium ausweiten, das heißt, die wenigen Geschäftsleitungsmitglieder zeichnen für ihre eigenen Bereiche auch in HR-Fragen und -Prozessen verantwortlich. Es bestehen erste Ausprägungen einer Personalverwaltung, welche in die Gesamtadministration integriert wird. Weiterhin besteht keine HR-spezifische Fachkompetenz und allfällig benötigte personalbezogene finanzielle Mittel sind äußerst eingeschränkt.
- Bei einer Betriebsgröße von ungefähr 20–60 Mitarbeitenden findet oft eine strategische Entwicklung statt: neben den in den ersten beiden Kategorien zu erwartenden flexibilitätsorientierten HR-Low Cost- oder HR-Flex Value-Kernstrategien kann sich jetzt auch schon eine HR-Balance-Kernstrategie anzeigen. Dies prägt sich strukturmäßig in der erstmaligen Etablierung einer „halbprofessionellen" Personaleinheit aus, welche nicht nur die Verwaltung inkl. Payroll für das Personal, sondern auch die Betreuung von bestimmten Prozessen wie beispielsweise der Rekrutierung übernimmt. Meistens handelt es sich dabei um eine dem obersten Leitungsorgan angehängte Stabsfunktion. Nicht selten hat auch die Geschäftsleitungsassistenz diese Funktion inne. Mit der Möglichkeit dieser ersten Professionalisierung ergeben sich ebenfalls erhöhte Direktkosten.
- Falls die soeben geschilderte Entwicklung ausbleibt, dann wird diese bei einer weiter wachsenden Betriebsgröße von ca. 50–100 Mitarbeitenden definitiv und noch ausgeprägter passieren, respektive sich nicht mehr vermeiden lassen. Die HR-Kernstrategie kann sich in jede Richtung der Matrix ausweiten und die Kosten bilden sich entsprechend heraus. Jetzt ist spätestens der Zeitpunkt einer wesentlichen Weiterentwicklung der personalrelevanten Aktivitäten gekommen. Ein etwa zweiköpfiges Fachteam, welches dem CEO oder auch einem der Geschäftsleitungsmitglieder unterstellt wird, übernimmt die Personalverantwortung. Das bringt in der Regel die Zuständigkeit für alle Prozesse und die Administration mit sich. Parallel müssen Aufgaben- und Entscheidungsvertei-

lung zwischen Linien- und Personalmanagement definiert werden. Eine solche Professionalisierung kann organisch erfolgen, indem der bisherige Jobinhaber zum Personalverantwortlichen ernannt wird – oft begleitet von einer passenden fachspezifischen Weiterbildung. Oder es wird jemand Externer rekrutiert, welcher bereits über die nötigen Qualifikationen und eine gewisse Erfahrung verfügt. Nicht nur wegen der jetzt bestehenden HR-Funktion mit eigenen Vollzeitstellen (FTE), sondern auch wegen erforderlichen Investitionen in eine professionellere Rekrutierung und initial benötigte Personalentwicklung steigen die Kosten für das HR je nach strategischer Ausrichtung substanziell an.

- Für Betriebsgrößen bis zur KMU-Obergrenze von 250 Mitarbeitenden und darüber setzt sich die Entwicklung einer dedizierten HR-Funktion inhaltlich, fachlich und kostenmäßig fort. Vor allem stellt sich jetzt die Frage, ob der Leiter der ebenfalls größer werdenden Personalabteilung neben der Zuständigkeit für operative Geschäfte auch eine tragende Rolle in der Entwicklung und Umsetzung der Geschäftsstrategie übernehmen und damit einen Sitz am Führungstisch erhalten soll.

Unternehmes-größe	Verantwortung HR	HR-Kernstrategie	Finanzielle Mittel: CHF/Euro pro FTE	Fachaus-bildung	Organisation HR
< 10 Mitarbeitende	Inhaber / CEO	Low Cost Flex Value Balance Inevstment	Keine	Keine	Keine Fachabteilung
10-30 Mitarbeitende	Geschäftsleitung	Low Cost Flex Value Balance Inevstment	Gering: <500.-	Keine	Keine Fachabteilung
1. Professionalisierung					
20-60 Mitarbeitende	Stabsfunktion bei Geschäfts-leitung	Low Cost Flex Value Balance Inevstment	gering: 500–1.500 mittel: 2.000–4.000 höher: > 4.000	1,0 - 1,5	z.B. Assistenz mit Administrations-wissen im HR
2. Professionalisierung					
50-100 Mitarbeitende	Human Resources	Low Cost Flex Value Balance Inevstment	Gering: 500.-- - 1500.--Mittel: 2000.-- - 4000.-- Höher: > 4000.--	1,5 - 2,5	Eigenständige Fachabteilung bei CEO oder CFO/COO
> 100 Mitarbeitende	Human Resources	Low Cost Flex Value Balance Inevstment	gering: 500–1.500 mittel: 2.000–4.000 höher: > 4.000	> 2,0	Fachabteilung bei CEO oder CFO/COO Evtl. Mitglied der GL

Abbildung 62: Strukturelle Differenzierung des HRM entlang der Betriebsgröße

Abbildung 62 fasst die fünf Entwicklungs- und die beiden potenziellen Professionalisierungsschritte zusammen.

Natürlich sind die oben indizierten zahlenmäßigen Dimensionen nicht fix. Es gibt immer wieder Ausnahmen in beide Richtungen: Firmen, die ihren Personalverantwortlichen schon bei einer Betriebsgröße von 30 bestimmen und damit die Funktion früh professionalisieren, oder diejenigen Unternehmen, die sehr lange zuwarten und eine eigenständige Personaleinheit erst viel später etablieren. Es ist auch kein Zufall, dass letztere Kategorie in der Regel eine HR-Low Cost-Kernstrategie verfolgt, während die frühen „Professionalisierer" sich in Richtung Balance oder Investment entwickeln. Entsprechend sehen die Trends bezüglich Gesamtkosten des HRM völlig anders aus (Bruederlin 2020/1, S. 65–69). Auch zeigen sich weitere Strukturtreiber sehr unterschiedlich. Die Anzahl Mitarbeitender in der Personalabteilung kann beispielsweise bei einer Betriebsgröße von 100 zwischen 1,0 und 4,0 FTE schwanken. Es ist offensichtlich, dass dies mit unterschiedlichen HR-Kernstrategien, abweichendem Zentralisierungsgrad, aber auch mit einer völlig andersgelagerten organisatorischen Bedeutung zu tun hat.

Wenn – wie oben erläutert – eine HR-Balance-Kernstrategie als standardmäßige Vorgabe angenommen wird, dann resultiert für die „typische" kleinere und mittlere Unternehmung in der Größenordnung von ca. 100 Mitarbeitern entlang dem in Abbildung 61 gesetzten Konsistenzbalken eine repräsentative HR-Organisation mit den folgenden strukturrelevanten Ausprägungen:

Funktionale Organisation bestehend aus einer kundenorientierten Leitungs- sowie einer Administrationsrolle, die auch die Verantwortung für die Payroll hat. Unter Umständen kommt noch eine dritte Person für eine „Spezialistenfunktion" mit Schwergewicht „betriebliche Ausbildung" dazu.

Es handelt sich dabei um eine abgespeckte Version der vollausgebildeten funktionalen Struktur von Abbildung 17. Trotz der nur rudimentären Ausprägung ist ein Drei-Säulen-Modell, welches sich von den Rolleninhalten her erklären lässt, erkennbar: „Betreuung/Einsatz" könnte auch als Business-Partner bezeichnet werden, wobei diese Rolle und die Leitung in Personalunion betrieben werden. Die Administrationsfunktion entspricht den Shared Services und der Verantwortliche für die Ausbildung repräsentiert das Center of Competence. Das ist natürlich etwas überspitzt dargestellt, aber man darf eine solche Struktur durchaus als die Basisversion eines Drei-Säulen-Modells sehen. Charakteristisch ist auch, dass sich

Standardisierung und Differenzierung in einer solchen Organisation etwa die Waage halten.

Wie weiter oben dargestellt, verdichtet sich eine solche Organisation oft auf zwei Säulen, indem die Unterteilung auf Business-Partner und Administration beschränkt wird (vgl. Kapitel 3.5.1., Abbildung 29 und Kapitel 3.5.4.). Im Wesentlichen bedingt die Größe eines KMU die Konzentration der Mitarbeitenden auf einen Standort, weshalb in erster Linie von einer zentralen Erbringung der Personaldienstleistung gesprochen werden muss. Ein KMU mag ein paar kleinere Außenstationen aufweisen, beispielsweise für den Vertrieb und das Marketing. Das HR wird aber umfassend aus dem „Hauptsitz" betrieben.

Interessant ist, dass bei einem KMU in dieser Größenordnung mit der Etablierung einer HR-Fachabteilung ein Insourcing von HR-Dienstleistungen stattfindet. Das mindert nicht nur die Bedeutung der Auslagerung zu Drittparteien, sondern entspannt – wenigstens vorübergehend und vor allem, wenn die neue HR-Person gut qualifiziert ist – die nicht immer leicht zu lösende Problematik, ob HR-Leistungen selber erbracht oder extern eingekauft werden sollen.

Allfällige Digitalisierungsmaßnahmen im HR bewegen sich bei typischen KMU eher im Bereich der Standardisierung und Rationalisierung, womit gerade bei einer HR-Balance-Kernstrategie Mittel für qualitätsverbessernde Maßnahmen, beispielsweise im Aus- und Weiterbildungsbereich, freigesetzt werden können.

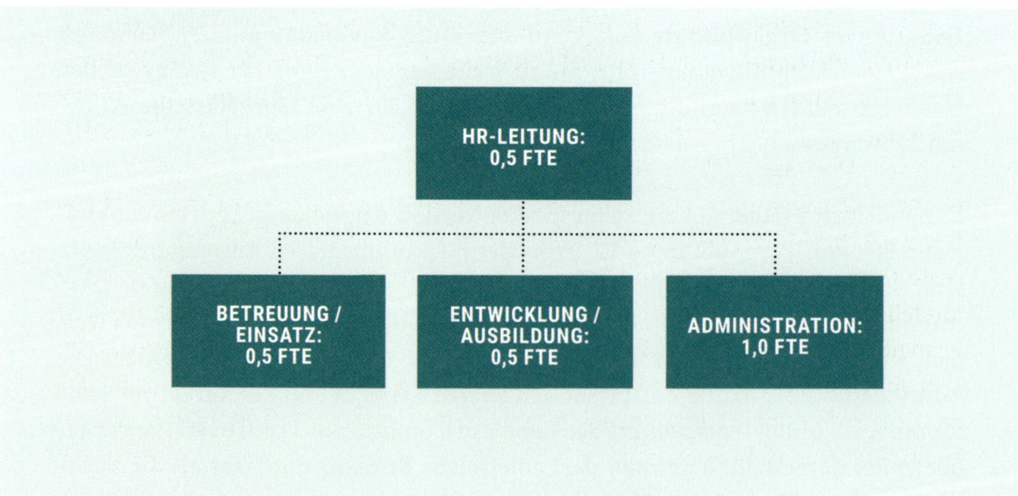

Abbildung 63: Typische HR-Organisation eines KMU (Balance-Kernstrategie)

In der betrieblichen Praxis zeigt sich oft, dass KMU innerhalb des Balance-Kernstrategie-Spektrums das HRM als relevanter einschätzen, als dies bei größeren Firmen mit der gleichen strategischen Ausrichtung der Fall ist. Dies könnte in vielen Fällen wiederum mit der Kultur von Familienbetrieben zusammenhängen. Obwohl Zusammenarbeitsprinzip, organisatorische Bedeutung und hierarchische Positionierung bei kleineren und mittleren Betrieben sämtliche Ausprägungen zulassen, spielt das HR in vielen KMU eine wichtige Rolle als Berater oder sogar Partner der Geschäftsleitung. Was das Steuerungsprinzip betrifft, so ist in der Regel von einem Cost-Center auszugehen.

3.10. HR-Strukturentwicklung in der Unternehmenspraxis

Nachfolgend sollen die relevanten Schritte, welche für die Entwicklung einer konsistenten HR-Struktur, einer konsistenten HR-Organisation respektive eines konsistenten HR-Geschäftsmodells notwendig sind, konkret erläutert werden. Es sei an dieser Stelle nochmals daran erinnert, dass in diesem Buch die drei Begriffe der Struktur, der Organisation und des Geschäftsmodells trotz ihres leicht differierenden Inhalts insofern als gleichgerichtet betrachtet werden, als sie alle die nach außen sichtbare Form der HR-Funktion darstellen – allerdings aus unterschiedlichen Perspektiven. Dabei steht die Struktur für eine bestimmte Anordnung der Gestaltungselemente, die Organisation für deren zielgerichtete Wirkung und das Geschäftsmodell – oder Operating Model – für eine rollenbasierte und ergebnisorientierte Umsetzung (vgl. Kapitel 3.2.). Um die „richtige", eben die konsistente Aufstellung zu entwickeln, werden alle drei Perspektiven – Struktur, Organisation und Geschäftsmodell – zu berücksichtigen sein. Es genügt nicht zu sagen, ein HRM ist funktional oder divisional strukturiert. Die Aussage, dass das Personal sich eher zentral oder dezentral organisiert, ist zwar eminent wichtig, aber für sich allein genommen auch zu ungenau. Ebenso wenig reicht es festzuhalten, dass HR in einem Drei-Säulen-Modell operiert. Deshalb sind unter dem Strich alle strukturrelevanten Faktoren zu analysieren, wenn die für ein Unternehmen richtige HR-Form bestimmt werden soll. „Richtig" bedeutet in diesem Kontext, dass besagte Faktoren konsistent sind und somit Struktur, Organisation und Geschäftsmodell des HRM zusammenpassen und für ein Unternehmen die bestmögliche formale Option darstellen. „Bestmöglich" wiederum heißt, dass das Unternehmen sich auf eine HR-Funktion verlassen kann, deren Aufstellung alle äußeren Bedingungen erfüllt, um die Unternehmensziele zu unterstützen und so wesentlich zum Unternehmenserfolg beizutragen.

Bei der praktischen Umsetzung der systematischen Entwicklung einer in jeder Hinsicht konsistenten Organisation des HRM bewegt man sich entlang der im Verlauf dieses Buches im Detail erläuterten vier Strukturierungsbereiche. Zum besseren Verständnis werden die einzelnen Prozessschritte zur Nachverfolgung im Überblick aufgeführt. Dabei entspricht die Nummerierung der einzelnen Schritte genau den Unterbereichen des Kapitels 3.10. (beispielsweise wird der Schritt 3 als Subkapitel 3.10.3. beschrieben und erklärt).

3.10.1. Festlegung der HR-Kernstrategie

Die strategische Ausrichtung bildet neben der Unternehmensstruktur den grundlegenden Ausgangspunkt für die Organisation des HRM. Die Strategiedefinition sollte deshalb an den Beginn jedes Prozesses gesetzt werden, welcher zum Ziel hat, die Organisationsform von HR zu bestimmen. Mit anderen Worten, die weiter oben beschriebene „dritte Konsistenz", nämlich die Beziehung von HR-Struktur und HR-Strategie (vgl. Kapitel 3.4.), sollte von Letzterer dominiert werden. Die in vielen Betrieben immer wieder beobachtete Praxis, eine HR-Struktur ohne eine zugrunde liegende explizite HR-Strategie zu entwerfen (vgl. Kapitel 1.1. und Abbildung 3) ist nicht zielführend, weil Letztere dadurch unter Umständen in einen Bereich gedrückt wird, der weder der Unternehmensstrategie noch der Personalpolitik entspricht. Damit wird ein elementares Konsistenzprinzip, nämlich die Passung von HR-Strategie und HR-Struktur, von Anfang an durchbrochen.

Wenn immer möglich soll die Festlegung der HR-Kernstrategie entlang den systematischen Entwicklungsschritten von Dokumentenanalysen und Stakeholder-Interviews erfolgen, welche an anderer Stelle detailliert beschrieben sind (Bruederlin 2020/1, S. 156–169). Damit kann sichergestellt werden, dass hinter der Strategieentwicklung eine solch hohe Präzision steht, dass die Bestimmung der HR-Struktur von Beginn an richtig aufgegleist ist. Dies rührt daher, dass strukturrelevante Merkmale nicht nur jede HR-Kernstrategie auszeichnen (vgl. Kapitel 3.4.4., Abbildung 22), sondern damit auch weitergehende Strukturierungsentscheide indiziert werden.

Prozessschritte zur systematischen Entwicklung einer konsistenten HR-Organisation			
Schritt 1	Festlegung der HR-Kernstrategie		Strukturierungs-bereich 1
Schritt 1.1.	Dokumentenanalyse: Quantitative und qualitative Inhaltsanalyse		
Schritt 1.2.	Stakeholder-Interviews: Einleitung / Sondierungsfragen / Positionierungsfragen Unternehmensstruktur		
Schritt 2	Ableitung der HR-Struktur aus der Unternehmens-Struktur: Spiegelung		Strukturierungs-bereich 1
Schritt 2.1.	Bestimmung der Unternehmensstruktur		
Schritt 2.2.	Bestimmung der HR-Struktur als Spiegelung der Unternehmensstruktur: funktional, divisional, Matrix		
Schritt 3	Entwicklung und Festlegung des zentralen/dezentralen Organisationsgrades		Strukturierungs-bereich 2
Schritt 3.1.	Objektive externe Einschätzung der aktuellen Unternehmensstruktur im Spektrum zentral/dezentral		
Schritt 3.2.	Subjektive interne Einschätzung der aktuellen Unternehmensstruktur im Spektrum zentral/dezentral		
Schritt 3.3.	Konsensdiskussion zur Harmonisierung der „objektiven" und „subjektiven" Position		
Schritt 3.4.	Spiegelung dieser gemeinsamen Unternehmensposition zur Definition der HR-Position auf dem (De-)Zentralisierungs-spektrum		
Schritt 3.5.	Beschreibung der Demarkationslinie als finale Definition zentraler / dezentraler HR-Dienstleistungen		
Schritt 3.6.	Evaluation der aktuellen HR-Position im Spektrum zentral / dezentral		
Schritt 3.7.	Anpassung (falls nötig) der aktuellen Aufteilung zentraler / dezentraler HR-Aktivitäten (Ist) an die definierte Demarkationslinie (Soll)		
Schritt 3.8.	Überprüfung der Passung Schritt 3 mit dem aus den Schritten 1 und 2 resultierenden Strukturspektrum und Korrektur allfälliger Abweichungen		

→

Schritt 4	Quantitative und qualitative Bestimmung der «4 Säulen»		Strukturierungsbereich 2
Schritt 4.1.	Überprüfung der quantitativen und qualitativen Aufteilung der HR-Tätigkeiten in verschiedene Rollen/Säulen auf Passung mit Demarkationslinie und HR-Kernstrategie		
Schritt 4.2.	Entscheid betreffend final konsistenter Aufteilung betreffend schon bestehender oder neu aufzustellender HR-Organisation Digitalisierungmaßnahmen		
Schritt 5	Evaluation der strukturrelevanten Digitalisierungsstrategien		Strukturierungsbereich 3
Schritt 5.1.	Analyse und Bewertung erfolgter oder geplanter Digitalisierungsmassnahmen ==> Gewichtung der Digitalisierungsvektoren Systemorientierung, Funktionalitätenorientierung, Agilitätsorientierung, Transformationsorientierung		
Schritt 5.2.	Entscheid betreffend finaler und konsistenter struktureller Ausrichtung von HR aufgrund der HR-Digitalisierungsstrategie		
Schritt 5.2.1.	Bestätigung und Bewahrung von (De-)Zentralisierungsgrad und Demarkationslinie aus Prozessschritten 1-4		
Schritt 5.2.2.	Infragestellung von (De-)Zentralisierungsgrad und Demarkationsline aus Prozessschritten 1-4		
Schritt 5.2.2.1.	Neuausrichtung von (De-)Zentralisierungsgrad und Demarkationslinie - Überprüfung der HR-Kernstrategie		
Schritt 5.2.2.2.	Keine Neuausrichtung von (De-)Zentralisierungsgrad und Demarkationslinie - Korrektur der Digitalisierungsmassnahmen		
Schritt 6	Ableitung der Zusammenarbeits- und Steuerungsprinzipien		Strukturierungsbereich 4
Schritt 6.1.	Ableitung der mit der bisherigen Analyse konsistenten Entscheidungsbefugnisse und der resultierenden Rolle des HR		
Schritt 6.2.	Ableitung eines zur vorangehenden Analyse passenden Steuerungsprinzips		
Schritt 7	Ableitung der organisationalen Bedeutung und der hierarchischen Positionierung		Strukturierungsbereich 4
Schritt 7.1.	Bestimmung der Wichtigkeit des HR in der Unternehmung		
Schritt 7.2.	Bestimmung der unternehmerischen Hierarchiebene des HR		

Abbildung 64: Prozessübersicht zur Entwicklung einer konsistenten HR-Struktur

3.10.2. Ableitung der HR-Struktur aus der Unternehmensstruktur: Spiegelung

Die für die Ausbildung einer konsistenten HR-Struktur fundamentale Relevanz der HR-Kernstrategie wird im zweiten Schritt ergänzt durch die ebenso wichtige Unternehmensstruktur. Damit ist die „vierte Konsistenz“ respektive die Spiegelung zwischen Unternehmensstruktur und HR-Organisation angesprochen (vgl. Kapitel 3.4.). Neben der Festlegung der HR-Kernstrategie soll demzufolge für die Entwicklung der richtigen HR-Struktur die bestehende Unternehmensaufstellung unmittelbar berücksichtigt werden. Dies sollte nicht weiter schwierig sein: Ob sich die zur Diskussion stehende Firma funktional, divisional oder als Matrix strukturiert hat, ist offensichtlich und bildet für die weitere Bestimmung der HR-Organisation einen entscheidenden Treiber. Trotz dieser starken Wirkung der Spiegelung ergeben sich einige strukturelle Varianten, da jede der vier HR-Kernstrategien mehrere Strukturen zulässt. Nur die Kombination einer Low Cost-Strategie mit einer Matrixstruktur respektive einer Investment-Strategie mit einer funktionalen Struktur erweisen sich in der Praxis als unwahrscheinlich (vgl. Kapitel 3.4.4., Abbildung 23).

Ob die gespiegelte Unternehmensstruktur oder die HR-Kernstrategie den entscheidenden Ausschlag für die finale Ausbildung der HR-Struktur gibt, ist unterschiedlich. In diesem Fall bedarf es der Konsistenzanalyse der weiteren Strukturierungsbereiche, um zu einem Entscheid zu kommen. Ein Beispiel wäre die Kombination einer Balance-Strategie mit einer divisionalen Unternehmensstruktur, die noch einige Konsistenzmöglichkeiten offenlässt, welche mit der Betrachtung der verbleibenden Strukturierungsbereiche definitiv eingegrenzt werden können. Wenn die beiden Basis-Strukturtreiber (HR-Strategie und Spiegelung) aber von Anfang an eindeutig konsistent sind, dann ist der Weg umso klarer vorbestimmt. Ein Beispiel hierfür wäre das Zusammenkommen einer Low Cost-HR-Strategie mit einer funktionalen Geschäftsstruktur oder analog einer HR-Investment-Strategie mit einer Matrixstruktur des Unternehmens.

3.10.3. Entwicklung und Festlegung des zentralen/dezentralen Organisationsgrades

Im Kapitel 3.5.6. wurde der dritte Prozessschritt zur Entwicklung einer konsistenten HR-Organisation bereits ausführlich beschrieben und mit einem praktischen Beispiel unterlegt: In Ergänzung und Vertiefung des zweiten Entwicklungsschrittes wird der aktuelle Zentralisierungs- respektive Dezentralisierungsgrad der Unternehmung anhand bestehender Prozesse, gelebter und reglementierter Entscheidungsrechte sowie organisatorischer Zuständigkeiten analysiert, evaluiert und fixiert. Es handelt sich dabei um eine Präzisierung und Konkretisierung des im zweiten Schritt behandelten Ansatzes: Das heißt, es kommt nicht nur zu einer Aussage betreffend Art der Struktur (funktional, divisional oder Matrix), sondern es wird mit hoher Sorgfalt und Zielgenauigkeit der Zentralisierungs- respektive Dezentralisierungsgrad der Unternehmung bestimmt. Die Systematik dieses Prozesses basiert sowohl auf einer objektiven Außensicht (z.B. durch eine neutrale Beratungsfirma) wie auch auf einer subjektiven Innensicht (z.B. durch das Management). Mittels einer umfassenden Konsensdiskussion sollen anschließend allfällige Diskrepanzen zwischen den beiden Ansichten angenähert und schließlich auf eine gemeinsame Position harmonisiert werden. Analog zum zweiten Entwicklungsschritt kann dann mittels des Prinzips der Spiegelung der „richtige“ Punkt auf dem Spektrum zwischen ausschließlich zentral oder ausschließlich dezentral zu erbringenden HR-Dienstleistungen definiert werden. Dieser Punkt indiziert die Demarkationslinie, welche eine entscheidende Rolle bei der Ausrichtung einer HR-Struktur spielt und damit eines der wesentlichsten Merkmale einer HR-Organisation darstellt.

Es ist möglich, dass die auf diese Weise bestimmte Demarkationslinie nicht der aktuell gelebten Aufteilung zwischen zentralen und dezentralen Dienstleistungen in den verschiedenen wertschöpfenden Prozessen im HRM entspricht, dass sich also Soll- und Ist-Organisation unterscheiden. Diese Inkonsistenz muss durch eine entsprechende Verschiebung der Demarkationslinie auf dem Spektrum, also einer passenden Zentralisierung oder Dezentralisierung von HR-Aktivitäten, ausgeglichen werden.

Es ist zu erwarten, dass die Definition der Demarkationslinie in keinem substanziellen Widerspruch zu den bisherigen Ergebnissen des Strukturentwicklungsprozesses steht. Das heißt, dass deren Positionierung in das durch die ersten beiden Prozessschritte definierte Strukturspektrum passt. Dies wäre für die folgenden Basiskonstellationen der Fall:

- Eine stark auf Zentralisierung ausgerichtete Demarkationslinie trifft auf eine funktionale Struktur innerhalb einer Low Cost-Strategie.
- Eine eher auf Zentralisierung ausgerichtete Demarkationslinie trifft auf eine funktionale oder divisionale HR-Struktur innerhalb einer Balance-Strategie.
- Eine eher auf Dezentralisierung ausgerichtete Demarkationslinie trifft auf eine divisionale (evtl. Matrix) oder auch funktionale HR-Struktur innerhalb einer Flex Value-Strategie.

- Eine stark auf Dezentralisierung ausgerichtete Demarkationslinie trifft auf eine divisionale oder eine Matrix HR-Struktur innerhalb einer Investment-Strategie.

Ergibt die Analyse am Ende des dritten Prozessschrittes eine dieser Verbindungen, dann kann von grundsätzlicher Konsistenz ausgegangen werden. Dies ist eine gute Basis für ein zielführendes Angehen der nächsten Phasen. Sollten sich aber Abweichungen zeigen, so müssen diese Anzeichen von Inkonsistenz analysiert und aufgelöst werden. Meistens geht es dabei um Widersprüche zwischen Demarkationslinie und HR-Kernstrategie. Es soll also weniger die Rede sein von Konstellationen, die weiter oben schon als unwahrscheinlich bezeichnet wurden – wie die Kombination einer funktionalen Struktur mit einer Investment-Strategie oder einer Matrix-Struktur mit einer Low Cost-Strategie (vgl. Kapitel 3.4.4., Abbildung 23).

Die nachfolgenden zwei Beispiele stellen die extremen Möglichkeiten von Inkonsistenz dar, kommen aber in der betrieblichen Realität immer wieder vor:

- Eine stark auf Zentralisierung ausgerichtete Demarkationslinie trifft auf eine andere HR-Kernstrategie als Low Cost. Dies bedeutet, dass das HRM (und die Organisation) stärker zentralisiert sind, als dies durch die HR-Strategie stipuliert wird. Dies passiert vor allem, wenn der Personalfunktion unverhältnismäßige und der Kernstrategie nicht entsprechende Effizienzvorgaben gemacht werden.
- Wenn umgekehrt eine stark auf Dezentralisierung ausgerichtete Demarkationslinie auf eine Low Cost-Strategie (eventuell auch auf eine Balance-Strategie) trifft, ist äußerste Inkonsistenz gegeben. Allerdings dürfte dieser Fall eher selten auftreten. Ein Beispiel dafür wäre, wenn das Headquarter einer ausgeprägt dezentral organisierten Unternehmung (z.B. einer Holding) allen einzelnen HR-Einheiten eine kostengetriebene hohe Standardisierung aufzwingen würde. Dies bedeutet aber einen Widerspruch, weil damit automatisch eine flächendeckende Zentralisierung der HR-Aktivitäten verbunden wäre – und dies würde nicht nur das Spiegelungsprinzip verletzen, sondern gleichzeitig die strategisch gewollte dezentrale Verantwortung, welche einer Holding-Struktur eigen ist, unterlaufen. Bei der Behandlung von zentralen HR-Dienstleistungen innerhalb dezentralen Geschäftsstrukturen ist diese Problematik schon angetroffen worden (vgl. Kapitel 3.5.), und es hat sich gezeigt, dass diese Konstellation nur unter sehr vielen Bedingungen funktionieren kann.

„Leichtere" Abweichungen der gleichen Art ergeben sich, wenn eher zentral ausgerichtete HR-Aktivitäten innerhalb von Investment- oder auch Flex Value-

Strategien vorkommen oder sich umgekehrt eine eher dezentral ausgerichtete Demarkationslinie mit einer Balance-Strategie verbindet. Der erste Fall tritt ein, wenn bei einer Investment-Strategie der Shared Services-Anteil disproportional hoch ist. Beim zweiten Fall verbleiben mehr Tätigkeiten beim Business-Partner, als dies durch die Balance-Strategie zu erwarten wäre. Damit ist der vierte Schritt der Entwicklung einer konsistenten HR-Organisation bereits angedeutet.

3.10.4. Quantitative und qualitative Bestimmung der „4 Säulen"

Im vierten Schritt der Entwicklung der „richtigen" HR-Struktur geht es um die Überprüfung einer konsistenten Verteilung der HR-Tätigkeiten auf die Rollen, welche in einem Zwei-, Drei- oder Vier-Säulen-Modell möglich sind. Um das Konsistenzprinzip weiterzuführen, sollte diese Zuteilung dem Zentralisierungs- respektive Dezentralisierungsgrad der HR-Funktion entsprechen – egal, welches Modell zur Anwendung kommt. Dies beinhaltet sowohl eine qualitative wie auch eine quantitative Komponente. Erstere ergibt sich durch die verschiedenartigen Rollen und Kompetenzen, letztere wird durch deren zahlenmäßige Größenordnung bestimmt – wie dies weiter oben durch Abbildung 32 repräsentativ dargestellt wird. Allerdings entspricht diese prozentuale Verteilung auf die verschiedenen Säulen nur einer Annäherung und ist nicht in Stein gemeißelt. Diese Grenzen sind also fließend, aber die Trends müssen stimmen. Dies bedeutet, dass die folgenden beispielhaften Passungen für eine hohe Konsistenz der HR-Struktur stehen:

- hohe Zentralisierung/Low Cost-Strategie/sehr hohe Ausprägung von Shared Services und Outsourcing/wenig bis keine Business-Partner oder HR-Spezialisten;
- mittlere Zentralisierung/Balance-Strategie/hohe Ausprägung von Shared Services und Outsourcing/mittlere Ausprägung von Business-Partnern und HR-Spezialisten;
- mittlere Dezentralisierung/Flex Value-Strategie/sehr hohe Ausprägung von Outsourcing, wenig bis keine Shared Services/mittlere Ausprägung von HR-Spezialisten/hohe bis sehr hohe Ausprägung von Business-Partnern;
- hohe Dezentralisierung/Investment-Strategie/mittlere bis hohe Ausprägung von Shared Services/kleine bis mittlere Ausprägung von Outsourcing/mittlere Ausprägung von HR-Spezialisten/hohe bis sehr hohe Ausprägung von Business-Partnern.

In der praktischen Umsetzung gibt es zwei Szenarien: Entweder wird ein Modell neu eingeführt oder es existiert bereits. Wenn ein Drei-Säulen- oder ähnlich gelagertes Modell neu implementiert wird, dann müssen bei diesem Schritt die konsistenten Größenordnungen bei der Ausarbeitung und Etablierung der verschiedenen Säulen unmittelbar berücksichtigt werden. Hier zeigt sich die hohe Anpassungsfähigkeit des Säulenansatzes an unterschiedliche strategische Ausgangslagen.

Bei konsistenzbezogenen Abweichungen von bereits bestehenden Säulenmodellen müssen dagegen adäquate Korrekturen zielführend vorgenommen werden. Dabei ist zu berücksichtigen, dass die strategische Positionierung einer Personaleinheit auch zwischen einzelnen Kernstrategien liegen kann, was die Verteilung auf die verschiedenen Säulen beeinflusst.

Es folgen ein paar Beispiele von solchen rollenbezogenen Inkonsistenzen aus der betrieblichen Praxis:

- Der Anteil an Shared Services (und/oder Outsourcing) wird innerhalb einer Investment-Strategie übermäßig gefördert. Vor allem, wenn dies zulasten der Anzahl der Business-Partner geschieht, können Qualitätsverluste die Folge sein, welche der geforderten HR-Kernstrategie nicht mehr entsprechen.
- Bei einer Flex Value-Strategie kann die Installierung einer zu großen Anzahl von Spezialisten zwar vorteilhaft sein, was die Qualität der Personaldienstleistungen betrifft. Gleichzeitig wird die Agilität der HR-Funktion aber eingeschränkt, weil diese Spezialisten kaum in anderen Bereichen eingesetzt werden können.
- HR-Funktionen im Balance-Strategie-Bereich haben manchmal ein zu dichtes Netz an Business-Partnern. Auch diese Konstellation ist offensichtlich qualitätsfördernd, aber unter Umständen für die betreffende Unternehmung zu teuer. Im Grenzbereich zu einer Investment-Strategie kann dies jedoch sinnvoll sein.
- Der Kostenfokus kann bei Low Cost-Strategien so weit getrieben werden, dass nicht nur die Eliminierung von Business-Partnern zum Thema wird, sondern die Auflösung der HR-Funktion als Ganzes (Bruederlin 2020/1 Kapitel 3.3.1.). Dies kann zwar der ultimativen Logik einer Low Cost-Strategie entsprechen, ist aber in den meisten Fällen nicht zielführend.

Es bleibt die nochmalige zusammenfassende Feststellung, dass bei der Durchführung des vierten Prozessschrittes darauf zu achten ist, dass die quantitative Ausprägung der verschiedenen Säulen und deren qualitative Ausgestaltung mittels unterschiedlicher Rollen den Konsistenzvorgaben von HR-Kernstrategie und Demarkationslinie folgen – entweder durch Neu-Etablierung oder durch korrigierende Anpassung.

3.10.5. Evaluation der strukturrelevanten Digitalisierungsstrategien

Der fünfte Entwicklungsschritt, der dem strukturrelevanten Einfluss der HR-Digitalisierung gewidmet ist, überprüft und bewertet die Entscheidungsrichtung aus dem vorangehenden Prozess. Entweder wird diese bestätigt oder aber infrage gestellt und eventuell neu orientiert – und zwar in Richtung einer verstärkten Zentralisierung oder Dezentralisierung der personalbezogenen Tätigkeiten. Es ist deshalb wichtig, dass bei der Analyse der Digitalisierungsstrategien die bestehende Situation im Unternehmen sehr genau angeschaut wird. Dazu bedarf es der Beantwortung folgender Fragen: Wie sind die einzelnen strategischen Aspekte der HR-Digitalisierung berücksichtigt? Wie sieht entsprechend die Gewichtung der vier strategierelevanten Digitalisierungsvektoren „Systemorientierung“, „Funktionalitätenorientierung“, „Agilitätsorientierung“ und „Transformationsorientierung“ aus und wie verhalten sich diese zueinander? Vor allem aber: Gibt es durch bereits erfolgte (oder auch geplante) Digitalisierungsmaßnahmen Abweichungen von der in den ersten Prozessschritten aufgezeigten Konsistenzlinie (vgl. Kapitel 3.6.3. bis 3.6.9.)? Deshalb lautet die entscheidende Frage im fünften Prozessschritt, ob die finale Konsistenzlinie entlang den Ergebnissen der ersten vier Prozessschritte laufen oder sich an der (Neu-)Ausrichtung der Digitalisierungsvektoren orientieren soll. Mit anderen Worten: verändert die Digitalisierung die HR-Organisation oder nicht? Und muss deshalb unter Umständen sogar die HR-Kernstrategie überprüft werden?

Drei verschiedene Szenarien mit dazu passenden Handlungsoptionen sind möglich:

- Die Firma hat bezüglich der HR-Digitalisierung noch nichts unternommen. Die HR-Digitalisierung sollte in diesem Fall auf die bisherigen Ergebnisse des Strukturentwicklungsprozesses aufgebaut werden. Das bedeutet, dass eine zur jeweiligen zentralen respektive dezentralen Erbringung der Personaldienstleistung passende Digitalisierungsstrategie zu priorisieren ist.

Beispiel: Unternehmung 1 verfolgt eine Flex Value-Kernstrategie mit tendenzieller Dezentralisierung. Gemäß den in Abbildung 53 (vgl. Kapitel 3.6.9.) aufgeführten Zusammenhängen sollten alle zukünftigen Digitalisierungsmaßnahmen in der Summe einer „differenzierenden Innovationsstrategie“ (vgl. Kapitel 3.6.5.) nahekommen, um Konsistenz zu erreichen.

- Die Firma ist mitten im Prozess der HR-Digitalisierung, erste Schritte haben stattgefunden, andere sind geplant. Die bereits abgeschlossenen Digitalisierungsmaßnahmen, das heißt deren strukturelle Auswirkungen, sind auf Passung mit der Demarkationslinie zu überprüfen. Gleichzeitig ist zu überlegen, ob eine in Bezug auf den Zentralisierungs- oder Dezentralisierungsgrad abweichende

Digitalisierungsstrategie für eine Neuausrichtung maßgebend sein könnte oder nicht. Für alle noch geplanten Maßnahmen gilt anschließend eine konsistenzfördernde Priorisierung.

Beispiel: Unternehmung 2 verfolgt eine Investment-Kernstrategie mit ausgeprägter Dezentralisierung (divisionale Struktur). Die bereits etablierte Digitalisierung im HR ist auf eine Passung mit der Digitalisierungsstrategie „Segmentierender Business-Fokus" (vgl. Kapitel 3.6.8. und 3.6.9.) zu analysieren. Bei auffälligen Abweichungen – z.B. in Richtung Automation oder Standardisierung – kann eine strategiekonforme Korrektur erfolgen. Oder es wird entschieden, dass die strukturrelevanten Resultate der HR-Digitalisierung die bisherige Demarkationslinie übersteuern und neu positionieren. Noch offene Maßnahmen sind entsprechend auszurichten.

- Die Firma hat die HR-Digitalisierung wenigstens für den Moment abgeschlossen. Entsprechend dem zweiten Beispiel hat eine Konsistenzüberprüfung auf die zu priorisierende Digitalisierungsstrategie stattzufinden. Korrigierende Maßnahmen müssen bei Bedarf ergriffen werden. Wie oben erläutert kann dies bedeuten, dass die Digitalisierungsstrategie der aktuellen strukturellen Ausrichtung angepasst wird – oder umgekehrt.

Beispiel: Unternehmung 3 verfolgt eine Low Cost-Kernstrategie mit ausgeprägter Zentralisierung (funktionale Struktur). Wenn die bereits erfolgte HR-Digitalisierung sich im Bereich der Strategien „Standardisierende Innovation" und „Rationalisierende Automation" bewegt, ist Konsistenz gegeben. Bei einer gröberen Abweichung der Maßnahmen in Richtung Differenzierung oder sogar Segmentierung muss die resultierende Inkonsistenz durch eine verstärkte und zentralisierende Automatisierung eliminiert werden. Oder die durch die Digitalisierungsvektoren vorgegebene Richtung führt zu einer neuen Demarkationslinie mit entsprechenden Anpassungen, im Extremfall bis zu einer Verschiebung der HR-Kernstrategie.

Bei all diesen konsistenzbezogenen Analysen, Checks sowie Korrekturen von bestehenden und zu planenden Digitalisierungsmaßnahmen ist ein gesundes Augenmaß und eine pragmatische Flexibilität wichtig. Geringe Abweichungen vom „Konsistenzpfad" müssen nicht umgehend korrigiert werden. Es geht bei der HR-Digitalisierung darum, eine Mindestkonsistenz mit der HR-Kernstrategie und dem ausgewiesenen (De-)Zentralisierungsgrad anzustreben respektive zu bewahren. Neuausrichtungen sind zuzulassen, wenn die strukturrelevante Wirkung der Digitalisierung den vorangehenden Prozess übersteuert. Fundamentale Neupositionierungen dürften eher unwahrscheinlich sein und würden gegebenenfalls zu einer Überprüfung der HR-Kernstrategie führen.

3.10.6. Ableitung der Zusammenarbeits- und Steuerungsprinzipien

Wie schon erläutert wurde (vgl. Kapitel 3.7.), wird das Zusammenarbeitsprinzip, also die Art und Weise, wie die Entscheidungsrechte zwischen HR und Linienmanagement aufgeteilt sind, die Struktur des HR nicht beeinflussen, sondern ist eine direkte Folge davon. Es geht deshalb beim sechsten Schritt zur Entwicklung einer konsistenten HR-Organisation im Wesentlichen um die logische Weiterführung des bisherigen Ergebnisses: Zu einer bestimmten Konsistenzlinie, welche HR-Strategie, Struktur, Zentralisierungs- und Dezentralisierungsgrad und dann auch Digitalisierungsstrategien verbindet, passt eine bestimmte Art, wie Linie und HR zusammenarbeiten. Mit anderen Worten, es würde in keiner Weise Sinn ergeben, wenn am Schluss des Prozesses ein Zusammenarbeitsprinzip stehen würde, welches der systematisch entwickelten Struktur widerspricht. Sollte dies wider Erwarten trotzdem der Fall sein, so ist eine unmittelbare Anpassung, das heißt eine neue Kompetenzverteilung, erforderlich.

Obwohl das Steuerungsprinzip betreffend eine größere Flexibilität herrscht als beim Zusammenarbeitsprinzip und die drei Optionen von Cost-, Service- und Profit-Center über praktisch alle HR-Strategien zur Anwendung kommen können, gilt das Gleiche wie für das Zusammenarbeitsprinzip: Die Entscheidung, welcher Ansatz gelten soll, ist entweder schon erfolgt oder wird am Schluss des Strukturentwicklungsprozesses als Bestätigung zur Kenntnis genommen. Auf jeden Fall hat er keine Auswirkung auf die Ausprägung der HR-Organisation – weder im Voraus noch rückwirkend. Auch sind Konsistenzüberlegungen kaum tangiert.

3.10.7. Ableitung der organisationalen Bedeutung und der hierarchischen Positionierung

Genau wie das Zusammenarbeits- und das Steuerungsprinzip stellen auch die organisationale Bedeutung und die hierarchische Positionierung des HR logische Konsequenzen des Strukturentwicklungsprozesses dar. Deshalb müssen in diesem siebten und letzten Schritt auch keine weiteren tiefen Analysen und weitergehenden Überlegungen gemacht werden. Die Konsistenzlinie gibt vor, wo das HR einer Unternehmung bezüglich Wichtigkeit anzusiedeln ist und welche Hierarchieebene die Personalabteilung richtig reflektiert. Dabei gibt es in der Regel für jede Konstellation eine gewisse Flexibilität, indem zwei Möglichkeiten zur Wahl stehen. Da es immer wieder vorkommt, dass sich HR-Funktionen im Vergleich zu den Ergebnissen der Strukturentwicklung auf der „falschen" Hierarchiestufe befinden, sind auch hier finale Korrekturen möglich und gegebenenfalls notwendig.

3.10.8. Praktische Umsetzung der HR-Struktur-Entwicklung: Konsistenzpfad

Damit für das eigene Unternehmen eine Konsistenzlinie möglichst pragmatisch über alle relevanten Strukturierungsbereiche nachvollzogen werden kann, soll neben den in den vorherigen Kapiteln erfolgten Erläuterungen zum schrittweisen Vorgehen eine konkrete Visualisierung erfolgen. Dies geschieht anhand eines transparenten Entscheidungspfades, welcher die Konsistenzpunkte pro Strukturierungsbereich miteinander verbindet. Acht unterschiedliche Ausprägungen der HR-Kernstrategie bilden die Basis für repräsentative Konsistenzszenarien. Dazu wurden neben den vier fundamentalen Strategien „Low Cost", „Balance", „Flex Value" und „Investment" jeweils die Positionen zwischen den vier Basisstrategien ausgewählt. Abbildung 65 zeigt die acht Ausgangspunkte auf der HR-Kernstrategiematrix.

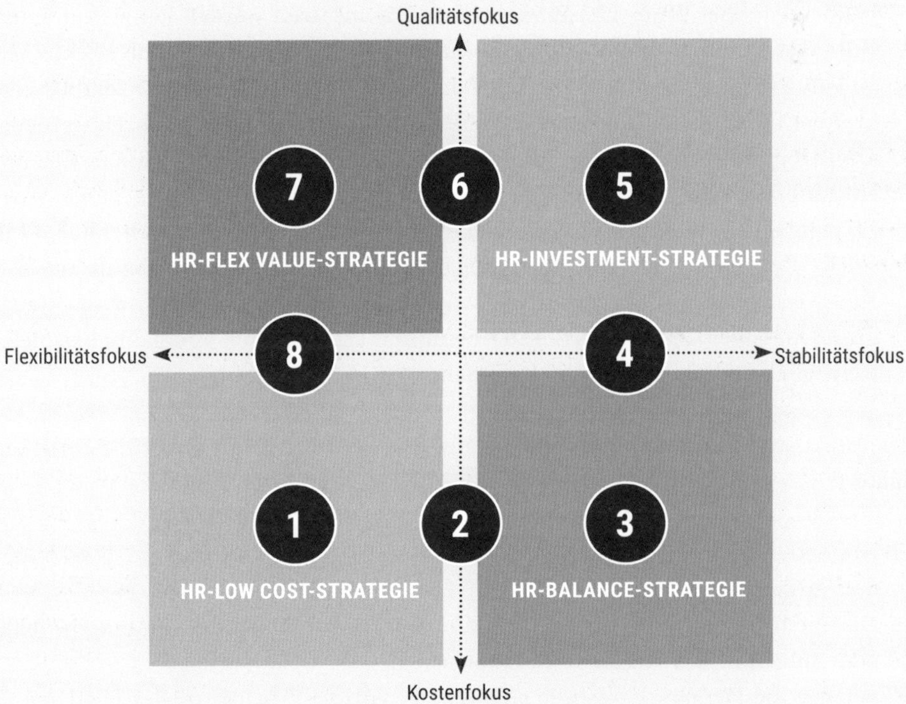

Abbildung 65: Acht Ausgangspunkte für die Praxisumsetzung einer konsistenten HR-Struktur-Entwicklung

Das eingelegte Poster zeigt den Konsistenzpfad für jede der acht HR-Strategien inklusiv möglicher Abweichungen auf. Die angegebenen Prozentwerte sind Richtwerte.

- «IDEALER PFAD» (weißes Checkzeichen auf dunkelgrünem Grund) bedeutet, dass die aktuelle Ausprägung eines Strukturbereichs mit den vorangehenden konsistent ist. Damit kann ohne weitere Überprüfung zur Analyse des nächsten Strukturbereichs geschritten werden. Solange sich die Analyse der verschiedenen Strukturtreiber entlang konsistenter Ausprägungen bewegt, sind keine weiteren Überprüfungen notwendig.

Sobald aber in der eigenen Analyse vom Idealpfad abgewichen wird, erscheinen zwei Arten von Markierungen:

- „ZU PRÜFEN" (weißes Ausrufezeichen auf hellgrünem Grund) bedeutet, dass die Abweichung klein ausfällt und die damit verbundene Inkonsistenz zwar vorhanden ist, aber unter Umständen als solche belassen werden kann. Auf jeden Fall muss in dieser Situation eine bewusste Überlegung erfolgen, ob effektiv ein zu adressierendes Problem vorliegt oder nicht. Falls die Unstimmigkeit als verkraftbar betrachtet wird, kann auf dem Konsistenzpfad weitergefahren werden.
- «INKONSISTENZ!» (weißer Punkt auf rotem Grund) bedeutet, dass es sich um eine substanzielle Unvereinbarkeit handelt, das heißt, die entsprechende Ausprägung eines Strukturierungsbereiches passt nicht zu den vorangehenden. Eine solche Unstimmigkeit erfordert eine unmittelbare Anpassung, damit auf den Konsistenzpfad zurückgekehrt werden kann. Passiert diese nicht, wird es aufgrund massiver Inkonsistenzen zu Abstimmungsproblemen und damit beispielsweise auch zu höheren Kosten kommen.

Die praktische Umsetzung sei anhand des ersten Szenarios Schritt für Schritt erläutert:

1. Die betreffende HR-Funktion operiert in einer Low Cost-Strategie. Dies bildet die Ausgangslage.
2. Dies bedingt eine funktionale Struktur der HR-Organisation. Eine divisionale oder eine Matrix-Struktur wäre inkonsistent.
3. Solange die Demarkationslinie eine (eher) zentrale Erbringung der HR-Dienstleistung zeigt, ist Konsistenz gegeben, in jedem anderen Fall sind Anpassungen nötig.

4. Entsprechend muss sich der Prozentsatz von ausgelagerten oder geteilten Dienstleistungen bei über 80 bewegen. Bei tieferen Prozentwerten muss eine Überprüfung stattfinden, oder es liegt Handlungsbedarf wegen Inkonsistenz vor.
5. Die Digitalisierungsstrategie einer solchen HR-Einheit zeichnet sich ausschließlich durch „rationalisierende Automation“ und „standardisierende Innovation“ aus. Erweisen sich diese beiden Strategien aktuell als weniger wchtig, ist erneut eine Überprüfung oder eine Anpassung angesagt.
6. Die zu einem solchen Pfad passende Rolle des HR wird in jedem Fall durch einen „administrativen Prozessgehilfen“ wahrgenommen. Sollte das HR eine andere Rolle besetzen, müsste diese entsprechend angepasst werden.
7. Als Konsequenz eines solchen Pfades ergibt sich ein HR mit geringer bis sehr geringer Bedeutung innerhalb der Unternehmung.
8. Als Steuerungsprinzip kommt nurmehr ein Cost Center infrage.

Schlusswort

Im Gegensatz zur Entwicklung einer HR-Strategie und zur Festlegung der wesentlichen Punkte eines strategischen HR-Portfolios ist die Etablierung der richtigen HR-Struktur recht einfach – aber immer noch um einiges vielschichtiger, als es in der betrieblichen Realität gehandhabt wird. Damit soll gesagt sein, dass im Normalfall viel zu wenig Überlegungen in die Entscheidung für eine passende HR-Struktur investiert werden. Vor allem der Forderung, dass die Art und Weise, wie das HR sich aufstellt, mit der HR-Kernstrategie konsistent sein sollte, wird in der Regel kaum nachgelebt. Mehr oder weniger gedankenlos wird ein gängiger Ansatz wie das „Ulrich-Modell" ausgewählt und implementiert, ohne sich darüber im Klaren zu sein, dass beispielsweise nicht die Aufstellung der drei Säulen entscheidend ist, sondern die Definition der Grenzen zwischen denselben.

Es sind wenige, einfach nachzuvollziehende Schritte, die den aufmerksamen Personalmanager auf den richtigen Weg zur konsistenten HR-Organisation führen – so wie dies auf dem Einlageposter ausführlich dargestellt wird. Eine gewisse Flexibilität in der Form von leichten Abweichungen vom vorgeschlagenen Weg ist erlaubt, solange die Konsistenz gewahrt bleibt. Und am Ende ist es auf jeden Fall eine spannende und bereichernde Erfahrung, sich auf diesen Konsistenzpfad zu begeben. Sie bringt nicht zuletzt die Gewissheit, dass die resultierende Struktur der Personalfunktion nicht nur die richtige ist, sondern der Unternehmung auch am meisten bringt.

Glossar

Active Sourcing
Proaktive Maßnahmen in der Rekrutierung zur Identifizierung von potenziellen Mitarbeitenden auf dem externen Arbeitsmarkt durch aktive und persönliche Kontaktnahme.

AI (Artificial Intelligence)
Siehe: KI.

Algorithmen
Lösungsverfahren in der Form von mathematischen Regeln, welche als Verfahrensanweisung in definierten Abfolgeschritten die Lösung eines Problems herbeiführen.

App
Application Software: Anwendungssoftware, Anwendung.

Asset
Vermögenswert. Im HR-Kontext wird oft vom Personal als dem wichtigsten Asset gesprochen. Das Humankapital und damit die Belegschaft als Ganzes wird als etwas sehr Wertvolles betrachtet, in das nachhaltig investiert wird.

ATS
Applicant Tracking System: Bewerber-Managementsystem.

Backoffice
Rückwärtige Organisationseinheiten, in der Regel ohne externen Kundenkontakt.

Bereiche der HR-Wert-Schöpfungskette
Siehe: HR-Kernbereiche.

Best Fit
Beste Passung. Situative Anpassung einer HR-Praktik an die differenzierten Bedürfnisse eines Unternehmens. Der Best Fit zeichnet sich gegenüber der Best Practice dadurch aus, dass er für ein Unternehme die bestmögliche und vor allem passende Vorgehensweise darstellt und nicht nur eine allgemein bewährte.

Best of Breed
Lösung für die HR-Informationstechnologie (siehe: HRIS), welche auf den Einsatz von mehreren funktionalen unter Umständen branchenspezifischen Lösungen setzt. Ursprung des Namens ist die Idee, dass für jeden Bereich die jeweils „beste" Lösung ausgewählt werden soll, was mit einem übergreifenden Ansatz oft nicht erreicht werden kann.

Best Practice

Beste Praktik, Erfolgsmethode, Erfolgsrezept: bewährte und erfolgreiche Vorgehensweise, Verfahren oder Methode in Unternehmen.

Big Data

Siehe: HR Big Data.

Blockchain

Blockkette. Dezentrale Datenbank, welche im Netzwerk auf einer Vielzahl von Computern gespiegelt vorliegt. Die Einträge sind in Blöcken zusammengefasst und gespeichert. Durch einen Konsensmechanismus ist die Authentizität der Informationen auf der Datenbank sichergestellt und kann von Nutzern abgefragt werden.

Change Management

Systematisches Veränderungsmanagement.

Chatbot

Textbasiertes automatisiertes Online-Dialogsystem, das erlaubt, mittels Smartphone, Laptop etc. mit einem selbstlernenden System in Kontakt zu treten, um einfachere Fragestellungen abzuhandeln.

CHRO

Chief Human Resources Officer (siehe: C-Suite).

Cloud (Computing)

Modell zur Ermöglichung eines allgegenwärtigen, bequemen, bedarfsgerechten Netzwerkzugriffs auf einen gemeinsamen Pool konfigurierbarer Rechenressourcen (z.B. Netzwerke, Server, Speicher, Anwendungen und Dienste), die mit minimalem Verwaltungsaufwand oder Interaktion mit dem Dienstanbieter schnell bereitgestellt und freigegeben werden können und deren Nutzung nach flexiblen Bezahlmodellen abgerechnet wird (siehe: Software as a Service).

Commitment

Ausgeprägte Absicht eines Mitarbeitenden, in einem Unternehmen zu bleiben (siehe: Engagement).

Commoditization

Zur Commodity werden lassen (vgl. Commodity).

Commodity

Ware, Gebrauchsgegenstand. Im HR-Kontext meint HR-Commodity Standard-Prozesse, -Instrumente und -Produkte, die oft durch eine zentralisierte HR-Dienstleistungsorganisation (siehe: Shared Services) erbracht werden. Die Bereitstellung von HR-Commodities kann an externe Unternehmen ausgelagert werden (siehe: HR-Outsourcing).

Commodity Recruiting

Das prozessgeleitete Rekrutieren von Standardprofilen, welche in der Regel auf dem Arbeitsmarkt ohne größere Schwierigkeiten beschafft werden können.

Compliance

Einhaltung von Gesetzen, Regeln und Normen.

CRM

Siehe: Customer Relationship Management.

Crowdsourcing

Auslagerung von traditionell internen Teilaufgaben an einzelne Nutzer oder Gruppen, vor allem über Online-Plattformen. Die ausführende Person wird Crowdworker genannt.

C-Suite

Oberste Hierarchie-Ebene eines Unternehmens. Das „C“ steht für „Chief“ und nimmt damit Bezug auf internationale Stellenbezeichnungen von Führungspersonen (CEO: Chief Executive Officer, CFO: Chief Financial Officer, COO: Chief Operating Officer, CTO: Chief Technology Officer, CMO: Chief Marketing Officer, CIO: Chief Information Officer, gelegentlich auch Chief Investment Officer, CHRO: Chief HR Officer).

Customer Relationship Management

Ausrichtung eines Unternehmens auf Kunden mit entsprechend systematischer Gestaltung der Beziehungsprozesse.

Customization

Personalisierung, Anpassung an spezifische Kundenbedürfnisse.

CV-Parsing

Bewerber-Managementsystem der neuesten Generation, welches im Rekrutierungsprozess Funktionalitäten wie Screening, Matching und Selecting integriert.

Cyber Security

IT-Sicherheit. Schutz von Computersystemen, Robotern und Netzwerken vor Diebstahl, Missbrauch und Beschädigung der Hard- und/oder Software respektive der von ihnen gespeicherten und verarbeiteten Daten und Funktionen.

Demarkationslinie

Unternehmensspezifisch definierte Abgrenzung zwischen eher zentral (standardisiert) und eher dezentral (maßgeschneidert) organisierten HR-Aktivitäten.

Dezentralisierung
Siehe: Zentralisierung.

Digitalisierung
Siehe: HR-Digitalisierung.

Diversity & Inclusion
Diversität und Inklusion. Bereich im HR, welcher sich mit dem unternehmerischen Nutzen von Vielfalt in der Belegschaft und deren sinnvoller Integration in Organisation und Prozesse auseinandersetzt.

Drittprovider
Lieferant respektive Dienstleister, welcher von einer Firma ausgelagerte Tätigkeiten und Prozesse als Externer übernimmt.

Employee Listening
Verständnis entwickeln für eine umfassende Mitarbeitererfahrung. Ist gezielt darauf ausgerichtet, Mitarbeiter einzubeziehen, ihre Ideen und ihr Feedback zu nutzen und darauf zu reagieren, um die Mission und die Ziele der Organisation zu erreichen.

Employee Value Proposition
Nutzenversprechen (im Employer Branding).

Employer Brand
Arbeitgebermarke.

Employer Branding
Arbeitgebermarkenbildung. Sie soll ein Unternehmen als attraktiven Arbeitgeber zeigen, damit es sich im Arbeitsmarkt möglichst positiv von Wettbewerbern abhebt.

Employment Relations
Arbeitnehmer-/Arbeitgeber-Beziehungen respektive die Organisationseinheit im HR, welche diese fachtechnisch abdeckt.

Engagement
Einbindung der Mitarbeitenden einer Unternehmung (siehe auch Commitment). Dabei wird die Art und Weise der Beziehung zwischen einer Unternehmung und den Mitarbeitenden quantitativ und qualitativ beschrieben

ERP
Siehe: Enterprise Resource Planning.

Enterprise Resource Planning
Rechtzeitige und bedarfsgerechte Planung, Steuerung und Verwaltung von Ressourcen (Kapital, Personal, Betriebsmittel, Material, Informations- und Kommunikationstechnik) vor dem Hintergrund des Unternehmenszwecks.

ESS
Employee Self Service: Selbstbedienungsfunktionalität für Mitarbeitende.

EVP
Siehe: Employee Value Proposition.

Freelancing
Freie Mitarbeit, selbstständiges Ausführen von Aufträgen. Die ausführende Person wird Freelancer genannt.

FTE
Full Time Equivalent: Vollzeit-Äquivalent, Vollzeitstelle.

Geschäftsstrategie
Unternehmensstrategie: bildet den ersten der drei Konsistenzfaktoren der HR-Strategie. Langfristig geplante Ausrichtung eines Unternehmens zwecks Erreichung seiner Ziele.

Gig Economy
Teil des informellen Arbeitsmarktes, bei dem zeitlich befristete Aufträge flexibel und kurzfristig an Arbeitssuchende, Freelancer oder geringfügig Beschäftigte vergeben werden.

Gig Worker
Siehe: Gig Economy

Globaler Megatrend
Als globale Megatrends werden langfristige Entwicklungen bezeichnet, die sich weltweit auf Wirtschaft, Gesellschaft, Technologie und andere Lebensbereiche auswirken.

Governance
Siehe: HR-Governance.

Hauptstrukturtreiber
Siehe: Strukturierungsbereiche.

HR
Human Resources

HR-Analytics
Auswertung und Interpretation von personalrelevanten Daten und Informationen sowie deren Zurverfügungstellung als wichtige Grundlage für Geschäftsentscheidungen.

HR Balance-Strategie
HR-Kernstrategie, die auf Stabilitäts- und Kostenfokus basiert.

HR Big Data
Große personalrelevante Datenmengen, welche über die verschiedenen Unternehmenssysteme (HR und andere) zur Verfügung stehen und mit

dem Ziel der verbesserten Entscheidungsfindung ausgewertet werden können.

HR-Commodity

Siehe: Commodity.

HR-Digitalisierung

Bildet den zweiten der drei Konsistenzfaktoren der HR-Struktur. Gesamtheit der aktuellen technologischen Entwicklungen im HRM.

HR-Flex Value-Strategie

HR-Kernstrategie, welche auf Flexibilitäts- und Qualitätsfokus basiert.

HR-Geschäftsmodell

Siehe: HR-Operating Model.

HR-Governance

HR-Governance ist eine Teilmenge der Corporate Governance und bezeichnet sämtliche Grundsätze, Regeln und Prozesse, mit deren Hilfe die Humanressourcen von Unternehmen gesteuert und überwacht werden können. HR-Governance zielt dabei sowohl auf die personalbezogenen Aktivitäten in einer Firma als auch auf die dafür verantwortliche Funktion („HR").

HR-Handlungsfeld

Siehe: Personalstrategisches Handlungsfeld.

HR Information System

Personalinformationssystem. System der geordneten Erfassung, Speicherung, Transformation und Ausgabe von für die Personalarbeit relevanten Informationen über Personal (Arbeitnehmende) und Tätigkeitsbereiche bzw. Arbeitsplätze mithilfe organisatorischer und methodischer Mittel, insbesondere IT.

HR-Investment-Strategie

HR-Kernstrategie, die auf Stabilitäts- und Qualitätsfokus basiert.

HRIS

Siehe: HR Information System.

HR-Kernbereiche

Bereiche der HR-Wertschöpfungskette. Sie beziehen sich auf sämtliche Produkte und Prozesse des HR-Lebenszyklus sowie deren Ausprägung und Gewichtung durch die HR-Strategie. Sie bilden auch die Basis für die personalstrategischen Handlungsfelder.

HR-Kernstrategie

Personalstrategische Positionierung einer Unternehmung auf Basis der inhaltlichen Analyse der drei Konsistenzfaktoren Unternehmensstrategie, Personalpolitik und Organisationskultur.

HR-Kernstrategiematrix

Die vier verschiedenen HR-Kernstrategien (Investment, Balance, Low Cost und Flex Value) entsprechen unterschiedlichen Positionen auf einer Matrix mit vier Quadranten, die einerseits das Spektrum zwischen Stabilität und Flexibilität, andererseits zwischen Qualität und Kosten abdecken.

HR-Kompetenzen

HR-Fähigkeiten. Diese bilden den dritten der drei Leistungsfaktoren des HRM. Damit sind die umfassenden Fähigkeiten der HR-Funktion gemeint, die notwendig sind, um die definierte HR-Strategie zielführend zu verfolgen und sie sowohl auf individueller Basis wie auch für die HR-Organisation als Ganzes aufzubauen.

HR-Konsistenzfaktoren

Siehe: Konsistenzfaktoren.

HR-Lebenszyklus

Siehe: HR-Wertschöpfungskette.

HR-Leistungsfaktoren

Siehe: Leistungsfaktoren.

HR-Leistungsparameter

Kennzahlen oder Messgrößen (Metrics), welche die Leistung des HRM entlang den personalrelevanten Handlungsfeldern messen und so den Erfüllungsgrad der verfolgten HR-Strategie evaluieren. Zu jedem Handlungsfeld müssen bestimmte Leistungskennzahlen oder Key Performance Indicators (KPIs) bestimmt werden.

HR-Low Cost-Strategie

HR-Kernstrategie, die auf Flexibilitäts- und Kostenfokus basiert.

HRM

Siehe: Human Resources Management.

HR-Metrics

HR-Leistungsparameter.

HRMS

Human Resources Management System (Personalinformationssystem). (siehe: HR Information System).

HR-Offshoring

Grenzüberschreitende Auslagerung von HR-Arbeitsprozessen oder ganzen organisatorischen HR-Einheiten.

HR-Organisation

Siehe: HR-Struktur.

HR-Operating Model

„HR-Geschäftsmodell“: Für die Umsetzung der HR-Strategie definiertes stringentes Organisationsmodell der HR-Funktion, welches erlaubt, die der HR-Strategie entsprechend besten Leistungen zu erbringen.

HR-Outsourcing

Auslagerung von HR-Prozessen oder HR-Dienstleistungen zu Drittfirmen (meist im gleichen geografischen Raum).

HR-Portfolio

Systematische Zusammenstellung der wesentlichen personalstrategischen Handlungsfelder nach ihrer Wichtigkeit und Dringlichkeit.

HR-Positionierung

Bildet den dritten der drei Konsistenzfaktoren der HR-Struktur. Sie bezieht sich sowohl auf die inhaltliche Relevanz der Personalabteilung im Unternehmen wie auch auf deren hierarchische Stellung.

HR-Strategie

Personalstrategie. Sie bildet den ersten der drei Leistungsfaktoren des HRM und setzt die Fähigkeit voraus, eine unternehmensgerechte Human Resources-Strategie zu entwickeln, zu etablieren und zu implementieren. Dies geschieht durch die Analyse der mit der HR-Strategie zusammenhängenden drei Konsistenzfaktoren Unternehmensstrategie, Personalpolitik und Unternehmenskultur.

HR-Struktur

HR-Organisation. Sie bildet den zweiten der drei Leistungsfaktoren des HRM. Damit ist die Art und Weise gemeint, wie sich die HR-Funktion aufstellt, um die definierte HR-Strategie zielführend zu verfolgen.

HR-Wertschöpfungskette

Sie umfasst die chronologische Abfolge der wichtigen HR-Prozesse: Auf der Basis einer strategiegesteuerten Personalplanung werden Ressourcen für eine Unternehmung angestellt (Rekrutierung/Akquisition), mittels Elementen des Performance-, Compensation- und Talent-Managements innerhalb der Unternehmung gehalten (Retention/Engagement), bevor sie die Unternehmung aus den verschiedensten Gründen wieder verlassen (Freisetzung). Der Begriff wird synonym zu HR-Lebenszyklus verwendet.

Human Capital Management

Management des Humankapitals (siehe auch: Human Resources Management).

Human Capital Portfolio

Siehe: HR-Portfolio.

Holacracy

Von Brian Robertson entwickeltes systemisches Management-Modell, mit dessen Hilfe Agilität und Selbstorganisation im Unternehmen auf der Basis von „integrativen Entscheidungsfindungen“ umgesetzt werden können.

Human Resources Management

Management der Humanressourcen. Der Begriff wird synonym zu Human Capital Management (HCM) verwendet, und zwar in zweierlei Hinsicht: erstens als die Gesamtheit der Prozesse und Instrumente, die für das Management der personellen Ressourcen zum Einsatz kommen, und zweitens als die organisatorische Einheit einer Unternehmung, welche diese Prozesse und Instrumente unterstützt (Entwicklung, Implementierung etc.).

Informationstechnologie

Technische Ressourcen, die der Generierung, Speicherung, Archivierung und Verwendung digitaler Informationen dienen.

IT

Siehe: Informationstechnologie.

Kernbereiche

Siehe: HR-Kernbereiche.

Key Performance Indicator

Kritischer Erfolgsfaktor, welcher sich – als Kennzahl abgebildet – auf den Erfolg, die Leistung oder Auslastung einer Unternehmung oder ihrer organisatorischen Unterbereiche bezieht.

KPI

Siehe: Key Performance Indicator.

KI

Künstliche Intelligenz. System, welches auf der Basis von Informationen, Daten und mathematischen Regeln (Algorithmen) Situationen analysieren, Entscheidungen treffen, Empfehlungen abgeben und auch umsetzen kann. Damit wird intelligentes, menschliches Verhalten nachgeahmt.

KMU

Kleine und mittlere Unternehmen.

Konsistenzfaktoren

Die Konsistenzfaktoren stehen mit den Leistungsfaktoren in einem Wechselverhältnis und sind mit diesen abgestimmt (Konsistenz):

1. Die HR-Strategie wird verkörpert durch die Konsistenzfaktoren Unternehmensstrategie, Personalpolitik und Unternehmenskultur.

2. Die HR-Struktur wird verkörpert durch die Konsistenzfaktoren Digitalisierungsgrad, Zentralisierungsgrad und hierarchische Positionierung.
3. Die HR-Kompetenzen werden verkörpert durch die Konsistenzfaktoren HR-Rollen, HR Brand und HR-Leistungsparameter (Metrics)

Learning Management System
Bereitstellung von Lerninhalten und Organisation von Lernvorgängen, oft auf der Basis einer webbasierten Lernumgebung zwecks Ermöglichung der Kommunikation zwischen Lernenden und Lehrenden.

Leistungsfaktoren
Die drei Leistungsfaktoren (HR-Strategie, HR-Struktur und HR-Kompetenzen) definieren zusammen die Leistungsfähigkeit des HRM.

LMS
Siehe: Learning Management System.

Management Information System
Integriertes System, in dem sämtliche kaufmännischen Informationen einer Unternehmung elektronisch gespeichert werden.

Matching
Übereinstimmung, Passung, Zusammengehörigkeit, meist im Hinblick auf Stellen- und Kandidatenprofile: Die Fähigkeit eines Rekrutierungsmanagement-Tools, Kandidaten und Jobprofile abzugleichen.

Mehrfach-HR-Kernstrategie
Das Verfolgen mehrerer ungleicher HR-Kernstrategien in verschiedenen Organisationseinheiten derselben Unternehmung.

MIS
Siehe: Management Information System.

MOOCs
Massive Open Online courses. Über das Internet, z.T. von renommierten Institutionen angebotene und meist kostenlose Lernplattformen mit Aus- und Weiterbildungskursen, welche individuell beansprucht werden können.

MPPG
Mobile Micro Learning in Participatory and Personalized Ways in Groups: Lernen durch digitale Verbindungen und Kooperation mit anderen Mitarbeitenden.

MSS
Management Self Service: Selbstbedienungsfunktionalität für Führungspersonen.

OB

Organizational Behavior. Siehe: Organisationsverhalten.

OD

Organizational Development. Siehe: Organisationsentwicklung.

Offshoring

Siehe: HR-Offshoring.

One face to the customer

„Ein Gesicht zum Kunden“: organisatorischer Ansatz, welcher die Kundenbeziehung im HR auf eine Person konzentriert.

Operating Model

Siehe: HR-Operating Model.

Organisationsentwicklung

Strategie des geplanten und systematischen Wandels, der durch die Beeinflussung der Organisationsstruktur, der Unternehmenskultur und des individuellen Verhaltens zustande kommt, und zwar unter größtmöglicher Beteiligung der betroffenen Arbeitnehmer.

Organisationskultur

Siehe: Unternehmenskultur.

Organisationsverhalten

Darstellung, wie Menschen sich als Individuen, in Gruppen und in ganzen Organisationen aufgrund ihres Wahrnehmens, Denkens und Fühlens verhalten, und andererseits, wie Menschen von den Aktivitäten, Prozessen und Strukturen von/in Organisationen in ihrem Verhalten beeinflusst werden.

Outsourcing

Siehe: HR-Outsourcing.

Payroll

Lohnadministration, Entgeltabrechnung.

Personalpolitik

Bildet den zweiten der drei Konsistenzfaktoren der HR-Strategie. Sie etabliert die Werte, die Überzeugungen und die Grundsätze, die alle Entscheidungen in der Führung der Humanressourcen steuern.

Personalstrategie

Siehe: HR-Strategie.

Personalstrategisches Handlungsfeld

HR-Handlungsfeld. Definiert die zu einer HR-Kernstrategie passenden Inhalte.

Positionierung

Siehe: HR-Positionierung.

PSF

Professional Service Firm: professionelle Dienstleistungsfirma (Unternehmensberatung, Wirtschaftsprüfungsgesellschaft, Anwaltskanzlei etc.).

Provider

Siehe: Drittprovider.

RBV

Siehe: Resource Based View.

Recruiting

Rekrutierung, Personalgewinnung.

Resource Based View

Ressourcenbasierte Sichtweise, die sämtliche Ressourcen einer Unternehmung, also physische Ressourcen, organisatorische Ressourcen und Humanressourcen, als maßgeblich für die Leistung eines Unternehmens betrachtet. Im HR-Kontext wird hervorgehoben, dass die relevanten Attribute einer Ressource (wertvoll, selten, nicht imitierbar und nicht substituierbar) durch das Humankapital gut verkörpert werden. Entsprechend können die Human Resources Wettbewerbsvorteile begründen.

Retail (Business)

Einzelhandelsgeschäft mit hohem Standardisierungsgrad.

Retention

Mitarbeitendenbindung.

Revenue

Umsatz, Erlös.

Robotic Process Automation

Robotergesteuerte Prozessautomatisierung: Einsatz von Automatisierungstechnologien (Robotern) mit dem Ziel, bestehende Prozesse mit vor allem transaktionellen, repetitiven, manuellen und fehleranfälligen Inhalten zu optimieren, und zwar sowohl unter Kosten- wie Qualitätsgesichtspunkten.

RPA

Siehe: Robotic Process Automation.

SaaS

Siehe: Software as a Service.

Scientific Management

Auf Frederik Winslow Taylor (1856–1915) zurückgehende Theorie („Taylorismus"), gemäß welcher betriebliche Arbeitsprozesse minutiös analysiert werden als Grundlage für die Arbeitsteilung in einfache, leicht erlernbare und repetitive Tätigkeiten mit dem Ziel einer maximalen Produktivität.

Screening

Überprüfung, Vorauswahl. Fähigkeit eines Rekrutierungsmanagement-Tools, alle Dossiers zu durchleuchten und zu vergleichen.

Selecting

Auswahl. Fähigkeit eines Rekrutierungsmanagement-Tools, den gemäß den maßgebenden Parametern „besten“ Kandidaten zu bezeichnen und vorzuschlagen.

Service Level Agreement

„Dienstgütevereinbarung“: Schriftliche Übereinkunft zwischen Dienstleistungserbringer und -nachfrager, in welcher Qualität eine bestellte Dienstleistung erbracht werden muss.

Shared Services

Geteilte Dienste: zentrale Organisationseinheit, die standardisierte Dienstleistungen verschiedenen internen und gegebenenfalls auch externen Abnehmern zur Verfügung stellt.

SCRUM

Agile Entwicklungsmethode, die sich infolge der schwierigen Planbarkeit von komplexen Projekten am Prinzip der schrittweisen Verfeinerung orientiert und sich entsprechend in Iterationen, sog. Sprints von maximal vier Wochen organisiert. Das Projektteam operiert dabei gleichberechtigt.

SHRM

Strategic Human Resources Management.

SLA

Siehe: Service Level Agreement.

Softskills

Weiche Fähigkeiten. Außerfachliche oder fachübergreifende Kompetenzen, im Gegensatz zu Hardskills (berufstypische Qualifikationen).

Software as a Service

Spezielles Modell zur Bereitstellung von Cloud-Computing-Diensten, bei dem Software als Service bereitgestellt wird und der Cloud-Benutzer über seinen Webbrowser nutzungsspezifisch auf die Software zugreifen kann, ohne sich um die Bereitstellung oder Installation und Wartung kümmern zu müssen.

Sourcing

Beschaffung von Personal. Fähigkeit eines Rekrutierungsmanagement-Tools, einen solchen Prozess zu führen.

Spot Award

Meist monetäre Einzel- oder Sonder-Honorierung herausragender individueller Leistungen oder Team-Beiträge, z.B. beim Abschluss eines bestimmten Projekts oder einer besonderen zusätzlichen Aufgabe.

Stakeholder

Mitglied einer Interessengruppe oder Anspruchsgruppe.

Start-up

Initialphase einer Unternehmung zwischen Gründung und erster Marktetablierung.

Strukturierungsbereiche

Bereiche, deren Ausprägung die Strukturierung respektive die Form einer HR-Organisation ausmachen können: dies sind einerseits die drei HR-Konsistenzfaktoren „(De-)Zentralisierung“, „Digitalisierung“ (inkl. „Flexibilisierung“) und „Positionierung“ (inkl. „Hierarchie“) sowie der Leistungsfaktor „HR-Strategie“ (inkl. „Unternehmensstruktur).

Strukturindikatoren

Definierte Treiber, welche einem der vier Strukturierungsbereiche zugeordnet werden können und eine bestimmte HR-Struktur oder HR-Organisation begünstigen.

Strukturtreiber

Siehe: (Struktur-)Indikatoren.

Target Operating Model

„Ziel-Geschäftsmodell“ (siehe: HR-Operating Model).

TOM

Target Operating Model (siehe: HR-Operating Model).

Touchpoint

Kontaktpunkt, Berührungspunkt.

Unternehmenskultur

Bildet den dritten der drei Konsistenzfaktoren der HR-Strategie. Gesamtheit gemeinsamer Grundannahmen, Werthaltungen, Normen und Orientierungsmuster, die sich ein Unternehmen im Laufe seiner Entwicklung angeeignet hat und die es von anderen Organisationen unterscheidet.

Unternehmensstrategie

Siehe: Geschäftsstrategie.

Upgrade, Upgrading

Aufwertung, Verbesserung.

VUCA

Volatility (Unbeständigkeit), Uncertainty (Ungewissheit), Complexity (Komplexität) und Ambiguity (Mehrdeutigkeit). Die Auseinandersetzung mit dem VUCA-Umfeld hat einen Einfluss auf die Strategieentwicklung und erfordert auch neue Management-Ansätze.

Wissensmanagement (im Unternehmen)

Zentrale Strukturierung und Bündelung von unternehmensrelevantem Wissen über alle Datenquellen, Medien und Dokumente hinweg, damit allen Mitarbeitenden z.B. über ein HR-Portal wichtige Informationen jederzeit zur Verfügung stehen.

Workforce

Gesamtzahl aller Mitarbeitenden, Belegschaft.

Zentralisierung/Dezentralisierung

Bildet den ersten der drei Konsistenzfaktoren der HR-Struktur. Der Zentralisierungs- respektive Dezentralisierungsgrad des HRM einer Unternehmung, das heißt die Aufteilung zwischen eher zentralen HR-Dienstleistungen und eher dezentralen HR-Dienstleistungen wird durch die Demarkationslinie angezeigt.

Abbildungsverzeichnis

Quellenverzeichnis

Appel, Wolfgang/Wahler, Michael (Hrsg.) (2018): Die digitale HR-Organisation. Wo wir stehen, was wir brauchen. Luchterhand (Wolters Kluwer Deutschland), Köln.

Armutat, Sascha (2020): Digitalisierung und Personalentwicklung, in: Haubrock, Alexander (Hrsg.): Digitalisierung – das HR-Management der Zukunft. Kohlhammer, Stuttgart, S. 90–122.

Bartscher, Thomas/Nissen, Regina (2017): Personalmanagement: Grundlagen, Handlungsfelder, Praxis. 2., aktualisierte Auflage. Pearson.

Bashir, Daniel (2020): Retraining as a Response to Automation – Promising, but Only if Done Right, in: Skynet Today, February 11. https://www.skynettoday.com/overviews/upskilling (letzter Zugriff: 16. Mai 2021).

Benko, C./Weisberg, A. C. (2007): Mass career customization – Aligning the workplace with today's nontraditional workforce. Boston. Harvard Business School Press.

Bergmann, Günther (2020): Industrie 4.0 – Arbeitswelt 4.0: Konsequenzen für Arbeitsprozesse und Qualifizierung in der industriellen Produktion, in: Haubrock, Alexander (Hrsg.): Digitalisierung – das HR-Management der Zukunft. Kohlhammer, Stuttgart, S. 11–54.

Berthel, J./Becker, F. G. (2013): Personal-Management – Grundzüge für Konzeptionen betrieblicher Personalarbeit, 10. Aufl., Stuttgart, Schaffer-Poeschel Verlag.

Bisani, F. (1983): Die Entwicklung des Betrieblichen Personalwesens. In: Personalwesen. Moderne Wirtschaftsbücher, vol. 6. Gabler Verlag.

Blumenstock, Horst/Lober, Roland/Verlagsgruppe G. v. Holtzbrinck (1998): Ziel- und kundenorientiertes Personalmanagement in dezentralen Strukturen, in: Ackermann, Karl-Friedrich/Meyer, Martin/Mez, Bernd (Hrsg.): Die kundenorientierte Personalabteilung, Ziele und Prozesse des effizienten HR-Management. Springer Fachmedien Wiesbaden GmbH.

Bösch, H./Mölleney, M. (2018): Transformational HRM – Personalarbeit neu denken: Agile Unternehmen brauchen ein agiles HRM. Zürich. SKV AG.

Bondarouk, T.V./Ruel, H.J.M. (2009): Electronic Human Resource Management: Challenges in the digital era, in: The International Journal of Human Resource Management, Vol. 20, No. 3, March 2009, S. 505–514.

Boston Consulting Group (2015): How to Jump-Start a Digital Transformation. September 1st, in: https://www.bcg.com/publications/2015/digital-transformation-how-to-jump-start-a-digital-transformation (letzter Zugriff: 16. Mai 2021).

Boxall, P./Purcell, J./Wright, P. (2010): The Oxford Handbook of Human Resource Management. Oxford, Oxford University Press.

Bruce, Kylie (2006): Henry S. Dennison, Elton Mayo, and Human Relations historiography, in: Management and Organizational History, Vol. 1, Issue 2, S. 177–199.

Bruederlin, Gery (2014): Die leistungsfähige HR-Funktion: Kompetenzen, Strategie und Struktur, in: Pekruhl, U./Spaar, R./Zölch, M. (Hrsg.): Human Resource Management Jahrbuch 2014. WEKA-Verlag, Zurich S. 45–76.

Bruederlin, Gery (2020/1): Die beste HR-Strategie für Ihr Unternehmen: Systematisch entwickeln, konsequent umsetzen. Luchterhand (Wolters Kluwer Deutschland), Köln.

Bruederlin, Gery (2020/2): Digitalisierung im personalstrategischen Kontext, in: Haubrock, Alexander (Hrsg.): Digitalisierung – das HR-Management der Zukunft. Kohlhammer, Stuttgart, S. 55–89.

Bruederlin, Gery (2020/3): Digitalisierung und HR-Strategie. In: personalSCHWEIZ, Oktober 2020, S. 27–29.

Burkhauser, Richard, V./Finegan, Aldrich, T. (1989): The Minimum Wage and the Poor: The End of a Relationship, in: Journal of Policy Analysis and Management. Vol. 8, Issue 1, S. 53–71. https://doi.org/10.2307/3324424 (letzter Zugriff: 16. Mai 2021).

Cabrera, E.F./Cabrera A. (2003): Strategic Human Resource Evaluation, in: Human Resource Planning, 26(1), S. 41–50.

Campomori, Claudia (2016): HRM Services für KMU ohne eigenes HR Management in der Schweiz – eine Bedarfsanalyse. Unveröffentlichte Masterarbeit MAS HRM, 18. August 2016.

Candelon, François/Reichert, Tom/Duranton, Sylvain/Charme di Carlo, Rodolphe/De Bondt, Midas (2020): The Rise of the AI-Powered Company in the Postcrisis World. Boston Consulting Group, April 2nd, in: https://www.bcg.com/publications/2020/business-applications-artificial-intelligence-post-covid (letzter Zugriff: 16. Mai 2021).

Cardon, Melissa S./Stevens, Christopher E. (2004): Managing human resources in small organizations: What do we know?, in: Human Resource Management Review 14 (2004), S. 295–323

Career Plus White Paper (2019): Robot Recruiting: Mensch und Maschine als Team, in: https://careerplus-production.storage.googleapis.com/files/2019-11/careerplus-white-paper-robot-recruiting.pdf (letzter Zugriff: 16. Mai 2021).

Catlin, Tanguy/Scanlan, Jay/Willmott, Paul (2015): Raising your Digital Quotient. McKinsey, June 1st, in: https://www.mckinsey.com/business-functions/strategy-and-corporate-finance/our-insights/raising-your-digital-quotient (letzter Zugriff: 16. Mai 2021).

Caudron, Shari (2003): HR is Dead: Long Live HR, in: Workforce, January, S. 26–30.

Chandler, Jr. Alfred D. (1962): Strategy and Structure: Chapters in the History of the Industrial Enterprise. MIT Press. Cambridge.

CIPD – Chartered Institute of Personnel and Development (2007): The Changing HR function. London.

CIPD – Chartered Institute of Personnel and Development (2020). The History of CIPD, in: https://www.cipd.co.uk/about/who-we-are/history (letzter Zugriff: 16. Mai 2021).

Classen, Martin/Kern, Dieter (2010): HR Business-Partner. Die Spielmacher des Personalmanagements. Luchterhand (Wolters Kluwer Deutschland), Köln.

Day, Matt (2020): Amazon's Heavily Automated HR Leaves Workers in Sick-Leave Limbo. Bloomberg, June 5, in: https://www.bloomberg.com/news/articles/2020-06-05/amazon-s-heavily-automated-hr-leaves-workers-in-sick-leave-limbo (letzter Zugriff: 16. Mai 2021).

Defossez, Katya/McMillan, Mark/Vuppala, Hrishika (2020): Managing large technology programs in the digital era. McKinsey, November 25, in: https://www.mckinsey.com/business-functions/mckinsey-digital/our-insights/managing-large-technology-programs-in-the-digital-era?cid=other-eml-alt-mip-mck&hdpid=a509008f-cd65-4ab6-8945-d20470a282cd&hctky=11772990&hlkid=5fa56a5c08734da2b4c42db0936771a2 (letzter Zugriff: 16. Mai 2021).

Deller, Jürgen/Gotzian Lisa/Fortmeier Maike et al. (2017): Digital-Inventur: Status der digitalen Transformation im HR. Leuphana Universität Lüneburg, Juni 2017.

Deloitte Consulting (2014): The High-Impact HR Operating Model. Deloitte Development LLC, in: https://www2.deloitte.com/content/dam/Deloitte/global/Documents/HumanCapital/gx-human-capital-high-impact-hr-operating-model.pdf (letzter Zugriff: 16. Mai 2021).

Deloitte Consulting (2015): Mensch und Maschine: Roboter auf dem Vormarsch? Folgen der Automatisierung für den Schweizer Arbeitsmarkt. Deloitte Consulting AG, Zürich.

Deloitte Consulting (2016/1): HR Survey. A snapshot of Swiss HR. Deloitte Consulting AG, Zürich.

Deloitte Consulting (2016/2): Strukturwandel schafft Arbeitsplätze – Wie sich die Automatisierung auf die Schweizer Beschäftigung auswirken wird. Deloitte Consulting AG, Zürich.

Deloitte Consulting (2017): The High-Impact HR Operating Model. Familiar. Sustainable. Revolutionary. Deloitte Development LLC, in: https://www2.deloitte.com/global/en/pages/human-capital/articles/high-impact-hr.html (letzter Zugriff: 16. Mai 2021).

De Smet, Aaron/Kleinman, Sarah/Weerda Kirsten (2019): Beyond matrix organization, the helix organisation in: https://www.mckinsey.com/business-functions/organization/our-insights/the-helix-organization (letzter Zugriff: 16. Mai 2021).

Dzieza, Josh (2020): How hard will the robots make us work?, in: The Verge, Feb. 27, in: https://www.theverge.com/2020/2/27/21155254/automation-robots-unemployment-jobs-vs-human-google-amazon (letzter Zugriff: 16. Mai 2021).

Eberling, Wolfgang (2020): Die Generischen Prinzipien als Roadmap für agile Teams und agile Organisationen – Selbstorganisiertes Arbeiten mit agilen Frameworks neu erklären und gestalten, in: Viol, Kathrin/Schöller, Helmut/Aichhorn, Wolfgang (Hrsg.): Selbstorganisation – ein Paradigma für die Humanwissenschaften. Springer Gabler, Wiesbaden.

Eberling, Wolfgang (2020): Internes Consulting. Unveröffentlichte Vorlesungsunterlagen MAS HRM, Fachhochschule Nordwestschweiz, Olten.

Erbeldinger, Jürgen (2018): Digitalisierung und Personalarbeit, in: Appel, Wolfgang/Wahler, Michael (Hrsg.): Die digitale HR-Organisation. Wo wir stehen, was wir brauchen. Luchterhand (Wolters Kluwer Deutschland), Köln, S. 31–58.

Fast Company Staff (Hammonds, K. H. et al.) (2005): Why we Hate HR, in: Fast Company Magazine. August 2005.

Fischer, Heiko/Maus, Angela (2016): „Jeder ist HR", in: personalSCHWEIZ Dezember 2016/Januar 2017, Zürich, S. 6–11.

Fischer, Heiko (2017): Der Weg von HR zu RH, in: HR Today, 4/2017, Zürich, S. 42–44.

Fischer, Stephan/Häusling, André (2020): Gründe für eine neue HR-Organisation, in: Häusling, André/Fischer, Stephan (Hrsg.): Der Weg zur agilen HR-Organisation. Modelle und Praxisbeispiele für erfolgreiche Transformationen. Haufe, Freiburg, S. 17–24.

Frey, Carl Benedikt/Osborne, Michael A. (2013): The future of employment: How susceptible are jobs to computerisation? Sept. 13, Oxford University, in: https://www.oxfordmartin.ox.ac.uk/downloads/academic/The_Future_of_Employment.pdf (letzter Zugriff: 16. Mai 2021).

Früh, Annabel/Menges, Diana/Fischer, Stephan (2020): Eine kurze Analyse aktueller Modelle zu HR und Transformation, in: Häusling, André/Fischer, Stephan (Hrsg.): Der Weg zur agilen HR-Organisation. Modelle und Praxisbeispiele für erfolgreiche Transformationen. Haufe, Freiburg, S. 25–52.

Gärtner, Christian (Hrsg.) (2020): Smart Human Resource Management – Analytics, Automatisierung und Agilität in der Personalarbeit. Gabler, Wiesbaden.

Gandhi, Neel (2018): The critical importance of the HR Business-Partner, in: https://www.mckinsey.com/business-functions/organization/our-insights/the-organization-blog/the-critical-importance-of-the-hr-business-partner, (letzter Zugriff: 16. Mai 2021).

Gmür, M./Thommen, J.-P. (2011): Human Resource Management. Strategien und Instrumente für Führungskräfte und das Personalmanagement, 3. Auflage, Zürich, Versus.

Gold, J. (2013): Human resource development: Theory and practice. Houndmills, Basingstoke. Palgrave McMillan.

Gratton, Linda (2019): New Frontiers in Re-skilling and upskilling. MIT Sloan Management Review, in: https://sloanreview.mit.edu/article/new-frontiers-in-re-skilling-and-upskilling/ (letzter Zugriff: 16. Mai 2021).

Gu, Mark/Isenberg, Rich/Santos, Leandro/Tamburro Isabelle (2020): Debunking seven common myths about cloud, McKinsey Digital, October 5, in: https://www.mckinsey.com/business-functions/mckinsey-digital/our-insights/debunking-seven-common-myths-about-cloud (letzter Zugriff: 16. Mai 2021).

Hargis, Michael B./Bradley, Don B. III (2011): Strategic Human Resource Management in small and growing firms: Aligning valuable resources, in: Academy of Strategic Management Journal, Volume 10, Number 2, S. 105–125.

Haubrock, Alexander (Hrsg.) (2020): Digitalisierung – das HR-Management der Zukunft. Kohlhammer, Stuttgart.

Häusling, André/Fischer, Stephan (2018): Kante zeigen! Ein neues Organisationsmodell für HR, in: Personalmagazin, 7.18. S. 52–59.

Häusling, André/Fischer, Stephan (2020) (Hrsg.): Der Weg zur agilen HR-Organisation. Modelle und Praxisbeispiele für erfolgreiche Transformationen. Haufe, Freiburg.

Hancock, Bryan/Lazaroff-Puck, Kate/Rutherford, Scott (2020): Getting practical about the future of work, McKinsey Quarterly, January 2020, McKinsey & Company, in: https://www.mckinsey.com/business-functions/organization/our-insights/getting-practical-about-the-future-of-work (letzter Zugriff: 16. Mai 2021).

Hatch, Mary Jo/Cunliffe, Ann L. (2006): Organization Theory–Modern, Symbolic, and Postmodern Perspective, 2nd ed., Oxford.

Heric, Michael (2018): HR's New Digital Mandate. Bain & Company, October 10, in: https://www.bain.com/insights/hrs-new-digital-mandate/ (letzter Zugriff: 16. Mai 2021).

Hilb, Martin/Oertig, Marcel (2010): HR Governance. Wirksame Führung und Aufsicht des Board- und Personalmanagements. Luchterhand (Wolters Kluwer Deutschland), Köln.

Holstein, Siw (2014): Sharing-Konzept im Human Resources Management – HR-Arbeit im Firmenverbund professionalisieren; in: Graf, Nele (Hrsg.): Innovationen im Personalmanagement. Springer Gabler, Wiesbaden.
Huber, Adrian (2019): HR-Struktur und Laufbahn. Vorlesungsunterlagen MAS HRM. Institut für Arbeitsforschung und Organisationsberatung, iafob, Zürich.
Huhle, Fabian/Gellrich, Tom/Stocker, Andreas/Englert, Fabian (2020): Neustart für eine moderne Personalarbeit, in: Gärtner, Christian (Hrsg.) Smart Human Resource Management. Gabler, Wiesbaden, S. 211–232.

ILR – Industrial and Labor Relations (2020): Cornell ILR. About ILR, in: https://www.ilr.cornell.edu/about-ilr (letzter Zugriff: 16. Mai 2021).

Jamrog, Jay J./Overholt, Miles (2004): Building a Strategic HR Function: Continuing the Evolution, in: Human Resource Planning, 27(1), S. 51–63.
Jochmann, Walter (2017): New HR Operating Model: Was daran eigentlich neu ist. Kienbaum, in: https://www.kienbaum.com/de/blog/new-hr-operating-model-was-daran-eigentlich-neu-ist/ (letzter Zugriff: 16. Mai 2021).
Jochmann, Walter (2019): Agilität im HR-Organisationsmodell, in: https://www.kienbaum.com/de/blog/agilitaet-im-hr-organisationsmodell/ (letzter Zugriff: 16. Mai 2021).

Kaiser, Stephan/Kozica, Arjan (2018): Organisation eines beidhändigen Personalmanagements: Voraussetzungen für Innovationen im Personalmanagement, in: Surrey Heike/Tiberius Victor (Hrsg.): Die Zukunft des Personalmanagements. Vdf Hochschulverlag AG, Zürich, S. 261–271.
Kasper, Helmut/Mayrhofer, Wolfgang (Hrsg.), (2009): Personalmanagement, Führung, Organisation: Linde, 4. Auflage, Wien.
Kaufman, Bruce E. (2014): The Development of Human Resource Management Across Nations: Unity and Diversity. Edward Elgar.
Kaufman, Bruce E. (2019): Managing the Human Factor. Ithaca. Cornell University Press.
Kavanagh, Michael. J.,/Johnson, Richard, D. (2017): Human Resource Information Systems. Basics, Applications & Directions. Thousand Oaks, CA. Sage.
Keuchel, Peter (2019): Let's make HR simple, Personalmanagement transparent und innovativ ausrichten. Haufe, Freiburg.
Kienbaum (2017): Digitalisierung@HR – Strukturen, Prozesse & Kompetenzen der Zukunft. Kienbaum Institut@ISM, in: https://docplayer.org/26691425-Strukturen-prozesse-kompetenzen-der-zukunft-eine-studie-des-kienbaum.html (letzter Zugriff: 16. Mai 2021).

Kienbaum Management Consultants (2010): Kienbaum Studie: HR-Outsourcing 2010. Akzeptanz und Umsetzungserfahrung deutscher Unternehmen nach der Rezession, in: https://www.yumpu.com/de/document/view/13538576/kienbaum-studie-hr-outsourcing-2010 (letzter Zugriff: 16. Mai 2021).

Knemeyer, Robert (2018): Optimierung von HR. Mit exzellenter Performance zur unternehmerischen Wertschöpfung. Haufe, Freiburg.

Konrad, J./Schaltegger, C./Jansen, A. (2018a): HR im digitalen Wandel. Veränderungen im Arbeitsalltag aus der Perspektive von HR-Fachleuten, in: HR Today Special 2018, Zurich.

Konrad, J./Schaltegger, C./Jansen, A. (2018b): Digitalisierung im HR. Studienpräsentation und Podiumsdiskussion. Fachhochschule Nordwestschweiz, 25. September 2018, Olten.

Konrad, J./Resch, D. (2019): Welche Kompetenzen braucht das HR in Zukunft? Studienpräsentation und Podiumsdiskussion. Fachhochschule Nordwestschweiz, 22. Oktober 2019, Olten.

Jäger, Wolfgang/Petry, Thorsten (2018): Digital HR – Ein Überblick, in: Petry, Thorsten/Jäger Wolfgang (Hrsg.): Digital HR – Smarte und agile Systeme, Prozesse und Strukturen im Personalmanagement. Haufe, Freiburg, S. 27–99.

Lange, Georg/Kiran, Joseph/Faust, Thomas (2018): Künstliche Intelligenz in Human Resources, in: Appel, Wolfgang/Wahler, Michael (Hrsg.): Die digitale HR-Organisation. Wo wir stehen, was wir brauchen. Luchterhand (Wolters Kluwer Deutschland), Köln, S. 237–257.

Laloux, Frederic (2015): Reinventing Organizations: Ein illustrierter Leitfaden sinnstiftender Formen der Zusammenarbeit. Vahlen, München.

Lawler, E. E./Galbraith, J. (1995). Organizing for the future: New approaches to managing complex organizations. Jossey-Bass, San Francisco, CA.

Lawler III, Edward E./Boudreau, J. W./Mohrman, S. A. (2006): Achieving Strategic Excellence: An assessment of human resource organizations. Palo Alto, CA, Stanford University Press.

Lawler III, Edward, E./Mohrman, Susan A. (2003): HR as a Strategic Partner: What does it take to make it happen? Center for Effective Organizations. University of Southern California, Los Angeles.

Manashree, C. (2019, Mai 2): Evolution of Human Resource Management (HRM). Economics Discussion, in: https://www.economicsdiscussion.net/human-resource-management/evolution-of-human-resource-management-hrm/31460 (letzter Zugriff: 16. Mai 2021).

McPherson, Jason (2018): Predicting Glassdoor scores with engagement data, in: Culture Amp, 26.3., in: https://www.cultureamp.com/blog/predicting-glassdoor-scores-with-engagement-data/ (letzter Zugriff: 16. Mai 2021).

Miller, James G. (1978): Living Systems. MacGraw Hill.

Mülder, Wilhelm (2018): Überblick zu Potenzialen neuer Technologien für HR, in: Petry, Thorsten/Jäger Wolfgang (Hrsg.): Digital HR – Smarte und agile Systeme, Prozesse und Strukturen im Personalmanagement. Haufe, Freiburg, S. 103–123

Mullakhmetova, Iuliia/Schmeink, Philipp/Ayoub, Oliver (2018): Robotics im HR-Bereich, in: Appel, Wolfgang/Wahler, Michael (Hrsg.): Die digitale HR-Organisation. Wo wir stehen, was wir brauchen. Luchterhand (Wolters Kluwer Deutschland), Köln, S. 201–209.

Neuberger, O. (2016): Personalwesen 1: Grundlagen, Entwicklung, Organisation, Arbeitszeit, Fehlzeiten. Walter de Gruyter GmbH & Co KG.

Newman, Jessica (2020): Do not use AI in Virtual Hiring, in: https://www.ere.net/warning-do-not-use-ai-in-virtual-hiring/ (letzter Zugriff: 16. Mai 2021).

Olbert-Brock, Sibylle/Redzepi, Abdullah (2019): Kompetenzentwicklung zur Bewältigung der digitalen Transformation, in: personalSCHWEIZ, Oktober 2019, S. 25–27.

Oertig, Marcel (Hrsg.) (2006): Neue Geschäftsmodelle für das Personalmanagement: Wolters Kluwer, München.

Osswald, Jürgen H./Hundrieser, Carolin/Neidig, Miriam/Neyer, Anne-Katrin (2018): Human Resources (HR)-Business-Partner Modell: Trend vs. Machbarkeit?, in: Surrey Heike/Tiberius Victor (Hrsg.): Die Zukunft des Personalmanagements. Vdf Hochschulverlag AG, Zürich, S. 273–282.

Oswal, Narayanappa (2015): Evolution of HRM to E-HRM, in: International Journal of Business Administration and Management Research, Vol 1 (2)(2), S. 22–26.

Pakzad, Roya (2019): Human Rights Implications of IBM Watson's "Personality Insights" Tool, in: Taraaz. 29. August, in: https://medium.com/taraaz/https-medium-com-taraaz-human-rights-implications-of-ibm-watsons-personality-insights-942413e81117 (letzter Zugriff: 16. Mai 2021).

Pawlowsky, Peter/Kneisel, Evi/Schmid, Simone/Werner Katja (2018): Leitbild zukünftiger Personalarbeit, in: Surrey Heike/Tiberius, Victor (Hrsg.): Die Zukunft des Personalmanagements. Vdf Hochschulverlag AG, Zürich, S. 21–31.

Pekruhl, Ulrich/Vogel, Christoph/Strohm, Oliver (2018): Integriertes Personalmanagement in kleinen Unternehmen. Ein Praxisratgeber. Springer Gabler, Wiesbaden.

Perroulaz, Nadja/Egli Jung Philipp (2018): Holacracy als agiler Organisationsansatz aus HR-Perspektive – Darstellung am Beispiel der Liip, in: Petry, Thorsten/Jäger Wolfgang (Hrsg.): Digital HR – Smarte und agile Systeme, Prozesse und Strukturen im Personalmanagement. Haufe, Freiburg, S. 417–428.

Petry, Thorsten/Jäger Wolfgang (Hrsg.) (2018): Digital HR – Smarte und agile Systeme, Prozesse und Strukturen im Personalmanagement. Haufe, Freiburg.

Poethke, Ute/Klasmeier, Kai/Rowold, Jens: Herausforderungen und Perspektiven des Human Resource Managements in einer digitalisierten Arbeitswelt (2018), in: Tiberius, Victor/Surrey, Heike (Hrsg.): Die Zukunft des Personalmanagements. Vdf Hochschulverlag AG, Zürich, S. 227–237.

Prahalad, C. K./Hamel, G. (1996): Competing for the Future, Boston, Harvard Business Review Press.

PwC (2017): Workforce of the future – The views of 10'000 workers, in:
https://www.pwc.com/gx/en/services/people-organisation/workforce-of-the-future/workforce-of-future-appendix.pdf. (Letzter Zugriff: 10. Januar 2021).

Reilly, P./Tamkin, P./Broughton, A. (2007): The changing HR function: A research into practice report. London: Chartered Institute of Personnel and Development, S. 1–30, in: https://www.glassbeadconsulting.com/wp-content/uploads/2009/11/CIPD-Changing-HR-function-2007.pdf (letzter Zugriff: 16. Mai 2021).

Ritter, Jörg K./Sadowsky, René (2020): Die digitale Transformation und ihre Konsequenzen für HR-Leader, in: Gärtner, Christian (Hrsg.) Smart Human Resource Management. Gabler, Wiesbaden, S.193–209.

Robertson, Brian (2015): Holacracy: The New Management System for a Rapidly Changing World, New York.

Roghé, Fabrice/Toma, Andrew/Messenböck, Reinhard/Kempf, Sebastian/Marchingo, Matthew (2013): Breaking Free of the Silo, Creating Lasting Competitive Advantage through Shared Services. Boston Consulting Group, in: https://www.bcg.com/publications/2013/people-organization-design-lasting-competitive-advantage-shared-services (letzter Zugriff: 16. Mai 2021).

Scheidegger, Eric (2019): Wer gewinnt, wer verliert?, in: personalSCHWEIZ, Oktober 2019, S. 22–23.

Schneider Jürg/Minnig Christoph/Freiburghaus Markus (2007): Strategische Führung von Nonprofit-Organisationen, Haupt Verlag, UTB, Bern.

Scholl, Hartmut (2014): IT & HR: Warum Web-Technologie ein zentraler Schlüssel für Innovationen im Bereich HR bleibt, in: Graf, Nele (Hrsg.): Innovationen im Personalmanagement. Springer Gabler, Wiesbaden.

Schreyögg, Georg (2008): Organisation – Grundlagen moderner Organisationsgestaltung, 4. vollständig überarbeitete und erweiterte Auflage, Springer Gabler, Wiesbaden.

Schwaab, Markus Oliver/Jacobs, Volker (2018): Auswirkungen der Digitalisierung auf die Organisation des HR-Bereichs, in: Appel, Wolfgang/Wahler, Michael (Hrsg.): Die digitale HR-Organisation. Wo wir stehen, was wir brauchen. Luchterhand (Wolters Kluwer Deutschland), Köln, S. 61–74.

Schwarz, Michael (2018): HR Shared Services der Zukunft, in: Appel, Wolfgang/Wahler, Michael (Hrsg.): Die digitale HR-Organisation. Wo wir stehen, was wir brauchen. Luchterhand (Wolters Kluwer Deutschland), Köln, S. 179–197.

Schuster, Andreas S. (2020): Robotic Process Automation im Human Resource Management, in: Gärtner, Christian (Hrsg.): Smart Human Resource Management. Springer Gabler, Wiesbaden, S. 149–159.

Silberg, Jake/Manyika, James (2019): Notes from the AI frontier: Tackling bias in AI (and in humans). McKinsey Global Institute, in: https://www.mckinsey.com/~/media/mckinsey/featured%20insights/artificial%20intelligence/tackling%20bias%20in%20artificial%20intelligence%20and%20in%20humans/mgi-tackling-bias-in-ai-june-2019.pdf (letzter Zugriff: 16. Mai2021).

Society for Human Resource Management (2019): The Global Skills Shortage, Bridging the Talent Gap with Education, Training and Sourcing. Alexandria, VA.

Sommer, Maryame (2020): Strategische Ausrichtung des Human Resource Managements im Spannungsfeld von zentralen und dezentralen Strukturen. Eine qualitative Untersuchung am Beispiel einer international tätigen Industriegruppe. Unveröffentlichte Masterarbeit MAS HRM 52, 21. August 2020.

Stephan, Michael/Uzawa, Shinichiro/Volini, Erica/Walsh, Brett/Yoshida, Roberta (2016): Digital HR, Revolution not evolution, Deloitte Development LLC, in: https://www2.deloitte.com/us/en/insights/focus/human-capital-trends/2016/digital-hr-technology-for-hr-teams-services.html (letzter Zugriff: 16. Mai 2021).

Surrey, Heike/Tiberius, Victor (2018): Idiosynkratische Zukunftsorientierung und Zukunftskompetenz im Personalmanagement als Quelle humanressourcenbezogener Wettbewerbsvorteile, in: Tiberius, Victor/Surrey, Heike (Hrsg.): Die Zukunft des Personalmanagements. Vdf Hochschulverlag AG, Zürich, S. 3–12.

Swoboda, N. (2013): Arbeitsberichte der Hochschule für Wirtschaft FHNW – Nr. 30: Human Resources Management in kleinen und mittleren Unternehmen. Olten: Institut für Personalmanagement und Organisation PMO.

Tambe, Prasanna/Cappelli, Peter/Yakubovich, Valery (2019): Artificial Intelligence in Human Resource Management: Challenges and a Path forward, in: California Management Review, Vol. 61, issue 4, August 1, S. 15–42.

Tepe, Jana (2020): Smarte Algorithmen und geballte Menschlichkeit: So gelingt der Weg zur vernetzten Organisation, in: Gärtner, Christian (Hrsg.): Smart Human Resource Management. Gabler, Wiesbaden, S. 27–38.

Thite, Mohan/Kavanagh, Michael J./Johnson, Richrad D. (2012): Evolution of Human Resource Management and Human Resource Information Systems. The Role of Information Technology, in: Kavanagh, Michael J./Thite, Mohan/Johnson, Richard D. (Eds.): Human Resource Information Systems: Basics, Applications & Directions. Thousand Oaks, CA. Sage.

Trost, Armin (2020): Human Resources Strategies – Balancing Stability and Agility in Times of Digitization. Springer, Wiesbaden.

Tubey, Ruth/Rotich, Kipkemboi Jacob/Kurgat Alice (2015): History, Evolution and Development of Human Resource Management: A Contemporary Perspective, in: European Journal of Business and Management. Vol. 7, No. 9.

Ulrich, Dave (1997): Human Resource Champions. The next agenda for adding value and delivering results. Harvard Business School Press, Boston.

Ulrich, Dave/Brockbank, Wayne (2005): The HR Value Proposition. Harvard Business School Press, Boston.

Ulrich, Dave/Younger, Jon/Brockbank, Wayne (2008): The 21st Century HR Organization, in: Human Resource Management (Wiley Periodicals), Winter 2008, 47 (4), S. 829–850.

Volken, Viviane (2017): Die Anpassung eines Vergütungssystems aufgrund der Einführung eines neuen Organisationsmodells: Untersuchung an der Einführung von Holacracy am Beispiel der Swisscom AG. Unveröffentlichte Masterarbeit MAS HRM 49, 23. August 2017.

Wald, Dan/De Laubier, Romain/Charanya, Tauseef (2019): The five Rules of Digital Strategy. Boston Consulting Group, May 29, in: https://www.bcg.com/publications/2019/five-rules-digital-strategy (letzter Zugriff: 16. Mai 2021).

Wald, Peter M. (Hrsg.) (2005): Neue Herausforderungen im Personalmanagement. Best Practices – Reorganisation – Outsourcing. Gabler, Wiesbaden.

WillisTowersWatson (2019): Digital transformation will require HR transformation too, January 11, in: https://www.willistowerswatson.com/en-GB/insights/2019/01/digital-transformation-will-require-hr-transformation-too (letzter Zugriff: 16. Mai 2021).

Zweig, Benjamin (2019): Is there a Relationship between Human Capital Data and Financial Outcomes?, in: https://www.myhrfuture.com/blog/2019/4/10/is-there-a-relationship-between-human-capital-data-and-financial-outcomes (letzter Zugriff: 16. Mai 2021).

Stichwortverzeichnis

A

B

C

D

F

G

H

Der Autor

Prof. Dr. Gery Bruederlin, MBA, ist ein HR-Fachmann mit langjähriger Praxiserfahrung. Bei der UBS AG führte er weltweit verschiedene HR-Bereiche, u. a. als Konzernpersonalchef. Seit 2013 leitet er den renommierten Master-Studiengang „Human Resource Management" an der Fachhochschule Nordwestschweiz. Als Dozent, Unternehmensberater und Autor konzentriert er sich auf strategisches Personalmanagement sowie auf die Internationalisierung und digitale Transformation von HR-Abteilungen.